eXamen.press

Axel Kilian

Programmieren mit Wolfram Mathematica®

 Springer

Prof. Dr. Axel Kilian
FB Informatik und Kommunikationssysteme
Hochschule Merseburg
Geusaer Str. 88
06217 Merseburg
axel.kilian@hs-merseburg.de

Zusätzliches Material zu diesem Buch kann von http://extras.springer.com heruntergeladen werden.

ISSN 1614-5216
ISBN 978-3-642-04671-1   ISBN 978-3-642-04672-8 (eBook)
DOI 10.1007/978-3-642-04672-8
Springer Heidelberg Dordrecht London New York

Die Deutsche Nationalbibliothek verzeichnet diese Publikation in der Deutschen Nationalbibliografie; detaillierte bibliografische Daten sind im Internet über http://dnb.d-nb.de abrufbar.

Mathematica® is a registered trademark of Wolfram Research, Inc.

Einbandentwurf: KünkelLopka, Heidelberg

Gedruckt auf säurefreiem Papier

Springer ist Teil der Fachverlagsgruppe Springer Science+Business Media (www.springer.com)

Vorwort

Als ich mich entschloss, dieses Buch zu schreiben, wusste ich, dass eines besonders wichtig sein würde: klarzumachen, dass es hier um mehr ging als nur um eine weitere Programmiersprache. Ich selbst habe im Laufe meines Berufslebens eine Reihe von Programmiersprachen bzw. auch Skriptsprachen erlernt oder wenigstens kennen gelernt, und es bräuchte sehr gute Argumente, mich zu einer weiteren zu überreden. Bis vor wenigen Jahren habe ich noch einen Teil meiner Aufgaben mit C++ Programmen gelöst, heute benutze ich ausschließlich Mathematica®. Es ist einfach bequemer. Es macht auch mehr Spaß, und ich habe nie zuvor so effizient gearbeitet wie heute.

Ich wünsche mir, dass sich durch dieses Buch meine Begeisterung auf Sie überträgt. Je nach Ihrem Vorwissen kann das ein kurzer oder ein langer Weg sein, auf jeden Fall wird er interessant.

Fast jeder kennt Mathematica, aber manch einer denkt immer noch, es sei so etwas wie ein besserer Taschenrechner, der auch schöne Bilder produzieren kann. Im Kern ist Mathematica jedoch eine Programmiersprache. Da die Anwender selten Informatiker sind, sondern zumeist Naturwissenschaftler oder Ingenieure, werden konsequent alle Irrwege aus der Geschichte der Softwareentwicklung wiederholt: Die Anwender erlernen die Sprachelemente, wenden sie oft auch virtuos an, und schreiben Code, der genial ist, nur leider nicht verständlich.

Als Mathematica-Benutzer der ersten Stunde habe ich in nunmehr über zwanzig Jahren selbstverständlich all die Fehler gemacht, die Sie, liebe Leser, infolge der Lektüre dieses Buches erfolgreich umschiffen werden.

Möge dieses Buch Ihnen nicht nur eine wertvolle Hilfe bei Ihrem Studium oder Ihrer Arbeit sein, sondern Sie auch unterhalten und erfreuen. Und wenn es dazu beiträgt, dass der eine oder andere, der das Raumschiff Mathematica bisher nur zum Brötchen holen benutzt hat, nun weitere Reisen wagt, hat es seinen Zweck erfüllt.

Folgenden Personen und Institutionen schulde ich Dank: der Hochschule Merseburg dafür, mich für dieses Projekt freizustellen. Nur so konnte das Buch einigermaßen zeitnah zur Mathematica-Version 7 fertiggestellt werden; Herrn Prof. Dr. Bernhard Bundschuh, der mich zu diesem Projekt ermutigte und das Manuskript sorgfältig durchsah; Herrn Prof. Dr. Jörg Scheffler für seine Anmerkungen zum Thema „Hochspannungsleitung"; Herrn Prof. Dr. Horst-Herbert Krause und Dipl.-Ing. René Stöhr für das Material zum Kapitel „Fahrzeugsimulation". Last not least danke ich auch Frau Prof. Dr. Beate Jung dafür, mich im Sommersemester 2009 zu vertreten.

Berlin, im Juli 2009

Axel Kilian

Inhaltsverzeichnis

Vorwort V

Inhaltsverzeichnis VII

1 **Einführung** 1
   1.1 Über dieses Buch. 1
   1.2 Was ist ein Computeralgebra-System? 3
   1.3 Was genau ist Mathematica? 6
   1.4 Erste Schritte 13
   1.5 Das Hilfe-System 17

2 **Die Struktur von Mathematica** 31
   2.1 Gewaltenteilung. 31
   2.2 Das Notebook 32
   2.3 Die Sprache Mathematica 36
   2.4 Packages 51
   2.5 Wolframs Datensammlung 56

3 **Programmieren** 65
   3.1 Programmierparadigmen. 65
   3.2 Viele Wege führen nach Rom 69
   3.3 Programmierrichtlinien 74
   3.4 Verschiedene Ausreden schlechten Code zu schreiben 78
   3.5 Guter und schlechter Code an einem Beispiel. 79
   3.6 Graphische Benutzeroberflächen 88

4 **Praxis** 109
   4.1 Grundlegende Beispiele 109
   4.2 Beispiele nach Themen 133
   4.3 Beispiele im Internet 234
   4.4 Performance-Optimierung. 235
   4.5 Wie kann ich 247

Glossar 257

Referenzen 261

Sachverzeichnis 263

Kapitel 1
Einführung

1.1 Über dieses Buch

Die Software Mathematica von Wolfram Research, Inc. (im Folgenden als WRI bezeichnet) ist Computeralgebra-System (CAS), Programmiersprache, Benutzeroberfläche und Entwicklungsumgebung in einem. Spätestens seit der Anfang 2008 erschienenen Version 6 ist Mathematica wohl das zurzeit mächtigste CAS. Es erfreut sich wachsender Beliebtheit bei seinen Nutzern, zu denen nicht allein Mathematiker gehören, sondern ebenso Ingenieure und Naturwissenschaftler aller Fachrichtungen.

Dieses Buch bezieht sich auf die im Dezember 2008 erschienene Mathematica Version 7. Sie können es aber ebenso für die Version 6 benutzen, von Version 6 zu 7 gab es keine grundlegenden Änderungen, es kamen lediglich einige nützliche Funktionen hinzu. Für frühere Versionen ist das Buch nur eingeschränkt verwendbar, da mit der Version 6 eine weitgehend neue Benutzeroberfläche erschien.

Besonders ausführlich werden die neu hinzugekommenen Möglichkeiten behandelt. Das sind die mit Version 6 eingeführte Interaktivität und die seit der Version 7 vorhandene Möglichkeit, zeitintensive Berechnungen auf mehrere Prozessoren zu verteilen.

Definitiv nicht beabsichtigt ist, die vermeintliche Lücke der fehlenden gedruckten Dokumentation zu füllen. Die Online-Dokumentation in diesen Versionen ist durch ihre verlinkte Struktur, die überaus zahlreichen interaktiven Beispiele und die Suchfunktionen jedem konventionellen Buch so hoffnungslos überlegen, dass dies aus meiner Sicht absolut keinen Sinn ergäbe. Vielmehr setzt dieses Buch darauf auf.

Angesprochen sind *alle* Benutzer von Mathematica, vom absoluten Neuling bis zum Fastprofi. Der Neuling macht schnell die ersten Schritte und lernt vor allem erst einmal, die eingebaute Hilfe und Dokumentation effizient zu nutzen. Dem Fortgeschrittenen helfen die prototypischen Beispiele und vor allem auch eine umfangreiche Sammlung elementarer Tricks und Kniffe, die manchmal gar nicht so elementar sind, siehe Kap. 4.5 *Wie kann ich ....* Mit etwas Glück findet man hier direkt die

Lösung seines Problems, inklusive der Erklärung wie es funktioniert und warum es so und nicht anders gemacht wurde.

Auch die Experten kommen auf ihre Kosten. Es werden nicht einfach nur Rezepte geliefert, sondern vor allem Konzepte und Techniken zur Behandlung komplexerer Aufgabenstellungen. Zwar bringt Mathematica für viele einschlägige Gebiete fertige Lösungen in Form eines einzigen Funktionsaufrufs mit. Doch so mächtig und zahlreich die mitgelieferten Befehle und Beispiele auch sind, es wird immer Herausforderungen geben, die sich nicht mit wenigen Zeilen Code erledigen lassen. Spätestens dann ist eine gewisse Technik nötig, um die eigenen Programme sicher, verständlich und pflegeleicht zu machen. Dies ist einer der Schwerpunkte dieses Buches.

Den zweiten Schwerpunkt bilden die Programmierbeispiele. Der Leser lernt ganz nebenbei Lösungen konkreter Probleme kennen, etwa wie man deutsche Excel Tabellen importiert (aus dem Komma muss ein Dezimalpunkt werden), wie man den Durchhang eines Seils berechnet, wie man ein berechnetes Bild mit definierter Kompressionsrate exportiert oder wie man die Präsentation vorberechneter Daten interaktiv optimiert. Jedes der Programmierbeispiele beginnt mit einer Beschreibung der Aufgabenstellung. Es folgt die Analyse, also das Zerlegen in Teilaufgaben, die Diskussion verschiedener Lösungsansätze und schließlich eine Implementierung im Sinne der in Kap. 3.3 *Programmierrichtlinien* beschriebenen Programmiergrundsätze.

Der dritte Schwerpunkt sind die im Kap. 3.6 behandelten grafischen Benutzeroberflächen. Der große Erfolg gerade dieser relativ neuen Elemente zeigt, dass hier erkannt wurde, was die Nutzer wünschen, allerdings ist der Preis für die neue Funktionalität ein wesentlich komplexeres System.

1.1.1 *Notation, Gestaltung und Konventionen*

- Mehrzeiliger Mathematica-Code wird 1:1 wiedergegeben, d.h., er sieht in diesem Buch genau so aus wie auf dem Bildschirm. Beispiel:

```
In[1]:= Integrate[Sin[ω t + ϕ], t]

          Cos[ϕ] Cos[t ω]     Sin[ϕ] Sin[t ω]
Out[1]= - ─────────────── + ───────────────
                 ω                  ω
```

- Codefragmente im Text, ebenso wie Pfade oder Dateinamen, werden wie **/usr/local/bin** gezeigt.
- Hervorhebungen und manche Namen, wie z.B. das Fenster *About Wolfram Mathematica*, werden *kursiv* wiedergegeben.
- Anführungszeichen drücken aus, dass es sich um eine Metapher handelt, ich also sozusagen „in Anführungszeichen“ spreche.
- Dezimalzahlen werden in Mathematica in angelsächsischer Notation, also mit Dezimalpunkt und nicht wie im Deutschen mit Komma, dargestellt. Im Sinne einer einheitlichen Darstellung benutze ich auch im Text diese Konvention.

- Wenn ich mich an Sie, liebe Leser, wende, sind weibliche Leser mit einge-schlossen. Ich will nicht jedesmal Leserinnen und Leser schreiben. LeserInnen gefällt mir auch nicht.

1.1.2 Wie lese ich dieses Buch?

Das kommt auf Ihren Wissensstand und Ihre Intentionen an. Wenn Sie keine Vor-kenntnisse haben und Mathematica gründlich kennenlernen wollen, lesen Sie alles von vorn bis hinten. Wenn Sie keine Vorkenntnisse haben und sich erst einmal nur einen Eindruck von Mathematica verschaffen wollen, beginnen Sie mit Kap. 1.4 *Erste Schritte*. Wissen Sie schon einiges, können Sie die entsprechenden Kapitel übergehen. Auf jeden Fall lesen sollten Sie Kap. 1.5 *Das Hilfe-System*. Wenn Sie gezielte Fragen haben, suchen Sie die Antwort, z.B. im Kap. 4.5 *Wie kann ich ...* auf S. 247. Wollen Sie eine interaktive Anwendung mit *Manipulate* erstellen, lesen Sie Kap. 3.6.6 *Manipulate* auf S. 102. Möchten Sie eine Funktion oder ein Package schreiben, lesen Sie Kap. 4.1.1 *Wie schreibe ich eine Funktion?* bzw. Kap. 4.1.2 *Wie schreibe ich ein Package*. Wenn Sie einen Begriff suchen, schauen Sie in den Index. Falls Sie etwas nicht verstehen, weil Sie einen Begriff nicht kennen, gucken Sie ins Kap. *Glossar*, vielleicht ist er dort erklärt.

Eine gute Idee ist es in jedem Fall, parallel zum Buch eine Mathematica-Session geöffnet zu haben, so dass Sie das eben Erfahrene gleich ausprobieren können. Dazu müssen Sie nicht mal eigenen Code schreiben, Sie finden alles was im Buch ist, auch auf dem Server des Springer-Verlags [49].

1.2 Was ist ein Computeralgebra-System?

Unter einem Computeralgebra-System (CAS) versteht man eine Software, die mit abstrakten Symbolen mathematische Berechnungen oder Manipulationen durchführen kann. Es gibt viele verschiedene CAS auf den Markt. Die *Fachgruppe Computeralgebra* [10], die von der Gesellschaft für Informatik, der Deutschen Mathematiker-Vereinigung und der Gesellschaft für Angewandte Mathematik und Mechanik getragen wird, nennt neun „allgemeine Systeme": *axiom*, *Derive*, *MAGMA*, *Maple*, *MathCad*, *Mathematica*, *Maxima*, *MuPAD Pro* und *Reduce*.

Daneben gibt es noch etliche speziellere Tools für bestimmte konkrete Probleme. Die bekanntesten Vielzweck-CAS sind sicherlich Mathematica und Maple und natürlich die vielleicht weniger leistungsfähigen, aber dafür kostenlosen Pro-gramme axiom und Maxima.

Der Ansatz ist überall derselbe: Ein beliebiger Ausdruck, etwa $a^2 + 2a\,b + b^2$, ist bereits definiert, ohne dass man sagt „aus welchem Topf" a und b kommen. Die Größen a und b sind einfach Symbole, allerdings solche, die die Vektorraumeigen-

schaft haben, d. h., es gibt für sie Addition und Skalarmultiplikation[1]. Mit diesen
Symbolen kann das CAS nun so rechnen, wie Sie es von der Mathematik kennen.
Man kann mit allen möglichen mathematischen Objekten, z. B. Funktionen, Vektoren, Matrizen oder Gleichungen Berechnungen durchführen. Funktionen kann man
umformen, ableiten oder integrieren, Matrizen kann man multiplizieren oder auch
deren Eigenwerte bestimmen, Gleichungen kann man lösen lassen. Viele der benötigten Objekte sind bereits vorhanden (etwa die Standardfunktionen der Ingenieursmathematik), was noch nicht da ist, kann definiert werden. Dies ist in jedem CAS so.

Es gibt aber auch Unterschiede zwischen den Systemen, z. B. bei der Multiplikation von beliebigen Objekten mit Zahlen (Skalaren).

1.2.0.1 Reell oder komplex?

Bei der Multiplikation mit Skalaren muss spezifiziert werden, mit welchem Typ von
Skalaren multipliziert wird. Es kommen zwei so genannte Körper (ein Begriff aus
der Algebra) in Frage, die reellen und die komplexen Zahlen. Die reellen Zahlen
sind die, die wir alle schon von der Schule kennen, also z. B. 123, -7/4, π. Die komplexen Zahlen bilden eine umfassendere Zahlenmenge, in der auch die so genannten
imaginären Zahlen enthalten sind (das sind Wurzeln aus negativen reellen Zahlen).

Die Entscheidung reell oder komplex müssen Entwickler eines CAS immer treffen. Anders als Maple, wo der Körper der komplexen Zahlen erst durch eine geson-
derte Option involviert wird, haben sich die Entwickler von Mathematica von
Anfang an für die komplexen Zahlen entschieden. Diese haben viele Vorteile. Sie
sind eine Obermenge der reellen Zahlen. Im Komplexen gilt der Fundamentalsatz
der Algebra, der die Existenz einer bestimmten Anzahl von Nullstellen für jedes
Polynom garantiert. Auch die Erweiterung der reellen Analysis auf komplexe Zahlen, die Funktionentheorie, ist in gewisser Weise vollständiger und schöner als die
Analysis. Aber es gibt auch Nachteile. Alles was man in den Ingenieurwissenschaften zählt und misst, lässt sich durch reelle Zahlen ausdrücken.[2,3] Die komplexen
Zahlen machen darum manches unnötig kompliziert.

Ein Beispiel: Angenommen, in Ihrer Rechnung tritt die Kreisfrequenz ω auf. Für
Sie ist klar, dass es sich um eine positive reelle Zahl handelt. Folglich glauben Sie,

---

[1] Hiermit ist nicht etwa das Skalarprodukt in Vektorräumen gemeint, sondern die Multiplikation
eines Vektors mit einem Skalar, also einer reellen oder komplexen Zahl.

[2] In der Elektrotechnik werden zwar der Bequemlichkeit halber für Schwingungsgrößen komplexe Zahlen verwendet, dies ist aber nicht zwingend, es ginge auch mit reellen.

[3] Falls es eines Tages alltagstaugliche, leistungsfähige Quantencomputer geben sollte und aus der
Quantenphysik eine Ingenieurwissenschaft wird, gilt dieses Argument nicht mehr; in der Quantenphysik sind die Objekte **wesentlich komplex**.

dass der Ausdruck $\sqrt{\omega^2}$ sicherlich zu vereinfachen ist. Das macht in Mathematica normalerweise die Funktion Simplify, aber hier scheint sie zu versagen:

```
In[1]:= Simplify[Sqrt[ω^2]]
```

$$Out[1]= \sqrt{\omega^2}$$

Warum funktioniert es nicht? Es liegt daran, dass Mathematica annimmt, dass ω komplex ist (genauer: einen nichtverschwindenden Imaginärteil besitzen könnte), und hier gibt es eben keine Vereinfachung. Wenn man aber Mathematica mit Hilfe der Option *Assumptions* (Annahmen) mitteilt, dass ω reell ist, geht es sofort:

```
In[2]:= Simplify[Sqrt[ω^2], Assumptions → ω ∈ Reals]
```

```
Out[2]= Abs[ω]
```

Sie haben sicher erraten (falls Sie es nicht bereits wussten), dass Abs[ω] der Betrag von ω ist. In Fourierreihen und -integralen rechnet man manchmal mit negativen Frequenzen. Hingegen sind „reale" Frequenzen positiv, so dass in solch einem Fall sogar

```
In[3]:= Simplify[Sqrt[ω^2], Assumptions → ω > 0]
```

```
Out[3]= ω
```

möglich ist. Die Annahme $\omega > 0$ impliziert übrigens bereits die Zugehörigkeit zu den reellen Zahlen, weil der Vergleichsoperator „>" nur dort definiert ist.

Anders ist es in Maple. Der Befehl *evalc* stellt dort z.B. eine komplexe Zahl in der arithmetischen Form dar, also $z = \mathrm{Re}(z) + i \cdot \mathrm{Im}(z)$. Angewandt auf eine Exponentialfunktion liefert er

```
> evalc(exp(I*t));
              cos(t) + I sin(t)
```

Man sieht, dass Maple von einem Symbol mit unbekanntem Wert (hier t) annimmt, dass es reellwertig ist. In Fällen, wo das zutrifft, macht es sicher das Leben leichter; falls es in Wirklichkeit aber nicht so ist, hat sich ein schwer zu findender Fehler in die Rechnung eingeschlichen.[4] Insofern führt die Grundannahme von Mathematica, dass Symbole komplexwertig sind, schlimmstenfalls zu unnötig komplizierten Ausdrücken. Bei Maple aber können durch die Annahme der Reellwertigkeit echte Fehler entstehen. Daher ist Mathematica in diesem Punkt sicherer und auch transparenter.

1.2.0.2 Welches System ist das beste?

Gute Frage? Nein, eigentlich nicht. Es gibt viele Gründe für und wider jedes System. Hier einige Argumente und meine Meinung dazu.

---

[4] schwer zu finden deshalb, weil er auf einer unausgesprochenen (impliziten) Annahme beruht

- Die Antwort hängt ein wenig davon ab, was man machen will. Da man das vorher nie wissen kann, ist das mächtigste System vielleicht die beste Wahl.
  Meine Meinung: Dies ist sicher ein gutes Argument, falls Ihre Beschäftigung mit mathematischen Problemen eine gewisse Perspektive hat. Ihre Aufgaben werden sich ändern, und am Ende ist es viel leichter, mit *einem* mächtigen Programm zu arbeiten als mit vielen kleinen, die jeweils nur Spezialaufgaben beherrschen. Dazu kommt, dass jedes der kleinen Programmchen etwas anders aussieht, die Bedienung ist auch jedes mal anders, und keines arbeitet wirklich gut mit dem anderen zusammen – aber trösten Sie sich: es hält Sie geistig fit und trainiert Ihre Leidensfähigkeit.
- Weniger mächtige Programme sind vielleicht leichter zu bedienen. Darum nehme ich das, was optimal auf meine Aufgaben zugeschnitten ist.
  Meine Meinung: Wenn Sie tatsächlich keine neuen Probleme lösen wollen, sondern nur eine Rechenmaschine für ein spezielles Problem benötigen, könnte ein „maßgeschneidertes" Programm für Sie das günstigste sein.[5] Ansonsten: siehe oben.
- Eine große Rolle spielt, wie überall im Leben, welches für Sie das erste war. Einmal an ein System gewöhnt, mag sich der Mensch nicht umgewöhnen. Selbst wenn die Konkurrenz um Längen besser ist: Man hat sich mit den Unzulänglichkeiten arrangiert und bleibt der lieben Bequemlichkeit halber bei seinem alten.
  Meine Meinung: Geben Sie sich einen Ruck und wechseln Sie jetzt! Je länger Sie warten, umso mehr Altlasten sammeln sich an.[6]
- Geld spielt keine Rolle, das Teuerste ist immer das Beste, und das nehme ich auch.
  Meine Meinung: Sie sind in einer beneidenswerten Lage. Kaufen Sie ruhig das Beste. Prüfen Sie vorher nur, ob das teuerste System wirklich das beste ist.
- Geld ist das wichtigste, darum sind die kostenlosen Systeme die besten.
  Meine Meinung: Irgendwann merkt jeder: Billig ist nicht preiswert. Wenn es Ihre finanzielle Situation erlaubt, sollten Sie alle Alternativen in Betracht ziehen und Ihre Wahl nicht allein unter pekuniären Aspekten treffen.

1.3   Was genau ist Mathematica?

Mathematica begann vor 20 Jahren als reines CAS. Nach und nach kamen immer mehr Fähigkeiten hinzu, so dass inzwischen die Symbolalgebra nur noch einen Teil des Anwendungsspektrums ausmacht (natürlich bleibt der Mathematica-Kernel nach wie vor der wichtigste Teil der Software). Heute kann Mathematica auf den folgenden Gebieten eingesetzt werden:

---

[5] So etwas könnten Sie sich von jemandem, der Mathematica besitzt, programmieren lassen. Die Benutzung mit dem *Mathematica Player* ist kostenlos.

[6] ein Argument, das sicher auch auf andere Programme, z.B. Betriebssysteme, übertragbar ist

1.3.1 Einsatzgebiete

Berechnungen: Mathematica kann numerische Berechnungen mit beliebiger Genauigkeit durchführen. Dazu verfügt es über Hunderte von Algorithmen aus unterschiedlichsten Gebieten wie Differentialgleichungen, Lineare Algebra, Graphentheorie, Algorithmische Geometrie, Operations Research u.v.m.

Statistik: Umfangreiche Statistik-Pakete sind als so genanntes Package, siehe Kap. 2.4 *Packages*, in Mathematica enthalten. In Verbindung mit den zahlreichen Importfiltern können so schnell Daten aller Art ausgewertet werden.

Sound: Analyse und Synthese von Klängen, FFT, Digitale Filter und vor allem Import/Export gängiger Audioformate.

```
In[1]:= Play[Sin[1000 t^2], {t, 0, 7}]
```

Out[1]=

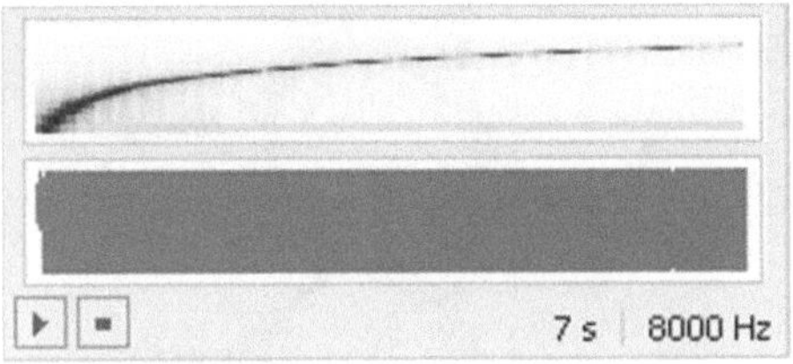

Abb. 1.1 Der Befehl Play erzeugt einen Player. Hier wird eine Sweep-Funktion abgespielt

Anders als eine Grafik, erstreckt sich ein Sound über einen gewissen Zeitraum, hat also Anfang und Ende; sowieso sollte er nicht ständig präsent sein. Daher wird zur Darstellung von Klängen im Notebook normalerweise ein Player erzeugt, mit dem der Benutzer den Sound jederzeit abspielen und, ganz wichtig, jederzeit stoppen kann.

Daten-Visualisierung: Die meisten Datenkategorien können auf unterschiedlichste Weise visualisiert werden, die Konfigurationsmöglichkeiten sind fast unbegrenzt. Was es noch nicht gibt, kann man mit etwas mehr Aufwand selbst schreiben.

```
In[1]:= demoGraph = {1 → 2, 2 → 1, 3 → 1, 3 → 2, 4 → 1, 4 → 2, 4 → 4};
        GraphPlot[demoGraph, VertexLabeling → True]
```

Out[2]=

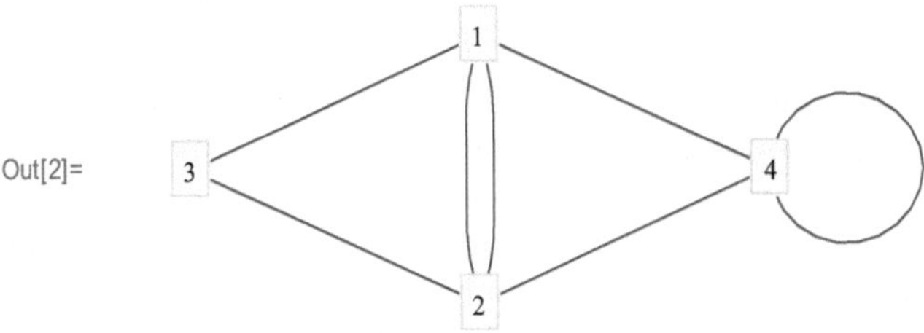

Abb. 1.2 Visualisierung eines planaren Graphen

Import/Export von Daten in vielen Formaten: Dies ist sicher ein nicht zu unterschätzendes Feature, dessen Wert dem Nutzer erst nach und nach bewusst wird. Im System enthalten sind einige hundert Import/Exportfilter aus so unterschiedlichen Kategorien wie Rastergrafik, Vektorgrafik, 3D-Modelle, Audio, Multimedia, Chemie und Molekularbiologie, geographische Daten, Numerik, Mathematik, Dokumentenformate, Web-Formate, Druckformate, XML-Formate, komprimierte - und Archivformate sowie Binärformate. Die Importfunktionen ermöglichen das sofortige Arbeiten mit allen unterstützten Datentypen. In Verbindung mit den Exportfunktionen gibt es Datenformatkonvertierungen quasi gratis dazu.

```
Row[
  {ChemicalData["Caffeine"],
   ChemicalData["Caffeine", "MoleculePlot"]}
]
```

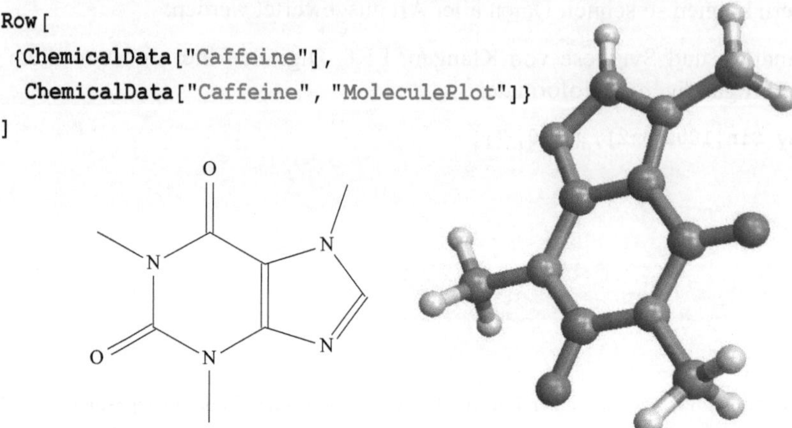

Abb. 1.3 Strukturformel und 3D-Struktur eines Koffeinmoleküls

Das obige Beispiel zeigt die Darstellung der Strukturformel und der 3D-Struktur eines Koffeinmoleküls. Die Daten liegen bei WRI und werden bei Bedarf automatisch über das Internet geladen, s. auch Kap. 2.5 *Wolframs Datensammlung*.

Verteiltes Rechnen (Grid-Computing): Es ist möglich, mehrere Rechner gemeinsam an einer umfangreichen Aufgabe arbeiten zu lassen. Hierzu muss aber das Programm *Grid Mathematica* erworben werden. Eine Ausnahme ist aktuell zu erwähnen: Sie können seit der Version 7 eine Aufgabe auf die Prozessorkerne Ihrer CPU verteilen, ohne *Grid Mathematica* kaufen zu müssen. Dazu muss die Aufgabe parallelisierbar sein, und Ihre CPU muss über mehrere Prozessorkerne verfügen. Ein Beispiel finden Sie in Kap. 4.4.4 *Parallelisieren* auf S. 244.

Internet-Dienste: Sie können mit *Web-Mathematica* (kostenlos für Abonnenten des Premier-Service) Mathematica-Anwendungen für einen fest umrissenen Zweck ins Netz stellen. Das könnte z.B. eine Webseite sein, die die Nullstellen eines Polynoms oder die Eigenwerte einer Matrix berechnet. Der Besucher der Webseite kann bei diesen Beispielen ein beliebiges Polynom oder eine beliebige quadratische Matrix eingeben und bekommt die jeweilige Lösung geliefert. Etwas Spannenderes ist dem Autor der folgenden Seite eingefallen, bei der es um digitale Bildbearbeitung geht. Der Besucher der Webseite [11] kann zwischen verschiedenen

Bildern und Filtern wählen. Klickt er den Button *Visualize*, so sieht er sofort, welchen Effekt der jeweilige Filter auf das gewählte Bild hat.

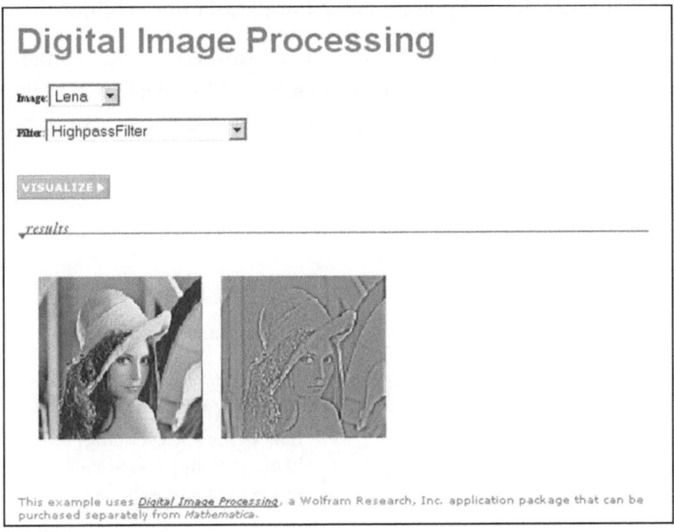

Abb. 1.4 Eine Web-Mathematica Anwendung mit digitalen Filtern

Eine nette Seite, einzig zur Bedienung ist anzumerken, dass unter dem Aspekt der Software-Ergonomie der Button *Visualize* überflüssig ist. Und natürlich: Das Package *Digital Image Processing* wird wohl heute keiner mehr kaufen, da viel von der Funktionalität inzwischen im Kernel von Mathematica 7 enthalten ist.

Mathematik-Ausbildung: Die Möglichkeit, mit mathematischen Aufgabenstellungen ein wenig „herumzuspielen", ist ein guter Weg, sich den Stoff inhaltlich zu erarbeiten. Ein Bild sagt bekanntlich mehr als tausend Worte. Mit der Version 6 kam zur Visualisierung noch Interaktivität hinzu. Diese Verbindung ist so aussagekräftig, dass sie sogar manchem Lehrenden noch neue Erkenntnisse verschafft hat.

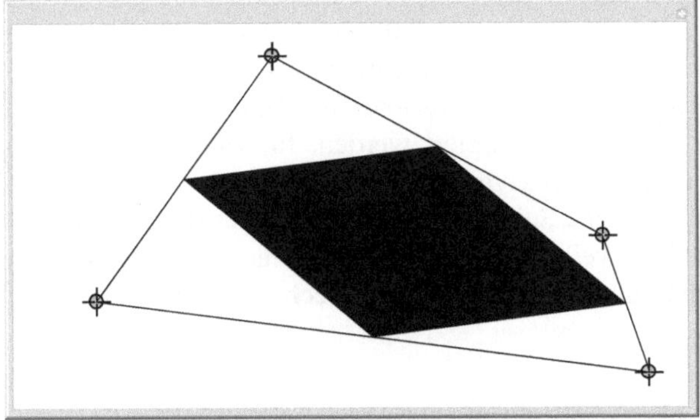

Abb. 1.5 Interaktive Demonstration eines Satzes aus der Vektorrechnung

Im obigen Beispiel kann man die vier Punkte mit der Maus frei positionieren und verifiziert so eine bekannte Aussage der Vektorrechnung, nach der die Seitenmittelpunkte eines beliebigen Vierecks die Eckpunkte eines Parallelogramms bilden.

Gestalten graphischer Benutzeroberflächen (Interface-Building): Sie können mit wenigen Befehlen Ihre Programme mit GUIs versehen. Man darf hier keine Wunder erwarten, allein dass es eine einfache Möglichkeit zur GUI-Erstellung gibt, erhöht den Nutzwert vieler Anwendungen beträchtlich.

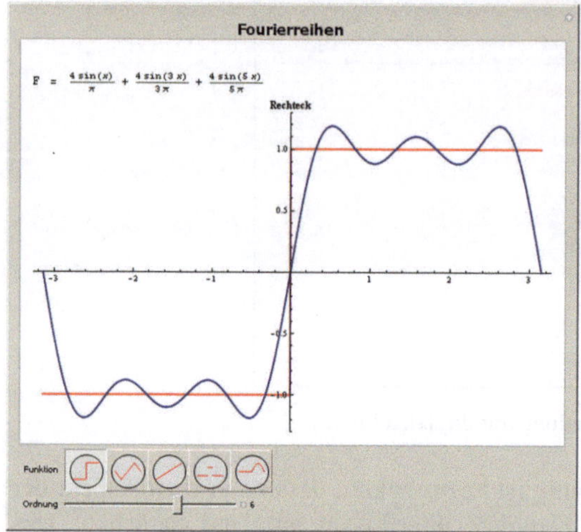

Abb. 1.6 Eine Demonstration von Fourierreihen

Bei diesem Beispiel kann der Benutzer Fourierreihen verschiedener Funktionen analytisch und graphisch darstellen und ausprobieren, wie sich die Entwicklungsordnung auf das Resultat auswirkt.[7]

Optimierung: Zahlreiche state-of-the-art Methoden für symbolische wie auch numerische Optimierung, globale und lokale Maxima und Minima sind Teil von Mathematica. Beim Befehl *NMinimize* wird z.B. vollautomatisch die geeignetste von derzeit vier numerischen Methoden ausgewählt, so dass der Benutzer auch ohne tiefere Numerikkenntnisse nichttriviale Probleme zu lösen vermag. Ein Beispiel dafür ist Kap. 4.2.8 *Brachistochronen: Numerisches Minimieren*. Natürlich kann auch mit analytischen Methoden optimiert werden. In Abb. 1.7 ist ein so genanntes Katenoid gezeigt, eine rotationssymmetrische Minimalfläche. Solch eine Fläche kann entstehen, wenn man eine Seifenblase zwischen zwei Ringen erzeugt. Die Form bildet sich von selbst, weil eine minimale Oberfläche energetisch am günstigsten ist. Es ist ein Standardbeispiel der Variationsrechnung. In Mathematica

---

[7] Falls Sie sich wundern, dass der Schieberegler für die Ordnung auf 6 steht, der Term im Fenster aber als höchste „Frequenz" 5x enthält: Diese Fourierreihe hat nur Glieder ungerader Ordnung, ein Glied der Ordnung 6 ist also nicht vorhanden.

verschafft man sich die dazu gehörigen Differentialgleichungen mit dem Befehl *EulerEquations*, löst sie dann mit *DSolve* und passt sie mit *NSolve* an die konkreten Randbedingungen an.

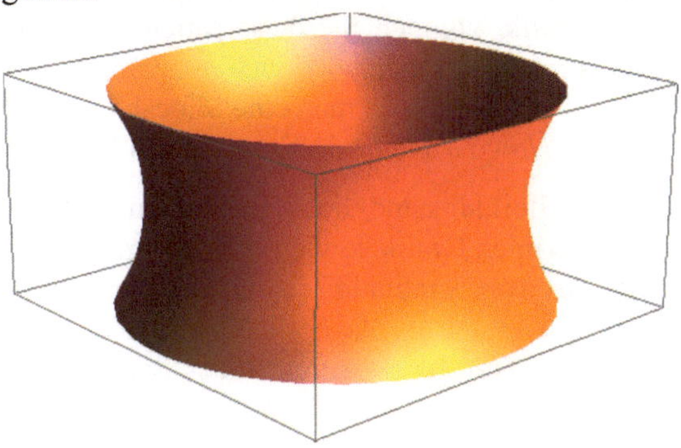

Abb. 1.7 Das Katenoid, eine rotationssymmetrische Minimalfläche

Präsentation: Die Notebook-Oberfläche kann das Aussehen von „Slides" (Folien) annehmen.

Abb. 1.8 Ein Mathematica-Notebook im Präsentationsmodus

Das Notebook sieht in diesem Modus ähnlich aus wie ein Powerpoint-Vortrag. Der Unterschied ist aber, dass hier die Inhalte dynamisch und interaktiv sind. Sie können während der Präsentation mit den Schiebereglern die Werte ändern und den Effekt sehen. Gäbe es eine 3D-Grafik, könnten Sie diese rotieren und von allen Seiten betrachten. Oben im Bild sind die Slideshow-Navigationsknöpfe. Der Code für dieses Beispiel besteht aus ca. 10 Zeilen. Wie man eine Slideshow erstellt, können Sie sich im Help-Browser unter *How To Topics* in einem netten Video erklären lassen.

Simulation: Schnelle Modellbildungsmöglichkeiten zusammen mit der außerordentlich vielfältigen und flexiblen Grafik sowie der seit Version 6 neuen Interaktivität sind ideal für jede Art von Simulation. Zum Beispiel können Sie in Kap. 4.2.10 *Spieltheorie: Nash-Gleichgewicht* die optimale Spielstrategie bei einem sehr einfachen Kartenspiel finden und ausprobieren. Oder Sie interessieren sich für Mechanik? Dann wird Ihnen die Simulation Kap. 4.2.7 *Parameterkurven: Zykloiden* sicher zusagen.

1.3.2 *Mathematica ist innovativ*

Hat Sie diese Aufzählung neugierig gemacht? Oder eher skeptisch? Man kann sich ja mit Recht fragen, ob bei so einer eierlegenden Wollmilchsau alle Teile überhaupt reibungslos zusammenarbeiten. Funktioniert denn das alles wie versprochen und beabsichtigt?

Überraschenderweise ja. Überraschend deshalb, weil man es üblicherweise bei einer derartigen Funktionsvielfalt mit einem Komplexitätsproblem zu tun bekommt. Das heißt, beim Gestalten der Software treten irgendwann wechselseitige Abhängigkeiten auf, die schwer vorhersehbar sind und die zu ungeahntem und unerwünschtem Verhalten führen, welches dann mit Flickschusterei (immer neue Sonderfälle) „repariert" wird. Man kennt derlei ja von manch einer Software. Wie hat WRI es geschafft, nicht in diese Falle zu tappen? Antwort: mit einem guten Design. Das bedeutet, ein klares, tragfähiges Konzept mit Regeln ohne Ausnahmen.

Sie erkennen es daran, dass alles (fast) immer gut funktioniert. Auch daran, dass beim Herumspielen zwar manchmal nicht das geschieht, was Sie erwartet haben, aber selten eine Fehlermeldung kommt, sondern alles irgendwie miteinander kooperiert. Man erkennt es vor allem auch daran, dass man sich immer wieder wundert, wie es möglich ist, dass Funktionen, die nie für einander geplant waren, dennoch gut zusammenarbeiten und so etwas völlig Neues entsteht.[8] Das ist vielleicht der interessanteste Aspekt. Mathematica ist in erster Linie nicht ein Werkzeugkoffer zur Lösung bekannter Probleme, sondern ein System mit dem Potenzial, wirklich Neues zu entwickeln.

---

[8] Eins von vielen Beispielen ist, dass Sie Tooltips nicht nur mit Texten, sondern ohne Weiteres auch mit Grafik und Sound ausstatten können, siehe Kap. 4.5 *Wie kann ich ...*

Ach ja, das Wichtigste zum Schluss: Mathematica ist nicht nur ein CAS mit einigen Extras drum herum. Es ist vor allem auch eine Programmiersprache. Man vergisst das manchmal, weil sehr viele Aufgaben sich mit einem einzigen Befehl erledigen lassen, so dass man sich kaum des Programmierens bewusst ist.

Mathematica ist auch nicht irgendeine weitere Skriptsprache, sondern eine Sprache, die man früher als 4GL[9] bezeichnet hätte. Man kann Anweisungen fast 1:1 in natürlicher (englischer) Sprache geben, die Befehle sind zum Teil sehr mächtig, und Mathematica bietet eine große Flexibilität im Programmierstil, vergl. Kap. 3.1 *Programmierparadigmen*. Auch die Einordnung Skriptsprache oder Programmiersprache ist nicht ganz eindeutig zu treffen. Zwar werden die Eingaben interpretiert, was ein Merkmal von Skriptsprachen ist. Jedoch gibt es auch die Möglichkeit, Funktionen in kompilierter Form zu verwenden, so dass die Performance einer kompilierten Sprache erreicht wird. Doch dazu später mehr.

1.4   Erste Schritte

Eigentlich wollte ich nichts in das Buch aufnehmen, was Sie ebenso gut in der eingebauten Hilfe finden. Habe ich auch nicht getan. Da aber das Hilfesystem wirklich umfangreich ist, gebe ich eine Einführung in seine Benutzung, also *Hilfe zur Selbsthilfe*.

1.4.1 Der Welcome-Screen

Wenn Sie Mathematica starten, erscheint in jedem Fall ein leeres Fenster mit Namen *Untitled-1*, in dem Sie sofort arbeiten könnten. Es handelt sich dabei um ein so genanntes Notebook, ein interaktives Dokument. Nun gibt es mehrere Möglichkeiten. Je nach Temperament fangen Sie sofort an, Dinge auszuprobieren, oder aber Sie lesen erst einmal die Bedienungsanleitung und beginnen Ihre Arbeit dann, wenn Sie alles vollständig verstanden haben.

Beide Vorgehensweisen sind unpraktisch. Das Programm ohne Vorwissen durch blindes Herumprobieren kennenlernen zu wollen, ist nicht sinnvoll. Mit Fleiß und Hartnäckigkeit können Sie zwar Einiges herausbekommen, aber die Prinzipien dahinter werden sich Ihnen auf diesem Weg nicht erschließen. Wenn Sie umgekehrt vor der allerersten Eingabe alles verstanden haben wollen, kommen Sie auch nicht weit: Mathematica ist einfach zu komplex.

---

[9] 4th Generation Language, eine Sprache, die im Idealfall der natürlichen Sprache nahekommen soll und mit weniger Code mehr Funktionalität bewirkt. Heute würde man sie vielleicht eher als RAD bezeichnen [4], [5].

Was funktioniert, ist ein Mittelweg, nämlich learning by doing. Dazu bietet Mathematica einiges an Unterstützung, leider nur auf Englisch. Aber wenigstens Grundkenntnisse der englischen Sprache braucht man heute sowieso überall, und oft ist eine englische Originalanleitung verständlicher als deren schlecht ins Deutsche übersetztes Pendant.

Die verschiedenen Hilfen zum Einstieg erreichen Sie am besten über die Begrüßungsseite (Welcome-Screen).

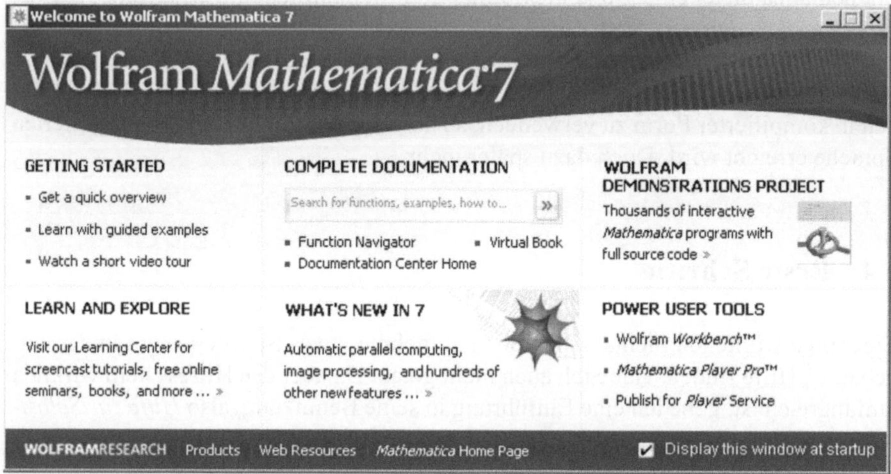

Abb. 1.9 Der Welcome-Screen

Der Welcome-Screen erscheint bei einer frischen Neuinstallation jedesmal beim Programmstart. Es kann aber sein, dass er deaktiviert wurde (jemand hat das Häkchen bei *Display this window at startup* entfernt). Dann können Sie ihn holen, indem Sie bei den Pull-Down-Menüs in Mathematicas Titelleiste *Help → Welcome Screen* anklicken. Damit sollte er da sein.

Wenn Sie gesprochenes Englisch gut verstehen, könnten Sie mit der Video-Tour unter GETTING STARTED beginnen. Hier werden Ihnen in einem Feuerwerk die Stärken und Einsatzgebiete von Mathematica vorgeführt. Es entspricht inhaltlich etwa Kap. 1.3. Achtung: Die Video-Tour funktioniert, wie einige andere Hilfethemen, nur bei bestehender Internet-Verbindung.

Verstehen Sie gesprochenes Englisch nicht so gut, ist es nicht schlimm. Dann klicken Sie einfach *Get a quick overview* an. Damit öffnen Sie ein hübsch gestaltetes Mathematica-Notebook im Präsentationsmodus, das Ihnen auf auf 15 Seiten einen kleinen Überblick über Mathematicas Möglichkeiten gibt. Auf der letzten Seite, dargestellt in Abbildung 1.10, werden Sie aufgefordert, nun selbstständig in einem eigenen Notebook zu arbeiten oder aber eine von fünf weiteren Möglichkeiten zu wählen:

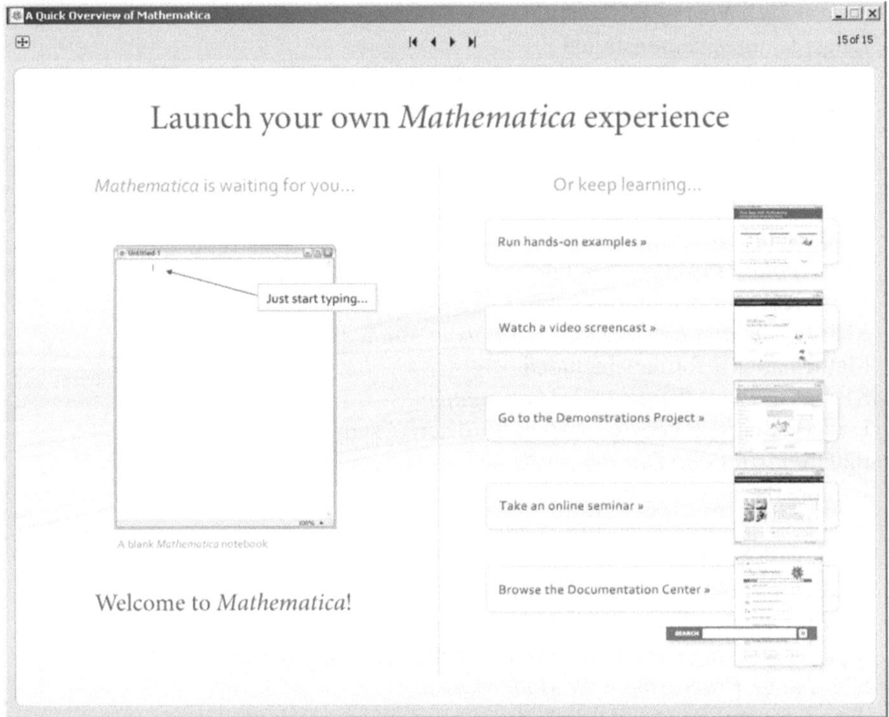

Abb. 1.10 Nach dem Überblick entscheiden Sie, wie es weiter geht

Ich kommentiere es mal in der Reihenfolge vom Letzten zum Ersten.

Browse the Documentation Center: Das ist sicher eine Möglichkeit, wenn Sie etwas ganz Bestimmtes suchen oder sich ganz entspannt einen Eindruck von der Fülle der Features verschaffen wollen. Mehr zur Navigation im Documentation Center im Kap. 1.5 *Das Hilfe-System*.

Take an Online Seminar: Dies ist wiederum nur geeignet, wenn Sie gut Englisch verstehen und vielleicht nicht das, was man als erstes machen sollte. Aber nachdem Sie etwas Erfahrung gesammelt haben und gezielt ein bestimmtes Thema kennenlernen wollen, eine moderne und interessante Möglichkeit. Sie bekommen eine Videovorführung mit der Möglichkeit, zwischendurch Fragen zu stellen. Sie müssen sich anmelden (begrenzte Teilnehmerzahl), und nach deutscher Zeit ist es meist mitten in der Nacht. Die Themen wechseln häufig, einige sind für Anfänger, andere für Experten. Im Februar 2009 waren z.B. folgende Kurse im Angebot:

- S01: *An Overview of Mathematica for Education*
  Using Mathematica in the classroom

- S10: *A Brief Overview of Mathematica*
  Updated for Mathematica 7
- S11: *What's New in Mathematica 7*
  Latest features demonstrated
- S13: *Introduction to Visualization with Mathematica*
  Taught by a senior graphics developer
- S14: *Creating Demonstrations*
  Presented by a Demonstrations editor
- S15: *Senior Developer Q&A*
  Discussions with senior Mathematica developers
- S17: *Applied Parallel Computation with Mathematica*
  Learn real-world solutions
- S18: *Import and Export Data Formats in Mathematica*
  Mathematica 7 formats included
- S19: *Discrete Calculus with Mathematica*
  First-ever comprehensive system for discrete symbolic cal
- S20: *Statistics and Data Analysis with Mathematica*
  Explore the new, structured framework for model analysis
- S21: *Working with Data Collections*
  Work with built-in computable data sources
- S22: *Overview of webMathematica*
  New for webMathematica[10] S24: *Working with Imported Data in Mathematica*
  Tips for working with data more efficiently in Mathematica
- S25: *Image Processing with Mathematica*
  A new generation of industrial-strength image processing
- S27: *Got Manipulate?*
  Introduction to creating dynamic interfaces in Mathematica

Die jeweils aktuellen Angebote finden Sie unter [6].

Go to the Demonstration Project: Hier können Sie Tausende von interaktiven Programmen, so genannte Demonstrations, ansehen und ausprobieren. Es ist unterhaltsam und manchmal auch hilfreich, wenn Sie eine Lösung für ein bestimmtes Problem suchen. In diesem Fall brauchen Sie aber viel Zeit, denn die Demonstrations sind nur grob kategorisiert und sehr zahlreich. Für den Anfänger geeignet, da motivierend und manchmal auch richtungsweisend. Die überwiegende Mehrheit der Beispiele ist sehr einfach, aber das kommt ja dem Anfänger entgegen.

Watch a video screencast: Das Filmchen hatten wir schon auf dem Welcome-Screen, vielleicht wollen Sie es ja jetzt sehen.

Run hands-on examples: Das ist meiner Meinung nach mit Abstand das Sinnvollste. Es handelt sich um vorgefertigte Programmierbeispiele über grundlegende Themen. Diese Beispiele können und sollen Sie selbst variieren. Es beginnt damit,

---

[10] siehe Abb. 1.4 auf S. 9

wie man einfache Befehle eingibt, und endet mit einem interaktiven Programm mit graphischer Benutzeroberfläche. Die Übungen garantieren hohen Lernerfolg und schnelle Erfolgserlebnisse. Allerdings ist es wichtig, auch einmal andere Varianten selbst auszuprobieren, nur dann lernt man wirklich etwas. Natürlich sollte man sich, auch wenn man nun schon recht komplex wirkende Dinge „programmiert" hat, nicht der Illusion hingeben, nach dieser Einführung das Meiste zu beherrschen. Es zeigt nur einmal mehr, dass Mathematica mit wenigen einfachen Befehlen schwierige Aufgaben ausführen kann.

Und last not least: Ganz unten auf dem Welcome-Screen sind drei Symbole: der *Function Navigator*, das *Virtual Book* und die *How To Topics*. Der *Function Navigator* wird weiter unten erklärt. Das *Virtual Book* ersetzt die früher beiliegende gedruckte Ausgabe des Mathematica-Buches. Die *How To Topics* wiederum sollte man anschauen, wenn man eine bestimmte konkrete Aufgabe zu lösen hat, die nicht zu speziell ist.

1.5 Das Hilfe-System

Mathematicas Hilfe-System besteht aus einer umfangreichen Online-Hilfe, flankiert vom Support, und last not least einer gut moderierten Newsgroup. Die Hilfeseiten liegen zum Teil lokal auf der Platte, zum Teil braucht man, ebenso wie zum Zugriff auf die umfangreichen Daten, Internetzugang. Die bereits geschilderten „Ersten Schritte", vergl. Kap. 1.4, sind ebenfalls Teil dieses umfassenden Hilfesystems. In diesem Kapitel werden dessen drei Pfeiler ausführlich behandelt.

1.5.1 Allgemeines

Damit man die Online-Hilfe nicht unnötig oft benutzen muss, haben die Entwickler von Mathematica ganz am Anfang zwei weise Konventionen eingeführt:

- Alle Bezeichner beginnen mit einem Großbuchstaben
- Keine Abkürzungen

Die letzte Konvention führt natürlich zu teils länglichen Namen, aber besser ein etwas längerer Name, den man gleich präsent hat, als ein kürzerer, den man jedesmal nachschlagen muss. Tatsächlich ist diese Konvention an einigen wenigen Stellen durchbrochen werden, z.B. bei etablierten Abkürzungen wie FFT[11] oder GCD[12].

---

[11] Fast Fourier Transform, ein Verfahren der digitalen Signalverarbeitung

[12] Greatest Common Denominator, größter gemeinsamer Teiler

Auch der erfahrenste Nutzer muss die Online-Hilfe regelmäßig in Anspruch nehmen, es gibt einfach zu viele Namen. Die englische Webseite Wikibooks [3] listet alle Bezeichner, die in Mathematica 6.0 vorkommen. Es sind über 3000, in Mathematica 7 sind es natürlich noch mehr. Ich vermute, dass kein Mensch alle kennt. Von mir würde ich sagen, geschätzte 50% sagen mir etwas, und höchstens 10% könnte ich ohne Hilfe direkt benutzen. Das Benutzen ist nämlich die zweite Hürde. Man erinnert sich an den Namen eines Befehls, aber in der Regel nicht daran, wie man ihn benutzt. Ich muss z.B. jedesmal nachsehen, wie man *Append* benutzt, den Befehl mit dem man ein Element hinten an eine Liste anhängt: Ist es Append[list,element] oder Append[element,list]? Ich schaue jetzt gleich einmal nach. Im Manual steht Append[expr,elem]. Mein Sprachgefühl sagt mir, dass es umgekehrt logischer wäre: ***append** an **element** to a **list***. Aber solche Definitionen, selbst wenn sie inzwischen als verbesserungsfähig erkannt worden wären, kann man nicht mehr ändern.

1.5.2 Benutzen der Online-Hilfe

Den ersten Teil der Online-Hilfe, nämlich wie man die ersten Schritte macht, kennen Sie ja schon. Sie haben sich einen Eindruck von Mathematicas Funktionsumfang verschafft und einige Sprachelemente spielerisch kennengelernt. In diesem Kapitel lernen Sie, die Hilfe gezielt zu benutzen.

1.5.2.1 Eine bekannte Funktion finden

Ich fange einmal damit an, wie ich eben die Manualseite von Append gefunden habe. Die Taste F1 (alternativ *Help→Documentation Center*) öffnet das Fenster *Wolfram Mathematica: Documentation Center*. Ich werde es im Folgenden auch manchmal Help-Browser nennen. Im oberen Bereich ist das Eingabefeld *Search*. Dort habe ich *append* eingegeben, und es kam die entsprechende Manualseite.

> *Tipp*: Falls Sie gerade ein Notebook geöffnet habe, in dem der von Ihnen gesuchte Begriff vorkommt, brauchen Sie nur den Cursor auf den Begriff setzen und F1 zu drücken.

Die Manualseite von Append zu finden, war nicht schwer, weil ich den Namen wusste. Ich habe der Einfachheit halber den Namen klein geschrieben, obwohl ich wusste, dass er, wie jeder Mathematica-Bezeichner, mit einem Großbuchstaben beginnt. Groß- und Kleinschreibung wird bei der Suche im Help-Browser identifiziert. Das ist aber auch alles. Wenn ich mich vertippt hätte, wäre gar nichts gekommen. Man wünscht sich hier eine unscharfe Suche, aber das kommt vielleicht mit einer der nächsten Versionen.

Was können Sie tun, wenn Sie den Namen einer gesuchten Funktion nur ungefähr wissen? Wenn Sie den Anfangsbuchstaben kennen, hilft Ihnen der Index (alphabetisches Verzeichnis). Sie bekommen ihn, indem Sie im Help-Browser unten links auf *Index of Functions* klicken. Selbst wenn Sie sich nicht genau erinnern, ob append mit einem oder zwei p geschrieben wird, finden Sie es schnell.

Tipp: Schreiben Sie die ersten Zeichen (Groß-/Kleinschreibung wird jetzt unterschieden) und drücken Sie F2. Es erscheint eine Auswahl aller bekannten Symbole, einschließlich der von Ihnen definierten.

1.5.2.2 Eine unbekannte Funktion finden

Angenommen, Sie haben eine Vorstellung davon, was Sie tun möchten, aber keine Ahnung, ob es einen solchen Befehl überhaupt gibt, geschweige denn, wie er heißt..

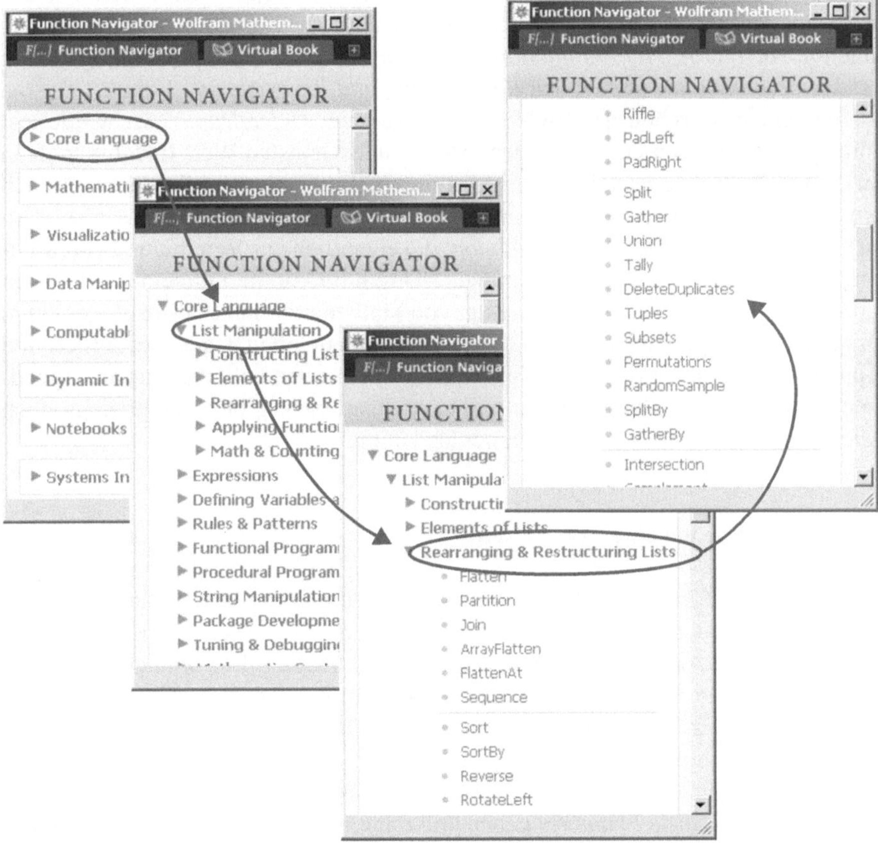

Abb. 1.11 Suche nach Funktionen zur Listenmanipulation

Als Beispiel betrachten wir einen Arbeitsschritt, der in der Bildbearbeitung[13], aber auch ganz allgemein bei einer Darstellung von Messwerten auftritt. Die möglichen Werte seien diskret, bei einem RGB-Bild gibt es z.B. 256^3, das sind $16\,777\,216$

Werte. In der Regel kommen nicht alle möglichen Messwerte in einem Satz von Messpunkten vor, genau so wenig wie jede der über 16 Millionen Farben in einem Bild vorkommen, selbst wenn das Bild so viele Pixel hätte. Im Normalfall werden es viel weniger sein, im Extremfall sind diese sogar auf einen kleinen Bereich im Farbraum konzentriert. In solchen Fällen kann es günstig sein, den Farbraum der auftretenden Farben durch eine lineare oder nichtlineare Transformation auf den ganzen Darstellungsraum auszuweiten, um kleine Unterschiede sichtbar zu machen. Dazu muss man ihn natürlich erst einmal bestimmen. Für genau diesen ersten Schritt suchen wir eine Funktion.

Gegeben sei also eine Liste, die die Farbwerte aller Pixel enthält. Wir betrachten exemplarisch nur eine der drei Farben, z.B. rot. Was wir wissen wollen: Welche Werte von 0...255 kommen überhaupt vor? Was ist der niedrigste, was ist der höchste Wert? Kann man alle Fragen in einem Schritt beantworten? Ich schaue mir erst einmal an, welche Funktionen es zum Thema Listen gibt. Dazu öffne ich den Function Navigator (*Help →Function Navigator*) und wähle *Core Language*, dann *List Manipulation* und schließlich *Rearranging and Restructuring Lists*.

Hier scheint ja schon das Richtige dabei zu sein: *DeleteDuplicates* würde erst einmal die Doubletten entfernen, den größten und kleinsten Wert findet man dann mit *Min* und *Max*. Je nachdem, wie es weitergeht, könnte auch Sortieren nützlich sein, das ginge mit *Sort*. Was man mit zielgerichtetem Suchen nicht findet, sondern eher zufällig erfährt: Die Funktion *Union*, die eigentlich zur Vereinigung von Mengen gedacht ist, macht beides auf einmal.[14] Union funktioniert mit einer beliebigen Anzahl von Argumenten. Die Entwickler von Mathematica haben es so eingerichtet, dass es auch mit nur einer einzigen Liste als Argument arbeitet, sie wird sortiert und doppelt vorkommende Elemente werden entfernt. Für den Fall, dass Sie aus irgendwelchen Gründen die Reihenfolge beibehalten müssen, gibt es neuerdings noch *DeleteDuplicates*. Es ist aber langsamer als Union.

1.5.2.3 Wie lese ich eine Manualseite?

Seit der Version 6 haben die Manualseiten immer die folgende Struktur:

Es beginnt mit dem Funktionsnamen, gegebenenfalls noch die Kurzform (in Klammern), und Angaben, wie man die Funktion benutzt. Bei Mathematica heißt das Usage, C++ Programmierer würden es Signatur nennen. Der erste Punkt, *More Information*, ist im Moment noch geschlossen. Oft ist dies der längste Punkt, je nachdem wie komplex die Funktion ist.

Der nächste Punkt ist *Examples* (Beispiele). Bei einfachen Funktionen kann man oft gleich zu den *Basic Examples* gehen und mit Copy und Paste das Beispiel über-

---

[13] Bei Photoshop ist es die Auto-Tonwertkorrektur.

[14] Eine geordnete Liste ist am besten geeignet, eine Menge abzubilden. Zwar ist eine Menge per se nicht geordnet, aber nur auf einer *geordneten* Menge können Mengenoperationen wie z.B. Mengenvergleiche effizient durchgeführt werden.

nehmen und für seine Zwecke variieren. Überhaupt sind die Beispiele immer nützlich, mit Ausnahme vielleicht von Scope (Anwendungsbereich), mit dem ich bisher selten etwas anfangen konnte. Bei komplexeren Funktionen ist oft noch der Punkt *Neat Examples* (nette Beispiele) mit angehängt. Dabei handelt es sich um Anwendungen, auf die man in der Regel nicht selbst kommt, aber gerade davon lernt man viel.

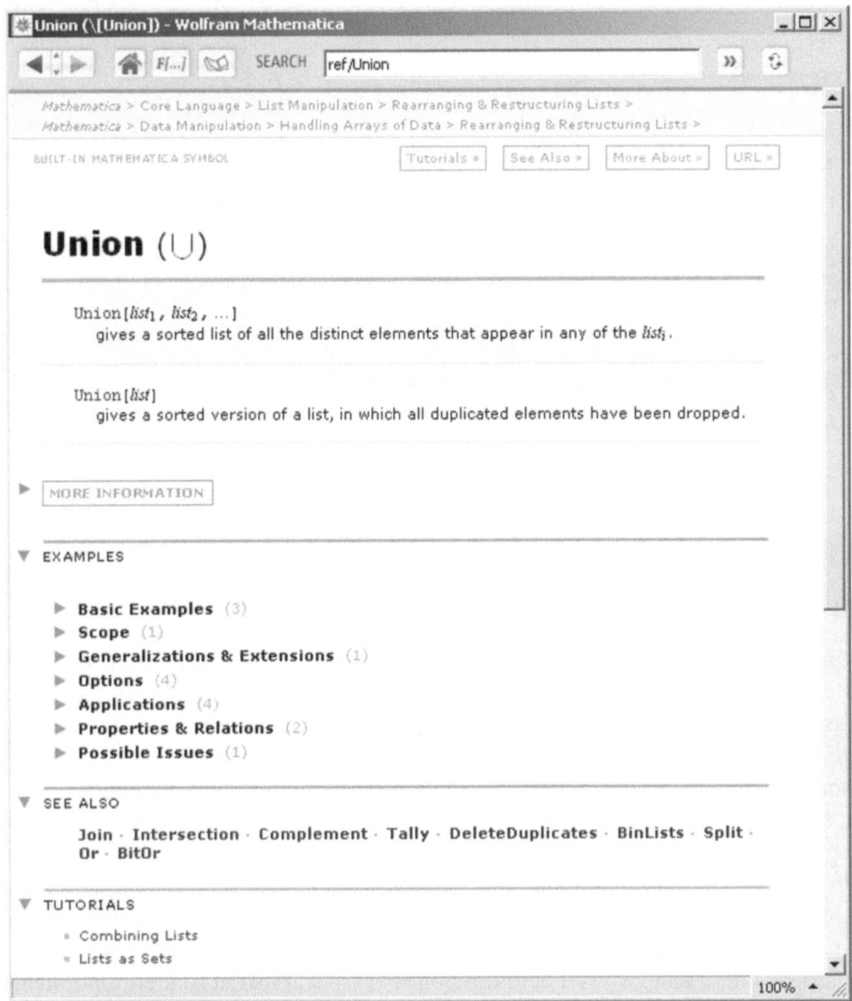

Abb. 1.12 Struktur einer Manualseite

Unterhalb des Punktes *Examples* finden Sie *See Also*. Wenn die betrachtete Funktion nicht genau das von Ihnen Gewünschte leistet, finden Sie hier Links zu ähnlichen, manchmal auch komplementären Funktionen. Unter *See Also* kann man sich schnell durch eine Gruppe verwandter Funktionen durchklicken.

Ist die Benutzung nicht ganz trivial, so finden sich ganz unten Links zu Tutorials (Lehrgänge), die die berührten Themenkreise behandeln. Diese Tutorials sind immer interaktiv, also mit Beispielen zum Ausprobieren versehen.

Und nun zum Punkt *More Information.* Wie schon erwähnt, braucht man nicht immer hineinzuschauen, insbesondere wenn es relativ klar und eindeutig ist, was die Funktion tut. Bei umfangreicheren Funktionen, z.B. Plot, steht sehr viel drin, und man muss auch immer wieder nachlesen, welche Optionen es gibt, wie die Defaults sind usw.

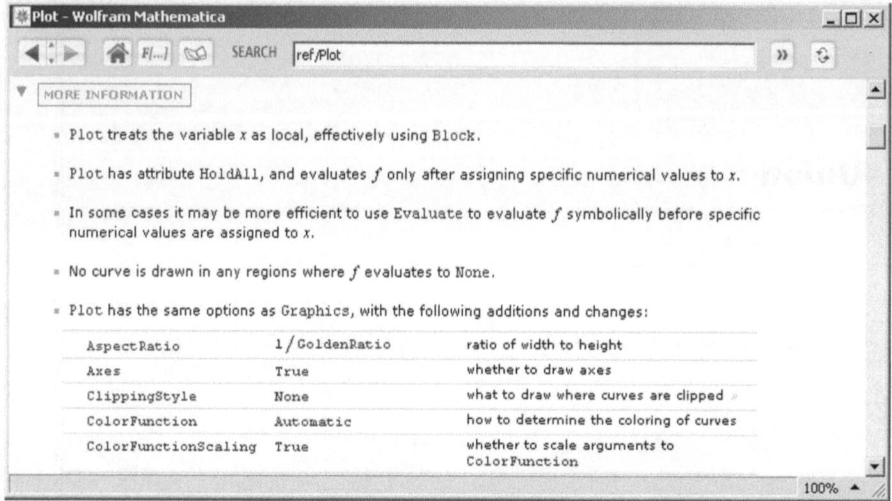

Abb. 1.13 Detailinformationen zur Benutzung der Funktion Plot

Die Rubrik beginnt in der Regel mit eventuellen Besonderheiten der Funktion. Eine gute Regelung, sorgt sie doch dafür, dass hier nur Wissenswertes steht und der Leser nicht mit Routineaussagen gelangweilt wird. Oft schafft ein Blick auf die ersten Punkte Klarheit bei unerwartetem Verhalten.

Danach kommen die so genannten Optionen. Optionen sind Parameter, mit denen sich das Verhalten von Funktionen im Detail steuern lässt. Sie werden stets als Regel (Rule) übergeben, also in der Form *Key →Value.* Zum Beispiel können Sie mit *PlotRange →All* erzwingen, dass der Darstellungsbereich so groß ist, dass alle Funktionswerte enthalten sind. Beim Standardwert *PlotRange →Automatic* ist das nicht gewährleistet, hier sorgt eine Heuristik dafür, dass der Darstellungsbereich sich auf den „interessanten" Teil der Funktion fokussiert. Plot hat so viele Optionen, dass sie nicht auf eine Seite passen.

Beachten Sie den Satz *Plot has the same options as Graphics, with the following additions and changes.* Er bedeutet: Da die Funktion *Plot* die Funktion *Graphics* aufruft, ist sie so gestaltet, dass man Optionen „durchreichen" kann. Zu den hier gelisteten kommen also nochmal die von *Graphics* quasi „ererbten" Optionen hinzu. Sie verstehen spätestens jetzt, dass man das Manual oft braucht.

Eine Kleinigkeit am Rande: Die hier beschriebenen Manualseiten sind mit der
Version 6 neu geschrieben worden. Die alten Seiten haben die Kernel-Hilfe benutzt,
diese hier sind völlig unabhängig vom Kernel. Das heißt in der Praxis, dass auch mal
verschiedene Dinge darin stehen können, obwohl sich WRI sicher bemüht hat, alles
1:1 zu übernehmen. Aber es ist nun einmal extrem schwierig, zwei parallele Versionen synchron zu halten. Der Sinn dieser Rede:

> *Tipp*: Wenn die Manualseite eines bestimmten Befehls noch Fragen offen lässt, probieren
> Sie den Befehl mit vorangestelltem Fragezeichen, damit wird die Kernel-Hilfe aufgerufen.

Ich hatte schon den Fall, dass dort etwas stand, was die Notebook-Hilfe nicht ent-
hielt.

1.5.2.4 Mit Optionen arbeiten

Sie haben eben gelernt, wie man Manualseiten findet, und wie man sie liest. In diesem Kapitel lernen Sie, die Details in den Manualseiten zu verstehen und einzusetzen. Sie erlernen das Feintuning mittels Optionen am Beispiel der Funktion Plot3D.

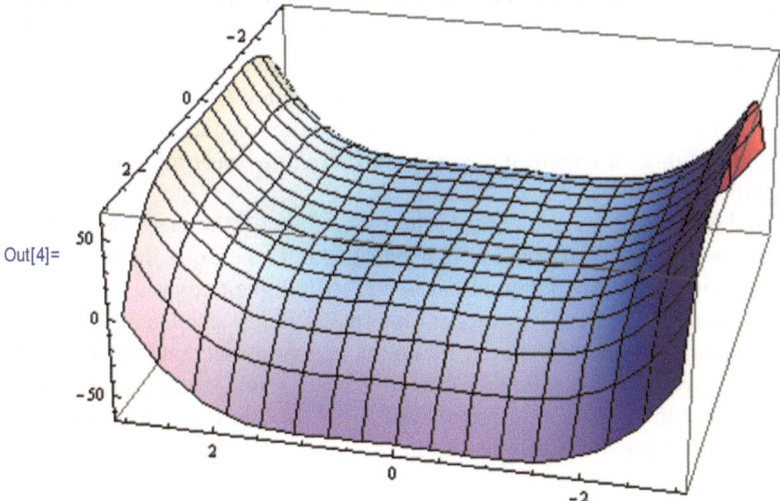

Abb. 1.14 Standarddarstellung der Funktion $x^4 - 2\,x^2 - y^4 + 2\,y^2$ mit Plot3D

Wir wollen eine reellwertige Funktion zweier reeller Variabler darstellen. Eine der
Standarddarstellungen für derartige Funktionen besteht darin, sie als Fläche im $\mathbb{R}^3$
zu visualisieren. Dabei sind x und y die unabhängigen Variablen, und der Funktionswert wird als z-Koordinate interpretiert, also als Höhe eines Terrains über der
xy-Ebene.[15] Genau das macht die Funktion Plot3D auf verschiedene Arten, von

---

[15] Die konkrete Bedeutung des Funktionswertes ist in der Regel eine völlig andere.

denen wir jetzt einige kennenlernen werden. Als darzustellende Funktion wählen
wir

In[1]:= `f[x_, y_] := -2 x^2 + x^4 + 2 y^2 - y^4`

Aus der Analysis ist bekannt, wie man die so genannten stationären Punkte findet
und klassifiziert. Es sind Minima, Maxima und Sattelpunkte. Bleiben wir im Bild
des Terrains, so entspricht dies Tälern, Gipfeln und Pässen. Diese wollen wir aber
nicht einfach ausrechnen (obwohl das nicht schwer wäre), sondern durch eine geeignete graphische Darstellung quasi entdecken. Auf diesem Weg lernen wir einige
Optionen des Befehls Plot3D kennen. Die Standarddarstellung bekommt man so:

In[2]:=
```
viewpt = {-1, 4, 2};
imgsize = 400;
Plot3D[
  f[x, y], {x, -3, 3}, {y, -3, 3},
  ImageSize → imgsize, ViewPoint → viewpt
  ]
```

Das heißt, die genannte Funktion wurde über dem Bereich der xy-Ebene dargestellt,
der für x wie auch für y jeweils von -3 bis 3 reicht. Mit ImageSize→400 wird
bestimmt, dass die ausgegebene Grafik 400 Pixel breit ist, und die Option
ViewPoint→{-1,4,2} bestimmt den Blickwinkel direkt nachdem die Grafik gerendert ist. Es scheint heute eine fast überflüssige Option zu sein, da man ja jedes 3D-
Objekt seit der Version 6 mit der Maus beliebig drehen kann. Hier ist sie aber doch
ganz nützlich, denn sie dient dem Zweck, für diese und die folgenden Grafiken eine
einheitliche Darstellung zu haben. Ich habe natürlich vorher ausprobiert, mit welchem Viewpoint die Funktion gut zu erkennen ist.

   Viel ist in dieser Darstellung nicht zu sehen. Der dargestellte Bereich sieht im
Großen etwa aus wie ein Sattelpunkt. Um diesen Punkt herum scheint es eine
gewisse Welligkeit zu geben. Vielleicht hat ja diese Welligkeit etwas zu bedeuten.
Wir schauen genauer hin, indem wir mit der Option *PlotRange* den Darstellungsbereich für z einengen, und auch für x und y beschränken wir uns jetzt auf das Intervall
[-2, 2]. Außerdem wollen wir wissen, welche der Achsen x und welche die y-Achse
ist und fügen daher mit der Option **AxesLabel** als Achsenbeschriftungen x, y, z
hinzu, wobei wir noch die Schriftgröße 18 Punkt und als Schriftauszeichnung Bold
festlegen.

In[5]:=
```
axesLbl = Style[#, 18, Bold] & /@ {"x", "y", "z"};
Plot3D[
  f[x, y], {x, -2, 2}, {y, -2, 2},
  PlotRange → {-2, 2},
  AxesLabel → axesLbl,
  PlotPoints → 50,
  ImageSize → imgsize, ViewPoint → viewpt
  ]
```

Die Zuweisung **axesLbl** = ... ist eine elegante Methode zur Erzeugung der Liste

```
{Style["x",18,Bold], Style["y",18,Bold], Style["z",18,Bold]},
```
siehe *Map* oder *funktionales Programmieren*. Mehr darüber im Kap. 3.1 *Programmierparadigmen*. Die Option *PlotPoints→50* sorgt für eine bessere Darstellungsqualität, der 20 Jahre alte Defaultwert von 25 Punkten ist etwas klein. Heraus kommt diese Grafik:

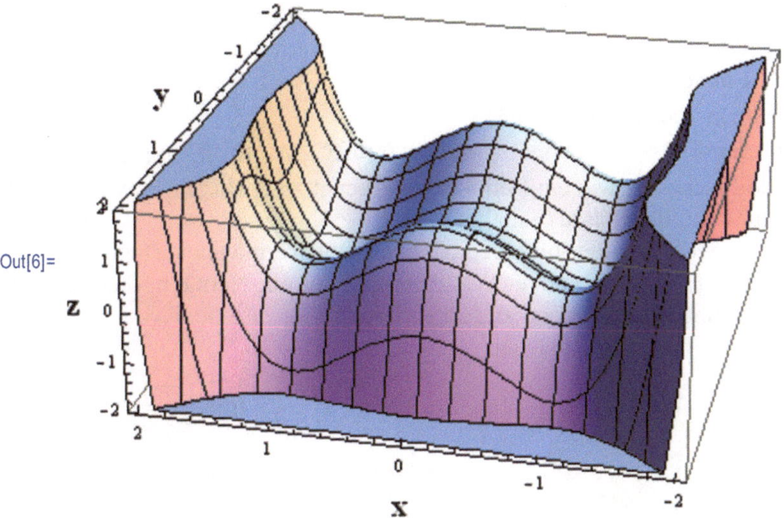

Abb. 1.15 Dieselbe Funktion wie Abb. 1.14, mit einem kleineren Darstellungsbereich

Das Liniennetz, das hier und in der vorigen Grafik zu sehen ist, besteht aus den so genannten Koordinatenlinien x = const und y = const. Es unterstützt den räumlichen Eindruck, seine Bedeutung ist aber Nichtmathematikern i. A. nicht intuitiv klar.

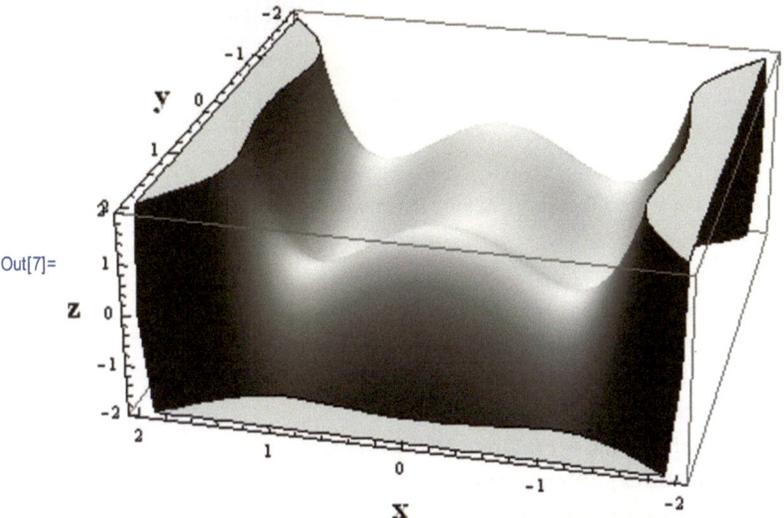

Abb. 1.16 Dieselbe Funktion wie Abb. 1.15, ohne Gitternetz und mit Beleuchtung von oben.

Eine allgemeinverständliche Darstellung zeigt Abbildung 1.16. Man bekommt sie, indem man das Netz ausschaltet (Mesh→False) und stattdessen Licht und Schatten einsetzt. Ich ersetze die Standardbeleuchtung, die aus vier farbigen Lichtquellen besteht und den Plot3D-Ausgaben von Mathematica seit 20 Jahren ihr typisches Aussehen verleiht, durch eine einzige gerichtete Lichtquelle. Sie strahlt direkt von oben auf die Fläche. Außerdem gebe ich der Fläche die Farbe „95% Weiß". Die Optionen dazu lauten

```
Mesh → None,
PlotStyle → GrayLevel[0.95],
Lighting → {{"Directional", White, {{0, 0, 1}, {0, 0, 0}}}},
```

Nun sieht die Fläche aus wie ein Relief. Man erkennt zwei Hügel (Maxima), zwei Täler (Minima) und fünf Pässe (Sattelpunkte).

Wer über ein weniger gutes räumliches Vorstellungsvermögen verfügt, dem hilft vielleicht die folgende Alternative: Wir fügen wieder ein Netz ein, diesmal aber keine x-y-Koordinatenlinien, sondern Höhenlinien::

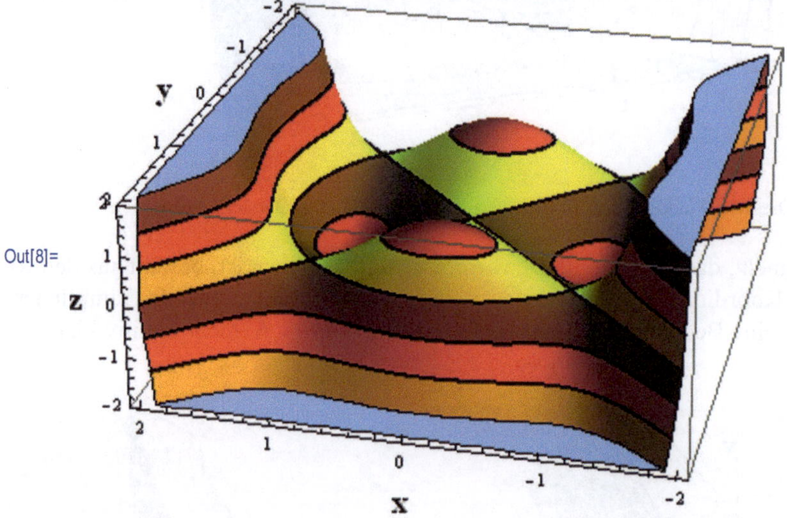

Abb. 1.17 Dieselbe Funktion wie Abb. 1.16, mit Höhenlinien und alternierenden Farben.

Der Code dafür sieht so aus:

```
In[8]:= Plot3D[
    f[x, y], {x, -2, 2}, {y, -2, 2},
    PlotRange → {-2, 2},
    MeshFunctions → {#3 &},
    Mesh → 5, MeshShading → {Yellow, Red, Brown},
    MeshStyle → {Thick}, PlotPoints → 50,
    AxesLabel → axesLbl, ImageSize → imgsize, ViewPoint → viewpt
    ]
```

Die Option MeshFunctions→ {#3&} sorgt für die Höhenlinien. Hätte man statt der 3 1 oder 2 geschrieben, wären x-Koordinatenlinien bzw. y-Koordinatenlinien entstanden. Man kann die verschiedenen Koordinatenlinien auch miteinander kombinieren. Mesh→5 heißt, es sollen Höhenlinien für insgesamt 5 Werte berechnet werden, MeshShading → {Yellow, Red, Brown} verwendet die genannten Farben abwechselnd für die Bereiche zwischen den Linien, und MeshStyle→Thick macht die Linien etwas dicker.

Vielleicht erkennt der eine oder andere bei dieser Darstellung die Höhenverhältnisse besser. Auf jeden Fall sieht man hier etwas Interessantes, das das vorherige Bild kaum vermuten lässt: Es sieht so aus, als wären die Höhenlinien für die Höhe $z = 0$ zwei Geraden und ein Kreis. Sehen Sie es? Und hätten Sie es im vorigen Bild auch nur geahnt?

Nebenbei gefragt: Kann man ausrechnen, ob das exakt so ist? Man kann. Der Befehl

```
In[9]:= f[x, y] // FullSimplify
```

$$Out[9]= (x - y)\ (x + y)\ \left(-2 + x^2 + y^2\right)$$

zeigt, dass die einfachste Darstellung unserer Funktion ein Produkt aus drei Faktoren ist. Die Funktion wird genau dann Null, wenn mindestens einer der Faktoren gleich Null ist. Das ist der Fall für $y = x$, $y = -x$ und $x^2 + y^2 = 2$. Die ersten beiden Gleichungen sind die Geraden, die letzte ist der Kreis um den Nullpunkt mit dem Radius $\sqrt{2}$.

Es muss ein interessantes Erlebnis sein, in einem Terrain dieser Gestalt auf Wegen zu spazieren, die exakt diese geometrische Form haben. Falls ein Garten- oder Landschaftsarchitekt einmal so etwas baut, bitte ich um Nachricht, wo ich dieses Kunstwerk besichtigen kann.

1.5.3 Der WRI-Support

Wenn Sie und Mathematica ein Problem miteinander haben, können Sie sich an den offiziellen Support (Benutzerunterstützung) von WRI wenden. Sie benötigen dazu Grundkenntnisse der englischen Sprache.

Schreiben Sie eine Email an *support@Wolfram.com*. Ihr Anliegen wird nur bearbeitet, wenn Sie Versionsnummer und Lizenz nennen. Das geht unter Windows am einfachsten, indem Sie das Fenster *Help →About Mathematica* mit *Alt-Druck* kopieren und in die Mail einfügen. Sie sollten sich vor allem dann an den Support wenden, wenn Sie glauben, einen Fehler entdeckt zu haben. Damit helfen Sie, Mathematica immer besser zu machen. Jedenfalls im Idealfall. Am Anfang Ihres Weges zum Mathematica-Experten wird es Ihnen mitunter passieren, dass der Support Ihnen erklärt, dass gar kein Fehler vorliegt und Ihnen auch mitteilt, was Sie falsch gemacht haben. Ich bekam in der Vergangenheit schon einige Antworten im Sinne von „Vielen Dank für den nützlichen Hinweis, wir werden ihn in einer der nächsten

Versionen berücksichtigen". Bis man dahin kommt, ist es manchmal ein steiniger Weg, weil der First-Level Support nicht unbedingt aus hochrangigen Spezialisten besteht. Zuweilen verstand mein Partner das Problem anfangs gar nicht.

Mein letzter Bug-Report wurde sogar, obwohl der Sache nach berechtigt, abgewiesen. Ich hatte moniert, dass die Funktion NMinimize in einem Falle nicht, wie es eigentlich sein sollte, das absolute Minimum einer Funktion fand, sondern ein Nebenminimum mit einem größeren Funktionswert. Mein Hinweis wurde allerdings zu Recht abgewiesen, denn der Schwachpunkt, dass manchmal nur ein lokales Minimum gefunden wird, war längst bekannt und auch auf der Manualseite erwähnt. Dort steht unter *More Information,* dass manchmal ein lokales Minimum zurückgegeben wird, und unter *Basic Examples →Possible Issues* steht außerdem der Tipp, dass man es mit verschiedenen Anfangsintervallen versuchen solle. Ich muss auch, um den Entwicklern nicht Unrecht zu tun, anmerken, dass das Problem des absoluten Minimums alles andere als trivial und immer noch Gegenstand aktueller Forschungen ist [12], [13]. Ich hätte besser *vor* meinem Bug-Report das Manual gelesen.

Das Thema Bug-Report ist die eine Seite, hier unterstützen die Benutzer WRI. Wie ist es im umgekehrten Fall, also wenn der Nutzer Hilfe benötigt? Auch hier hilft theoretisch der Support weiter. Er arbeitet zuverlässig, freundlich und korrekt. Nach meinen Erfahrungen wird er Ihnen bei einfachen Fragen auf Anhieb helfen können. Bei weniger trivialen Problemen wird es manchmal ein zähflüssiges Hin und Her. Besser Sie versuchen es bei dem Diskussionsforum comp.soft-sys.math.mathematica.

1.5.4 Newsgroup

Was kann man tun, wenn man bei der Lösung eines bestimmten Problems nicht weiter kommt? Sie haben die Hilfeseiten studiert, vielleicht sogar gegoogelt, aber nichts brachte Sie voran. Dann sollten Sie die Newsgroup (elektronisches Diskussionsforum) comp.soft-sys.math.mathematica [18] anklicken. Dort können Sie zunächst nachschauen, ob Ihr Problem vielleicht schon behandelt wurde. Ist das der Fall, haben Sie Ihre Antwort sofort. Probieren Sie es mit mehreren Stichworten, die das Problem ungefähr treffen.
Wenn Sie keine Lösung finden, stellen Sie eine eigene Anfrage ein. Dankenswerterweise verlangt dieses Forum keine Registrierung, die oft mit der (unnötigen) Preisgabe persönlicher Daten verbunden ist. Sie können Ihre Frage jederzeit übermitteln, allerdings erscheint sie nicht sofort, weil es eine moderierte Newsgroup ist. Es wird vor der Veröffentlichung geprüft, ob die Frage überhaupt dort hinein gehört. Das ist auch gut so, denn ohne diese Prüfung wäre dieses Forum höchstwahrscheinlich voll mit Werbemüll oder anderen unpassenden Beiträgen, und man würde alles finden, nur nicht das, was man sucht. Meine persönlichen Erfahrungen sind durchweg positiv. Die Gruppe wird erstens äußerst professionell moderiert, und zweitens sind die

Teilnehmer sehr hilfsbereit. Der Ton ist freundlich, auch Anfängern hilft man, ohne ihnen unter die Nase zu reiben, dass ihre Frage vielleicht banal war. Ich bekam immer schnelle Antworten, und es war fast immer auch eine gute Lösung meines Problems dabei. Ein Beispiel dafür ist, wie ich einmal einen Sound mit einem Tooltip verknüpfen wollte. Ich war eigentlich schon zu dem Schluss gekommen, dass es gar nicht geht (übrigens bestätigte mich einer der Diskussionspartner in meiner Vermutung, indem er dieselben Überlegungen anführte, die mich auch schon zu der Annahme geführt hatten, dass es keine Lösung gäbe). Nachher fand sich aber doch ein Weg, siehe Kap. 4.5 *Wie kann ich ....*

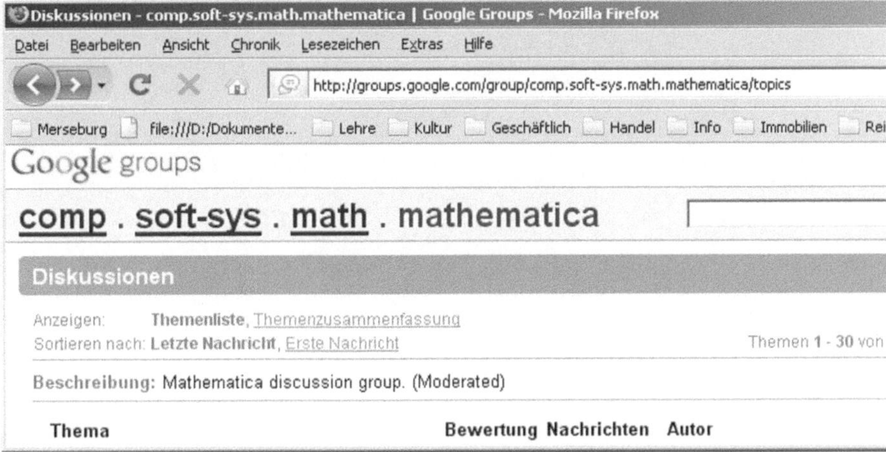

Abb. 1.18 In dieser Newsgroup können Sie recherchieren und auch eigene Fragen stellen

Wenn Ihr Problem einen Aufschub von einigen Tagen erlaubt, kann ich Ihnen dieses Diskussionsforum uneingeschränkt empfehlen.

Kapitel 2
Die Struktur von Mathematica

Hier geht es um zweierlei: Erstens, um die Struktur der *Software* Mathematica. Die Software ist sauber getrennt in den so genannten Kernel und die Notebook-Benutzeroberfläche. Weiterhin sind viele der Kernfunktionen permanenter Bestandteil des Kernels, aber nicht alle. Speziellere Themen sind in Dateien ausgelagert, die bei Bedarf zugeladen werden können. Sie werden *Packages* genannt.

Zweitens wird in diesem Kapitel die Struktur der *Programmiersprache* Mathematica behandelt. Welche Objekte gibt es, welche Operationen sind möglich, wie funktioniert diese Sprache? Sie werden merken, dass trotz der meist einfachen Benutzung die Sprache keineswegs einfach ist.

Drittens ist mit der Version 7 eine umfangreiche Datensammlung hinzugekommen, die zwar nur bei bestehender Internetverbindung funktioniert, aber jedenfalls in Mathematica integriert ist. Sie wird in Kap. 2.5 *Wolframs Datensammlung* vorgestellt.

Fangen wir mit der Struktur der Software an.

2.1 Gewaltenteilung

Wie es bei jeder gut strukturierten Software sein sollte, sind auch bei Mathematica die Kernfunktionen (im Wesentlichen das CAS) von der Benutzeroberfläche, dem Notebook, streng getrennt. Die Kernfunktionen sind im so genannten MathKernel zusammengefasst, der ein eigenes Programm ist. Der Benutzer nimmt das normalerweise nicht wahr, weil das Notebook bei Bedarf automatisch einen Kernel startet, in der Regel den lokalen. Um zu sehen, was der Kernel tut, kann man ihn auch mal ohne das Notebook starten. Er heißt unter Windows math.exe und liegt dort, wo Mathematica installiert ist. Bei Windows typischerweise unter

```
C:\Programme\Wolfram Research\Mathematica\7.0.
```

Auf Doppelklick erscheint ein Fenster, in das man seine Befehle eingeben kann. Das
sieht dann z.B. so aus:

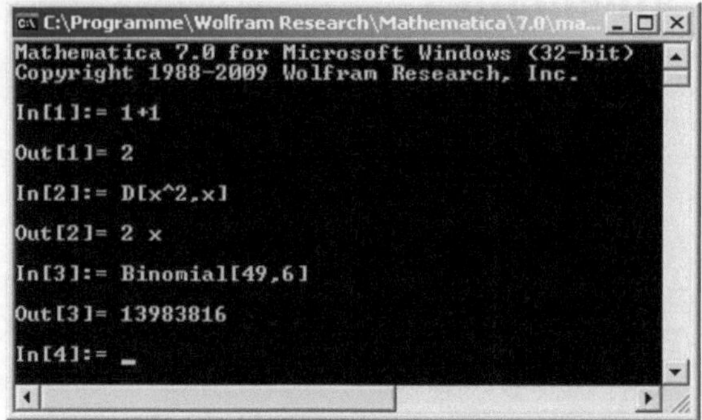

Abb. 2.1 Der Mathematica Kernel verarbeitet Kommandozeilen

Wie man sieht, funktioniert die Eingabe ähnlich wie bei jeder anderen Kommando-
zeile, sei es bash oder cmd: es gibt einen so genannten Prompt (Eingabeaufforde-
rung), der anzeigt, dass das System bereit ist (hier In[#]:), dann tippt man etwas ein
(zum Testen nimmt man am besten eine Aufgabe mit bekanntem Ergebnis), abschi-
cken mit Return, und mit vorangestelltem Out[#] kommt die Antwort: Man erfährt,
dass 1+1 zwei ergibt, dass 2x die Ableitung von x^2 ist, und dass es knapp 14 Millionen Lottoscheine braucht, um mit Sicherheit „sechs Richtige" zu haben. Die ersten
Mathematica-Versionen sahen in etwa so aus wie hier. Man war damals wie heute
sehr froh, ein Programm zu haben, das abstrakte mathematische Berechnungen, die
vielleicht nicht schwierig, aber mitunter langwierig und verwickelt sind, schnell und
zuverlässig erledigt.

2.2 Das Notebook

Sehr bald kam eine graphische Benutzeroberfläche hinzu, ein Front-End, das von
WRI Notebook[16] genannt wurde. Ein Notebook ist so etwas wie ein interaktives
Dokument. Anfangs war die Interaktivität gering im Vergleich zu heute. Es gab
zwar schon Hyperlinks und Animationen, aber anders als heute z.B. keine 3D-Gra-
fik[17]. Auch die GUI-Elemente, vergl. Kap. 3.6.2, gab es noch nicht. Doch man
konnte man seine Arbeit von Anfang an in so genannten Zellen strukturieren, wie

---

[16] Diese Metapher erscheint heute etwas unglücklich, weil sie inzwischen meist für kleine Mobil-
rechner verwendet wird; ich verstehe aber, dass WRI den Namen beibehält, schließlich war das
Mathematica Notebook eher da als der Klapprechner.

[17] Die 3D-Grafiken bis zur Version 5 waren gerenderte Postskript-Bilder, heute sind es echte 3D-
Modelle, die man interaktiv drehen kann.

ein Buch mit Kapiteln. Obwohl in der Funktionalität heute deutlich umfangreicher als anfangs, sah das Notebook eigentlich schon immer so ähnlich aus wie dieses:

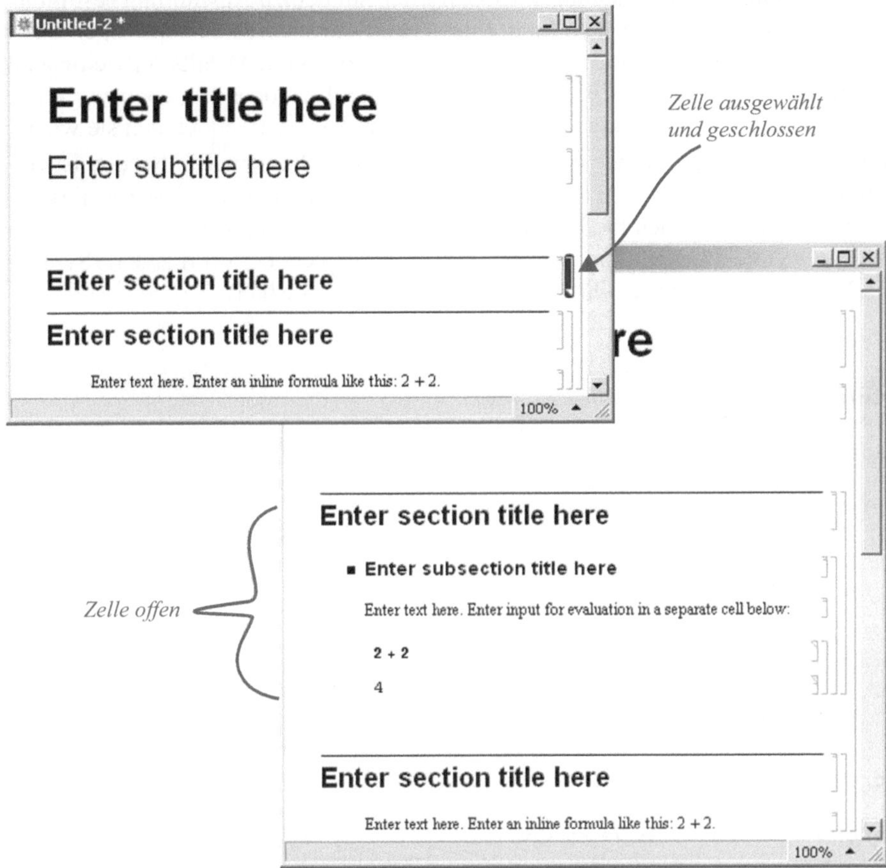

Abb. 2.2 Ein Mathematica 7.0 Notebook mit vorformatierten Zellen

Ein solches „vorgefertigtes" Notebook bekommt man über das Dropdown-Menü mit *File →New →Styled Notebook*. Es erscheint ein Dialogfenster namens *Stylesheets*, bei dem man unter drei Varianten wählen kann. Da es sinnvoll ist, auch kurze Arbeiten mit Überschriften und Erklärungen zu versehen (mehr unter Kap. 3.3 *Programmierrichtlinien*), empfehle ich, immer mit einem so vorformatierten Notebook zu starten und nicht mit einem leeren. Jedes blaue Häkchen rechts entspricht einer Zelle, und die Zellen sind so, wie es die Häkchen andeuten, hierarchisch organisiert. Zum Beispiel umfasst eine Section (Abschnitt) alles was darunter liegt, hier Subsection, Text, Input und Output. Das hat mehrere Konsequenzen: Sie können eine Zelle mit der linken Maustaste anwählen, das Häkchen wird im angewählten Zustand blau gefüllt, und wenn Sie eine Aktion durchführen sind alle darunter liegenden Zellen mit betroffen. Diese Aktion kann z. B. *shift-return* sein (das Ausführen des Codes in den Zellen) oder auch das Löschen der Zellen. Wenn Sie z.B. das ganze Notebook ausführen wollen, brauchen Sie nur die Titelzelle anzuwählen und shift-return zu drücken. Keine Angst: Ausgeführt wird natürlich nur der zur Ausführung bestimmte Code, also die Zellen vom Typ Input (hier **2+2**). Eine andere nützliche Eigenschaft der hierarchischen Organisation ist, dass Sie nicht benötigte Details zeitweilig ausblenden können. Mit Doppelklick auf das Häkchen öffnet oder schließt man Zellen, beim Schließen verschwinden alle Unterelemente, beim Öffnen werden sie wieder sichtbar. Abb. 2.2 zeigt, wie das aussieht: Die erste Zelle vom Typ Section ist erstens angewählt, zu erkennen am blau gefüllten Häkchen, und zweitens geschlossen, was man an dem kleinen Dreieck am Häkchen unten rechts erkennt.

Eine weitere nützliche Eigenschaft ist die seit der Version 6 vorhandene Syntax-Einfärbung. Einen Auszug ihrer Möglichkeiten sehen Sie hier:

```
Plot          (* bekanntes Symbol *)

plot          (* unbekanntes Symbol *)

Plot[         (* offene Klammer *)

"Plot ["      (* eine Zeichenkette *)

Table[
 x^2,         (* automatisches Einrücken nach Zeilenumbruch *)
 {x, 10}      (* x ist lokale Variable *)
]

f[x_] := x^2  (* x ist Funktionsargument *)

Sqrt[x, y]    (* Fehler und Konflikte *)

Sqrt[^]       (* Argument fehlt *)

Plot[x^2, {x, 0, 1}, Style -> 0] (* ungültige Option *)

If[x = 0, 1]  (* möglicherweise ungewollte Zuweisung *)
```

Eine vollständige Übersicht sowie zahlreiche Konfigurationsmöglichkeiten erhalten Sie unter *Edit →Preferences →Appearance*.

Das Notebook kann aber nicht nur Text annehmen und ausgeben. Es kann in der aktuellen Version viel mehr: es kann Klänge ausgeben, sowie 2D- und 3D-Grafik anzeigen. Der Benutzer kann jedes Graphikobjekt skalieren, und 3D-Grafiken können beliebig verschoben und gedreht werden. Das Notebook fängt auch Ausgaben, die eine gewisse Größe überschreiten, in einem eigenen Viewer ab.

Eine nützliche Einrichtung, denn jeder kann einmal versehentlich mit einem kurzen Befehl eine umfangreiche Ausgabe erzeugen, die das Notebook für lange Zeit blockiert, im Extremfall so lange, dass man Mathematica mit dem Task-Manager beenden muss und die nicht gespeicherten Änderungen verliert.[18]

In[1]:= **Range[{10^5}]**

```
A very large output was generated. Here is a sample of it:

{{1, 2, 3, 4, 5, 6, 7, 8, 9, 10, 11, 12, 13, 14, 15, 16, 17, 18,
  19, 20, 21, 22, 23, 24, 25, 26, <<99 948>>, 99 975, 99 976,
  99 977, 99 978, 99 979, 99 980, 99 981, 99 982, 99 983, 99 984,
  99 985, 99 986, 99 987, 99 988, 99 989, 99 990, 99 991, 99 992,
  99 993, 99 994, 99 995, 99 996, 99 997, 99 998, 99 999, 100 000}}

[ Show Less ] [ Show More ] [ Show Full Output ] [ Set Size Limit... ]
```

Out[1]=

Abb. 2.3 Das Notebook fängt zu große Ausgaben ab, die sonst Alles blockieren würden

Last not least kann das Notebook seit der Version 6 auch so genannte dynamische Objekte verwalten. Ein mit *Dynamic* gekennzeichneter Ausdruck wird vom Notebook automatisch aktuell gehalten. Das wirkt sich erst dann aus, wenn eine Größe gleichzeitig an verschiedenen Stellen im Notebook vorhanden ist. Ändert man sie an einer Stelle, so sorgt das Notebook dafür, dass sie an allen anderen Stellen aktualisiert wird.[19] Es entsteht der Eindruck einer magischen Fernwirkung.

In[1]:= **Dynamic[x]**

Out[1]= 0.858

In[2]:= **x = 0.1; {Slider[Dynamic[x]], x}**

Out[2]= {———————————————□———, 0.1}

Abb. 2.4 Dynamic synchronisiert Ausdrücke an verschiedenen Stellen im Notebook

In dem in Abb. 2.4 gezeigten Beispiel passiert Folgendes: Wenn man den Schieberegler mit der Maus bewegt, ändert sich gleichzeitig die Ausgabe Out[1], aber nicht der Wert rechts. Dynamic ist die Grundlage der neuen Interaktivität. Diese Themen werden ausführlich in Kap. 3.6.2 *Die GUI-Elemente von Mathematica* und Kap. 3.6.4 *Dynamic* behandelt.

Zum Schluss noch ein Rat. Selbstverständlich kann man auch mehrere Notebooks zugleich öffnen und auch benutzen. Der Kernel nimmt dann die Befehle von jedem in der eingegebenen Reihenfolge entgegen, und in einem Notebook vereinbarte Symbole sind nach der Eingabe dem Kernel bekannt und können in allen ande-

---

[18] Was in einem solchen Fall lange dauert, ist das Formatieren der Ausgabe im Fenster.

[19] Falls der Wirkungsbereich von Dynamic das ganze Notebook ist, was nicht sein muss.

ren benutzt werden. Ich empfehle aber eine solche Arbeitsweise für den Normalfall nicht, weil es schnell unübersichtlich wird und damit die Gefahr des versehentlichen Überschreibens von Symbolen steigt.[20] Mit das Dümmste, was ich einmal bei einer kommerziell vertriebenen Software sah, war eine Benutzerführung, die verlangte dass der Benutzer ein Package[21] manuell laden solle, das zur Funktion des Notebooks gebraucht würde.

Tipp: gestalten Sie jedes Notebook so, dass es selbstkonsistent ist, also ohne vorhergehende Aktionen in anderen Notebooks funktioniert.

Selbstverständlich sollte das Laden eines benötigten Packages von dem Notebook aus erfolgen, das dieses Package benutzt. Überhaupt sollte Alles funktionieren, wenn Sie das ganze Notebook mit einem Befehl starten.

2.3   Die Sprache Mathematica

Der Kernel enthält die Kernfunktionen, also das, was die Programmiersprache Mathematica ausmacht. Nachdem Sie durch *learning by doing* die ersten Schritte gemacht haben, ist es Zeit, nun etwas tiefer einzusteigen. In diesem Kapitel wird die Struktur der Sprache Mathematica erklärt. Wenn Sie die Grundprinzipien verstanden haben, wird Ihnen das Programmieren leichter fallen, da Alles nach wenigen einfachen Regeln funktioniert. Sie lernen zunächst, welche Objekte es gibt. Dann ein paar Grundlagen zur Notation und andere Konventionen. Als Drittes ein zentrales Thema: Muster und Transformationsregeln.

2.3.1 Basisobjekte und Ausdrücke

„Everything is an Expression"

Das klingt, als sei alles ganz einfach. Man muss eigentlich nur verstehen, was Expression (Ausdruck) genau bedeutet. Tatsächlich ist es leider nicht ganz so, aber diese strukturelle Einfachheit ist ein wichtiges Mittel zur Beherrschung der schnell wachsenden Komplexität.

Was also ist so ein Ausdruck? Antwort: alles von der Form $f[a_1, a_2, ...]$. Dabei bezeichnet man f als Head und die Teile a_i als Part. Head und Part sind gleichzeitig die Mathematica-Befehle, mit denen man diese Elemente extrahieren kann.

---

[20] Eine Ausnahme sind natürlich Notebooks, die als Teile einer GUI vom Programm geöffnet werden, vergl. Kap. 4.2.9 *Menügesteuerte Fenster* auf S. 191.

[21] Packages sind (meist benutzerdefinierte) Programmteile, die in eine Datei ausgelagert sind und ein bestimmtes Format haben, vergl. Kap. 2.4 *Packages*.

Es gibt eine riesige Anzahl bereits definierter Ausdrücke in Mathematica, und unbegrenzt viele können Sie selbst zusätzlich bilden. Keine Angst, Sie müssen nicht alle auswendig lernen, aber einige werden Ihnen immer wieder begegnen. Für die gebräuchlichsten Ausdrücke stellt Mathematica Abkürzungen bereit, die die Lesbarkeit erhöhen:

Tabelle 2.1 Häufig vorkommende Ausdrücke und ihre Abkürzungen

Abkürzung	Normalform	Bedeutung
`x+y+z`	`Plus[x,y,z]`	Addition
`x y z oder x*y*z`	`Times[x,y,z]`	Multiplikation
`a^b`	`Power[a,b]`	Potenzierung
`{a,b,c}`	`List[a,b,c]`	Liste
`a->b`	`Rule[a,b]`	Ersetzungsregel
`a=b`	`Set[a,b]`	Wertzuweisung
`r[[3]]`	`Part[r,3]`	Element einer Liste
`Log/@{a,b,c}`	`Map[Log,{a,b,c}]`	Funktion auf Listenelemente anwenden

Diese und viele andere Abkürzungen versteht Mathematica bei der Eingabe und benutzt sie gegebenenfalls auch bei der Ausgabe von Ausdrücken.

Die Teile eines Ausdrucks können wiederum Ausdrücke sein. Damit sind beliebig komplexe Ausdrücke möglich, sowohl in der Tiefe als auch in der Breite. Die Tiefe liefert übrigens der Befehl *Depth*.

Betrachten wir den algebraischen Term $(x-y)^3 - 2\sin(z)$. Er sieht in Mathematicas Normalform so aus:

```
In[1]:= FullForm[(x - y)^3 - 2 Sin[z]]

Out[1]//FullForm=
        Plus[Power[Plus[x, Times[-1, y]], 3], Times[-2, Sin[z]]]
```

Man kann auch eine an die in der Mathematik übliche Schreibweise angelehnte Form bekommen:

```
In[2]:= TraditionalForm[(x - y)^3 - 2 Sin[z]]

Out[2]//TraditionalForm=
```
$$(x - y)^3 - 2\sin(z)$$

Sie sieht fast so aus wie die Mathematica Ausgabe, lediglich die Argumentsklammern der Sinusfunktion sind nun konventionsgerecht rund. Mathematisch geübten Lesern kommt diese Form viel einfacher vor, als die *FullForm*, was natürlich nicht so ist. Man hat nur gelernt, die Struktur in der vertrauten Schreibweise schnell zu erfassen. Vielleicht finden Sie die Darstellung als Baum etwas übersichtlicher:

```
In[3]:= TreeForm[(x - y)^3 - 2 Sin[z]]
```

Out[3]//TreeForm=

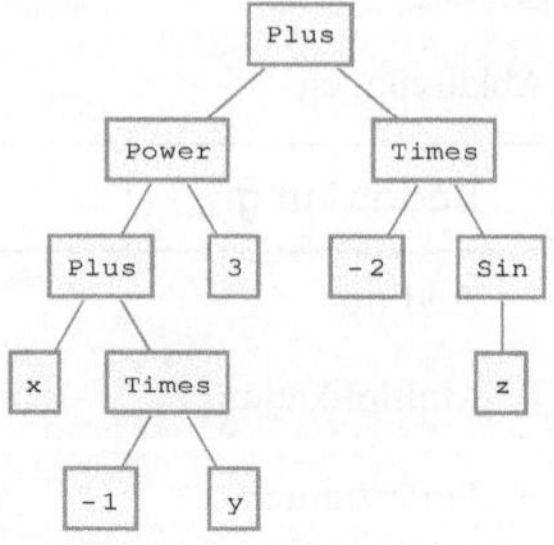

Doch zurück zu den Ausdrücken. Ein Ausdruck kann also synthetisiert und damit auch analysiert werden. Das Letztere geht aber nicht beliebig weit. Irgendwann kommt man auf „Ausdrucksatome", die nicht weiter zu zerlegen sind. Dies sind die drei Grundtypen Zahl, Zeichenkette, Symbol, wobei die Zahlen sich noch in ganze, rationale, reelle und komplexe Zahlen unterteilen. Damit hat man die sechs Basisobjekte oder besser Ausdrucksatome *Integer, Rational, Real, Complex, String, Symbol*. Das ist schon alles.

Das Konzept des Ausdrucks ist so allgemein, dass es eine Reihe von unterschiedlichen Anwendungen bzw. Interpretationen erlaubt.[22]

Tabelle 2.2 Beispiele von Mathematica-Ausdrücken

Bedeutung von f	Bedeutung von x,y ...	Beispiele
Funktion	Argumente oder Parameter	Sin[x], f[x,y]
Anweisung	Argumente oder Parameter	Expand[(x+1)^2]
Operator	Operand	x+y, a=b
Kopf	Elemente	{a,b,c}
Objekttyp	Inhalt	RGBColor[r,g,b]

Mir persönlich ist diese Liste zu lang, ich sehe z. B. keinen großen Unterschied zwischen Funktion und Operator. Aber unabhängig davon, wie wir Ausdrücke interpretieren, es ist jedenfalls so, dass in einigen Fällen aus den Inputdaten ein neuer Output generiert wird, in anderen wird der Input unverändert zurückgegeben. Sin[x] ist eine Funktion und gibt somit den Funktionswert von x unter der Abbildung *Sin* zurück. Bei {a,b,c} geschieht gar nichts, und es soll auch nichts geschehen. Mit List[a,b,c]

---

[22] Diese Beispiele stammen aus dem Mathematica Buch *Virtual Book*.

soll nur der Datentyp Liste definiert werden. Zusammengefasst folgen daraus zwei sehr wichtige Eigenschaften von Ausdrücken:

- Ein Ausdruck kann, durch seinen Kopf, einen neuen Datentyp definieren. Somit kann es in Mathematica, trotz der kleinen Anzahl an Ausdrucksatomen, beliebig viele Datentypen geben.
- Es gibt keinen prinzipiellen Unterschied zwischen Funktionen und Daten, da beides Ausdrücke sind.

Übrigens erkennt man nicht, ob ein Ausdruck ein Datentyp ist, indem man schaut, ob er unverändert zurückgegeben wird. Das passiert nämlich manchmal auch bei Funktionen:

```mathematica
In[1]:= Sin[1]

Out[1]= Sin[1]


In[2]:= Sin[1.]

Out[2]= 0.841471
```

Im ersten Fall wird nichts verändert, um keinen Verlust an Genauigkeit zu haben. Es ist ein Prinzip von Mathematica, dass die Genauigkeit eines Funktionswertes möglichst so hoch sein sollte wie die des Arguments (aber nicht höher). Integer haben, ebenso wie rationale Zahlen, die Genauigkeit (Precision) unendlich. Da Sin[1] keine rationale Zahl ist, kann es ohne Genauigkeitsverlust nur als Sin[1] geschrieben werden. Im zweiten Fall ist das Argument vom Typ Real, das ist in Mathematica eine Fließkommazahl mit beliebiger aber endlicher Genauigkeit. Wenn man nichts weiter spezifiziert, hat eine Zahl vom Typ Real etwa 15 gültige Dezimalstellen. Wer es genau wissen will, findet es mit dem Befehl Precision heraus.

Der wichtigste Typ von Basisobjekten in einem Symbolalgebra-Programm sind natürlich die Symbole. Dennoch gibt es wenig darüber zu sagen. Ein Symbol ist entweder ein Platzhalter oder aber eine Abkürzung für einen beliebigen Ausdruck, je nachdem ob es einen Inhalt zugewiesen bekommen hat. Der Name muss mit einem Buchstaben beginnen, Ziffern dürfen vorkommen, und Groß- und Kleinschreibung werden unterschieden. Weist man dem Symbol irgendeinen Ausdruck zu, so wird beim Referenzieren des Symbols dieser Ausdruck zurückgegeben, ansonsten das Symbol selbst. Mit der Zuweisung **x =.** (das ist die Kurzform, die Normalform ist Unset[x]) wird der *Inhalt* des Symbols x gelöscht, das Symbol selbst kann man mit Clear[x] entfernen. Die Deklaration erfolgt implizit, einfach durch Verwendung des Symbols. Hier ein paar Beispiele:

▪ Head

```mathematica
In[1]:= Head[x] (* implizite Deklaration des Symbols x *)
Out[1]= Symbol
```

```
In[2]:= x = 2; Head[x]   (* das Symbol x bekommt den Wert 2 zugewiesen *)

Out[2]= Integer


In[3]:= x = f[2 a + b]; Head[x]   (* das Symbol x bekommt f[2a+b] zugewiesen *)

Out[3]= f


In[4]:= x =.; Head[x]   (* der Inhalt des Symbols x wird gelöscht *)

Out[4]= Symbol
```

Um Platz zu sparen, sind bei den Befehlszeilen 2-4 jeweils zwei Kommandos zusammengefasst worden. Das trennende Semikolon unterdrückt gleichzeitig die Ausgabe des ersten.

2.3.2 Notation und allgemeine Konventionen

Namen: Alle in Mathematica definierten Symbole, seien es Datentypen oder Funktionen, haben einen englischen Namen, der voll ausgeschrieben ist und mit einem Großbuchstaben beginnt.

> *Tipp*: Geben Sie Ihren eigenen Symbolen Namen, die mit Kleinbuchstaben beginnen.
> Damit vermeiden Sie zuverlässig Konflikte mit eingebauten Symbolen,[23] und Sie
> erkennen sofort, was von Ihnen ist.

Wie es aussieht, haben die Entwickler von Mathematica auch versucht, Ausdrücke die etwas tun mit dem Imperativ zu benennen, z. B. *Integrate* für das Integrieren. Ein meiner Meinung nach guter Ansatz, der den Code nahe an die natürliche Sprache heranbringt. Anscheinend ließ es sich aber nicht durchhalten, schon die Umkehrabbildung heißt nicht *Derive*, sondern *Derivative*.

Eine andere sehr nützliche Konvention, die Sie am besten übernehmen, ist die, dass die Namen von Funktionen mit booleschem Rückgabewert immer mit einem großen Q enden. Ich stelle mir vor, dass diese Funktionen Fragen sind, die mit ja oder Nein zu beantworten sind, und das Q steht für Question. Falls Sie selbst mal so etwas schreiben wollen, denken Sie daran, nur solche Fragen zu stellen, die immer entscheidbar sind. Beispiel:

```
In[1]:= IntegerQ[12 345]

Out[1]= True
```

Wie Sie sich wohl schon gedacht haben, fragt *IntegerQ*, ob der Ausdruck eine ganze Zahl ist, oder, was dasselbe ist, als *Head* Integer besitzt.

---

[23] Dies ist keine wirkliche Gefahr, nur eine Unbequemlichkeit in Form einer Warnung, denn die eingebauten Symbole sind gegen Überschreiben geschützt (Mathematica-Befehl *Protect*).

Klammern: Wie im Leben, so hat auch in der Mathematik ein Symbol manchmal mehrere Bedeutungen, die der aufmerksame Leser durch den Kontext zu unterscheiden weiß. So gibt es beim Gleichheitszeichen Definition, Identität, Probe, Bestimmungsgleichung und vielleicht noch ein paar, die mir gerade nicht einfallen. Ähnlich ist es mit den Klammern, auch sie haben, abhängig vom Zusammenhang, in dem sie auftreten, durchaus verschiedene Bedeutungen. Eine Programmiersprache soll natürlich nicht erraten, was der Bediener will, das wäre zu unsicher. Darum unterscheidet Mathematica folgende Arten von Klammern:

Tabelle 2.3 Vier Arten der Klammerung

Form	Bedeutung
a(b+c)	Gruppieren von Ausdrücken, um die Reihenfolge der Auswertung zu steuern
f[x]	Argumentsklammern
r[[3]]	Adressieren von Listenelementen
{x,y,z}	Definition einer Liste

Gruppieren muss man immer, wenn man die vorgegebene Hierarchie der Bindungsstärken von Operatoren durchbrechen will (im obigen Beispiel ist es die Regel Punktrechnung geht vor Strichrechnung). Kennt man die Hierarchie nicht, kann man entweder runde Klammern so setzen, wie man es haben will, mit dem „Risiko", dass sie vielleicht überflüssig sind,[24] oder man schaut nach mit dem Befehl

```
In[1]:= Precedence /@ {Plus, Times}

Out[1]= {310., 400.}
```

Der Output verrät uns, dass der Befehl *Times* stärker bindet als *Plus*.

Dass Funktionen in Mathematica keine runden, sondern eckige Argumentsklammern haben, muss der Anfänger erst mal lernen, mit dem pädagogischen Effekt, dass er sich die verschiedenen Bedeutungen der Klammern bewusst macht.

Ein zugegebenermaßen weniger schönes Konstrukt sind die doppelten eckigen Klammern zum Adressieren von Listenelementen. Es gibt einfach nicht genug Klammertypen.

Die geschweiften Klammern definieren eine Liste. Man denkt sofort an das mathematische Objekt Menge, aber mathematisch ist eine Liste am ehesten ein Vektor.[25] Zur Illustration der letzten beiden Klammerarten:

```
In[2]:= {x, y, z}[[2]]

Out[2]= y
```

---

[24] Man riskiert hier zwar keine Fehlfunktion, aber jedes Paar Klammern macht den Code länger und unübersichtlicher.

[25] Man kann auch Mengen damit abbilden, siehe Mathematica Befehl *Union*.

Iteratoren: Zum parametergesteuerten Anlegen von Listen durch die Funktion *Table*, zur Schleifenbildung mit *Do* und eigentlich überall, wo derselbe Vorgang mit veränderten Parametern mehrmals durchlaufen wird, benötigt man so genannte Iteratoren. Das sind in Mathematica Angaben in Form von Listen darüber, auf welche Weise eine Schleife zu durchlaufen ist. Die folgenden Möglichkeiten lassen wohl keine Wünsche offen:

Tabelle 2.4 Syntax der Iteratoren

Form	Bedeutung
{n}	n-maliges Durchlaufen einer Schleife
$\{i, i_{max}\}$	Durchlaufen einer Schleife mit $i = 1$ bis i_{max}
$\{i, i_{min}, i_{max}\}$	Durchlaufen einer Schleife mit $i = i_{min}$ bis i_{max}
$\{i, i_{min}, i_{max}, di\}$	Durchlaufen einer Schleife mit $i = i_{min}$ bis i_{max} in Schritten von di
$\{i, \{i_1, i_2, ... i_n\}\}$	i durchläuft die Werte i_1 bis i_n
$\{i, i_{max}\}, \{j, j_{max}\}$	geschachtelte Schleifen

Zu erwähnen ist dabei, dass die Werte von n, i_{min}, i_{max} nicht ganzzahlig sein müssen, also:

```
In[1]:= Table[i^2, {4.25}]
```

$$Out[1]= \left\{ i^2, i^2, i^2, i^2 \right\}$$

```
In[2]:= Table[i^2, {i, 4.5}]
```

```
Out[2]= {1, 4, 9, 16}
```

```
In[3]:= Table[i^2, {i, 1.5, 4.5}]
```

```
Out[3]= {2.25, 6.25, 12.25, 20.25}
```

```
In[4]:= Table[i^2, {i, -0.5, 1.5, 0.5}]
```

```
Out[4]= {0.25, 0., 0.25, 1., 2.25}
```

```
In[5]:= Table[i*j, {i, 2}, {j, 3, 5}]
```

```
Out[5]= {{3, 4, 5}, {6, 8, 10}}
```

Im ersten Beispiel gibt es keine Iterationsvariable, daher bleibt der Ausdruck i^2 unausgewertet. Im letzten Beispiel habe ich bewusst i*j geschrieben, obwohl statt des Sterns auch ein Leerzeichen genügt hätte. So ist es aber besser lesbar. Außerdem sieht man hier, dass die Funktion Table bei geschachtelten Schleifen Listen erzeugt, die auf dieselbe Weise geschachtelt sind.

Optionen: Viele Funktionen bieten einige, manche sogar sehr viele so genannte Optionen, das sind detaillierte Vorschriften zur Arbeitsweise. Die Optionen sind auf der jeweiligen Manualseite beschrieben, man bekommt sie aber auch (allerdings nur die Namen ohne weitere Erklärung) vom Kernel mit dem Befehl `Options[cmd]`. Beispielsweise liefert der Befehl

In[1]:= **Integrate[1 / x, {x, -1, 2}]**

Integrate::idiv : Integral of $\frac{1}{x}$ does not converge on {−1, 2}. ≫

Out[1]= $\int_{-1}^{2} \frac{1}{x}\, dx$

kein Ergebnis (zu erkennen daran, dass die Eingabe einfach wiederholt wird). Das liegt daran, dass Mathematica erkennt, dass es sich hier um ein uneigentliches Integral handelt, das nicht konvergiert. Der Integrand hat eine Polstelle bei x=0.

Mit der Option *PrincipalValue→True* (hier wird der Cauchysche Hauptwert[26] genommen) bekommt man aber doch ein Ergebnis:

In[1]:= **Integrate[1 / x, {x, -1, 2}, PrincipalValue -> True]**

Out[1]= Log[2]

Hier sehen Sie die Syntax, wie Optionen verwendet werden, nämlich in der Form Name->Wert. Dabei handelt es sich um eine so genannte Ersetzungsvorschrift, Näheres dazu im Kap. 2.3.3 *Muster und Transformationsregeln* auf S. 44.

Eingebaute Funktionen: Die in Mathematica vorhandenen Funktionen haben, obwohl sie aus den unterschiedlichsten Gebieten stammen, einige Eigenschaften gemeinsam:

- Sie besitzen das Attribut *Listable*, so dass sie direkt auf beliebige Listen angewendet werden können, ohne dass der Map-Operator benötigt wird.
- Sie besitzen das Attribut *NumericFunction*, so dass sie Zahlen zurückgeben, wenn man Zahlen eingibt.
- Sie liefern exakte Ergebnisse, wenn die Eingaben exakt sind, z.B. bei ganzen Zahlen, rationalen Zahlen oder bestimmten algebraischen Ausdrücken.
- Mit Ausnahme solcher Funktionen, die nur auf den ganzen Zahlen definiert sind, können alle Funktionen in Mathematica mit beliebiger Genauigkeit berechnet werden, und für beliebige komplexe Zahlen als Argument. Sollte eine Funktion für bestimmte Argumente undefiniert sein, wird der Ausdruck unausgewertet zurückgegeben.
- Die Präzision numerischer Berechnung sollte so hoch wie möglich sein, aber nie höher als es die Eingabedaten hergeben. So liefert `N[Gamma[27/10],100]` ein Ergebnis mit 100 gültigen Dezimalstellen, nicht aber `N[Gamma[2.7],100]`.

---

[26] Den Cauchyschen Hauptwert bekommt man, indem man sich einer Polstelle von beiden Seiten synchron, also mit derselben Folge, nähert.

- Ableitungen, Integrale und Reihenentwicklungen werden, wenn möglich, durch eingebaute Funktionen dargestellt.

Außerdem sind die Funktionen, wie alle eingebauten Objekte, gegen versehentliches Überschreiben geschützt, siehe Mathematica-Befehl *Protect*. Die meisten von ihnen können aber mit *Unprotect* von dem Schutz befreit und neu definiert werden, lediglich einige essentielle Objekte tragen das Attribut *Locked*, was bedeutet, dass sie nicht verändert werden können.

2.3.3 Muster und Transformationsregeln

Ein nicht unerheblicher Teil der Funktionalität von Mathematica beruht auf der Erkennung und Verwendung von Mustern (Patterns). Muster stehen für Klassen von Ausdrücken. Unnötig zu erwähnen, dass die eingebauten Mechanismen zur Musterbeschreibung und -erkennung sehr effizient arbeiten. Denken Sie daran, wenn Sie mal ein Programm optimieren wollen.

Mathematicas Musterbeschreibungssprache besteht aus Grundmustern, zusammengesetzten Mustern, Auswahlfiltern, Defaultwerten, Attributen und natürlich Funktionen, die erkennen, ob ein Ausdruck dem Muster entspricht (pattern matching). Trotz der relativ wenigen Strukturelemente ist dieses System, wie Sie gleich sehen werden, äußerst flexibel. Es hat eine gewisse Ähnlichkeit mit den aus der Zeichenkettenverarbeitung bekannten *regular expressions*[23], nur dass es sich hier nicht um Zeichenketten handelt, sondern um allgemeinere Objekte, eben die Mathematica *expressions*.

Wegen der Wichtigkeit des Themas und weil Mathematicas Muster nicht trivial sind, ist dieses Kapitel etwas ausführlicher, auch wenn eigentlich alles im Manual steht. Beginnen wir mit den Grundmustern.

2.3.3.1 Grundmuster

Tabelle 2.5 Grundelemente der Musterbeschreibung

Symbol	voller Name	Bedeutung
_	Blank[]	genau ein beliebiger Ausdruck
x_	Blank[x]	beliebiger Ausdruck, den man als x referenzieren kann
__	BlankSequence[]	ein oder mehrere Ausdrücke
___	BlankNullSequence[]	keiner, ein - oder mehrere Ausdrücke

Eigentlich sagt diese Tabelle schon alles, wenn Ihnen klar ist, was das Wort Muster bedeutet. Wenn nicht, erschliesst sich die Bedeutung am besten, wenn man ein wenig damit herumspielt. Ich mache das einmal für Sie. Dabei lernen Sie quasi nebenbei gleich noch, wie man die Muster anwendet.

```
In[1]:= MatchQ[{a}, {_}]

Out[1]= True

In[2]:= MatchQ[{a, b}, {_}]

Out[2]= False

In[3]:= MatchQ[{}, {_}]

Out[3]= False

In[4]:= MatchQ[{}, {___}]

Out[4]= True
```

Der Operator *MatchQ[expr, pat]* sagt, ob der Ausdruck *expr* dem Muster *pat* entspricht. Im Beispiel bedeutet {_} eine Liste mit genau einem Element.[27] Beim ersten Ausdruck trifft das zu, bei den beiden folgenden aber nicht (hier sind es zwei Elemente bzw. gar keines). Solch eine leere Liste kann man aber mit dem dreifachen Unterstrich erfassen, denn der bedeutet ja „keiner, einer, oder mehrere Ausdrücke". Das Muster „genau ein Ausdruck mit Namen" kennen Sie ja schon im Zusammenhang mit der Definition von Funktionen. So würde man eine Funktion, die das Quadrat ihres Arguments zurückliefert, durch `f[x_]:=x^2` definieren. Die Zuweisung mit dem Doppelpunkt ist verzögert, d.h., sie erfolgt nicht zum Zeitpunkt der Definition, sondern erst beim Aufruf, so dass die gewünschte Operation stets mit dem aktuellen Wert des Übergabeparameters durchgeführt wird.

2.3.3.2 Muster kombinieren

Um Muster miteinander zu kombinieren, gibt es eine Reihe von Operatoren, mit denen man Muster variieren und miteinander kombinieren kann. Erst damit kann man sehr fein abgestimmte Muster konstruieren. Ich stelle Ihnen zunächst die wichtigsten vor, und erkläre anschliessend, wie sie funktionieren und wie man sie anwendet.

---

[27] Ein solches Listenelement kann allerdings ein beliebiger Ausdruck sein, es muss nicht wie im Beispiel ein einziges Symbol sein.

Tabelle 2.6 Operatoren zum Kombinieren von Mustern

Symbol	voller Name	Bedeutung
p1|p2|p3	Alternatives	einer der Möglichkeiten
p..	Repeated	beliebige Wiederholung
p...	RepeatedNull	Null oder mehr
x:p	Pattern	beliebiges Muster bekommt den Namen p
	Except	Alles außer
	Longest, Shortest	wählt aus einer Sequenz

Hier sind einige Anwendungsbeispiele dazu. Beginnen wir mit *Alternatives*.

In[1]:= {v[x], g[u, v], u[v, w, x]} /. u[__] | v[__] → uORv

Out[1]= {uORv, g[u, v], uORv}

Das Muster u[__]|v[__] steht für einen Ausdruck, dessen *Head* u oder v ist und der jeweils ein oder mehrere *Parts* hat. Es wird im Rule-Operator[28] → als Muster verwendet. Eine Regel der Form *lhs→rhs* bedeutet, dass *lhs* durch *rhs* zu ersetzen ist, das Pfeilsymbol ist in der Tat sehr anschaulich. Für unser Beispiel heißt das, dass bei jedem Auftreten eines dem obigen Muster entsprechenden Ausdrucks dieser durch das Symbol *uORv* zu ersetzen ist. Nun muss die Regel noch angewendet werden. Das geschieht durch den Ersetzungsoperator /. (voller Name *ReplaceAll*). Das Konstrukt *expr /. rule* wendet *rule* auf *expr* an. Damit ist das Ergebnis nachvollziehbar: das erste und dritte Element der Liste entsprechen dem Muster und werden durch *uORv* ersetzt, das zweite nicht, also bleibt es unverändert. Weiter mit *Repeated*.

In[2]:= {f[g[x]], g[u, v], h[w, w, w]} /. _[(x_) ..] -> sameParts

Out[2]= {sameParts, g[u, v], sameParts}

Das Muster _[(x_) ..] entspricht einem Ausdruck mit beliebigem *Head*, der einen oder mehrere identische *Parts* hat. Sie sehen, dass das beim ersten und letzten Listenelement zutrifft, beim zweiten aber nicht. Zu erwähnen ist noch, dass die Verwendung des Repeated-Operators im Zusammenhang mit einem Muster runde Klammern erfordert, da das Auftreten von _.. aus Syntaxgründen nicht akzeptiert wird. Nun ein Beispiel zu *Pattern*.

In[3]:= {{1, 2, 3}, f[4, 5, 6], {1, 2.}} /. t : {__Integer} :→ Plus @@ t

Out[3]= {6, f[4, 5, 6], {1, 2.}}

---

[28] Die abgekürzte Form der Ersetzungsregel *Rule* besteht eigentlich aus einem Minus-Zeichen und einem Größer-Zeichen. Bei der Eingabe macht das Notebook aber sogleich einen Pfeil daraus.

Der Operator *Pattern*, in Kurzform einfach ein Doppelpunkt, dient dazu, Mustern einen Namen zu geben. Wozu braucht man das? Muster können doch auch ohne einen Namen erkannt und/oder ersetzt werden. Sie kennen die Antwort schon. Mit einem Namen konnte man in einer Funktionsdefinition f[x_] den Übergabeparameter referenzieren, indem man das Muster x_ benutzt hat, und über das Symbol x konnte man den Übergabeparameter benutzen und Alles das damit machen, was eben die Funktion gerade machen soll. Dabei hat ein *beliebiger* Ausdruck den Namen x bekommen. Im Beispiel wollen wir aber nur bestimmte Ausdrücke haben: {__Integer} steht für eine Liste, die ein oder mehrere ganze Zahlen enthält und nichts anderes. Mit t:{__Integer} geben wir genau solchen Listen den Namen t. Nun wird etwas mit t gemacht, und zwar werden die Elemente addiert. Genauer: Jede Liste aus ganzen Zahlen wird durch die Summe ihrer Elemente ersetzt. Da im obigen Beispiel nur das erste der drei Listenelemente eine solche Liste ist, steht in der Ergebnisliste als erstes Element die Zahl 6 (1+2+3=6), die anderen beiden Elemente bleiben unverändert. Aber wie funktioniert das? Dazu wurde erstens der Operator :> (RuleDelayed)[29] verwendet, also „verzögerte Regel". Genau wie die verzögerte Zuweisung := wird die verzögerte Regel erst beim Aufruf angewendet. Damit erreicht man im Beispiel, dass der Wert von t zur Aufrufzeit verwendet wird (bei der Definition hatte t sowieso noch keinen Wert). Was aber macht man nun mit t? Anscheinend bildet **Plus@@t** die Summe der Listenelemente, aber wieso? Antwort: Das Symbol @@ ist die Kurzform des Operators Apply, der den Head eines Ausdrucks ersetzt. Hier wird also aus List[1,2,3] einfach Plus[1,2,3] gemacht, was ja dasselbe wie 1+2+3 ist.

Nun ein Beispiel zu *Except*.

```
In[4]:= Cases[{1., 0, a, "0", 3}, Except[_Integer]]

Out[4]= {1., a, 0}
```

Zur Abwechslung ist das mal ein einfaches Beispiel. **Cases[list, pat]** gibt eine Liste zurück, die aus genau den Elementen besteht, die dem Muster *pat* entsprechen. Unser Muster hier bedeutet „alle Ausdrücke außer solche mit Head Integer", so dass die Ergebnisliste aus dem ersten, dritten und dem vierten Element der Eingabeliste besteht. Man könnte sich noch fragen, wieso hier die Null steht, Null ist doch auch eine ganze Zahl. Die Null in der Ergebnisliste ist aber, was man ihr nicht ansieht, nicht die Zahl 0, sondern die Zeichenkette, die aus dem Zeichen 0 besteht. Man kann es nachvollziehen, wenn man sich die Eingabeliste ansieht, dort steht "0" als Zeichenkette. Bei der Ausgabe werden aber die Anführungszeichen nicht benutzt, sie dienen nur bei der Eingabe der Unterscheidung von Symbolen und Zeichenketten. Zum Schluss noch die Funktion *Longest*.

```
In[5]:= {x, 3, 5, y, 1, 2, 3, z} /. {a___, Longest[b__Integer], c___} -> {b}

Out[5]= {1, 2, 3}
```

---

[29] Ähnlich wie bei *Rule* werden die Zeichen :> während der Eingabe ins Notebook durch das im Beispiel auftretende Symbol aus Doppelpunkt und Pfeil ersetzt.

Hier ist die längste Teilliste gesucht, die nur aus ganzen Zahlen besteht. Der Befehl *Longest* sucht aus mehreren Sequenzen die längste heraus. Um die Funktion genauer zu verstehen, schauen wir uns an, was das oben verwendete Muster ohne den Befehl *Longest* liefern würde. Offenbar sind mehrere Aufteilungen der Liste {x, 3, 5, y, 1, 2, 3, z} nach dem Muster {a___, b__Integer, c___} möglich.

Tabelle 2.7 Verschiedene Möglichkeiten der Realisierung eines Musters

a__	b__Integer	c___
x	3	5, y, 1, 2, 3, z
x	3, 5	y, 1, 2, 3, z
x, 3	5	y, 1, 2, 3, z
x, 3, 5, y	1	2, 3, z
x, 3, 5, y	1, 2	3, z
x, 3, 5, y	1, 2, 3	z
x, 3, 5, y, 1	2, 3	z
x, 3, 5, y, 1, 2	3	z

Ohne den Befehl *Longest* würden diese Möglichkeiten allerdings gar nicht geprüft, sondern die erstbeste würde genommen werden. *Longest* sorgt nun dafür, dass alle Möglichkeiten generiert und verglichen werden. In unserem Beispiel würde die rote Liste ausgewählt werden. Es ist klar, dass bei längeren Listen, z. B. bei DNA, wegen der schnell anwachsenden Zahl der Möglichkeiten mit entsprechenden Performanceeinbrüchen bei der Verwendung von *Longest* zu rechnen ist.

2.3.3.3 Muster einschränken

Zusätzlich zu den vielfältigen Kombinationsmöglichkeiten gibt es noch die Möglichkeit, jedes Muster durch Zusatzbedingungen noch spezifischer zu modellieren.

Eine Möglichkeit dazu ist der Operator /; (voller Name *Condition*). Er wird in der Form *pattern /; cond* benutzt und arbeitet so, dass das Muster *pattern* nur dann angewandt wird, wenn *cond* erfüllt ist, oder präziser ausgedrückt, wenn die boolesche Funktion *cond* True zurückgibt. Übrigens funktioniert *Condition* auch bei Wertzuweisungen. Ein Beispiel: Sie wollen in einer Liste alle Zahlen, deren Betrag kleiner als 10^{-3} ist durch das Symbol *small* ersetzen.

```
In[1]:= {0.0001, -12, -10^-7} /. x_ /; Abs[x] < 10^-3 → small
```

```
Out[1]= {small, -12, small}
```

Selbstverständlich kann *cond* auch aus mehreren booleschen Funktionen bestehen, die mit *And* oder *Or* miteinander verknüpft sind.

Eine zweite Möglichkeit bietet das Konstrukt **pattern ? test**. Hier wird ebenfalls das Muster nur dann angewandt, wenn die Funktion *test True* zurückgibt. Dieselbe Aufgabe wie eben würde dann z.B. so gelöst:

```
In[2]:= isSmall[x_] := Abs[x] < 10^-3

In[3]:= {0.0001, -12, -10^-7} /. x_?isSmall -> small

Out[3]= {small, -12, small}
```

Wie Sie sehen, ist es eher eine Geschmacksfrage, welche der beiden Möglichkeiten man wählt. Bei der letzteren ist man quasi gezwungen, die Tests in einer Funktion (wählen Sie einen aussagekräftigen Namen) unterzubringen und so den Code besser zu strukturieren. Zum Glück akzeptiert *pattern ? test* als *test* jedes Symbol, aber seltsamerweise keine Ausdrücke mit *Function* als Head, so dass man dort keine namenlose Funktion, vergl. Kap. 2.3.4 *Namenlose Funktionen* auf S. 49 übergeben kann. Die im Beispiel verwendete Funktion *isSmall* hat als Head Symbol, ebenso wie die eingebauten, mit „Q" endenden Standardabfragen, siehe Kap. 2.3.2 *Notation und allgemeine Konventionen* auf S. 40.

2.3.3.4 Was noch?

Zum Thema Muster gehört eigentlich noch die Behandlung von Optionen beim Schreiben von Funktionen sowie das wichtige Thema der Zeichenketten. Optionen werden im Kap. 4.1.1 *Wie schreibe ich eine Funktion?* behandelt, und ein Bespiel zum Arbeiten mit Zeichenketten ist Kap. 4.2.2 *Zeichenketten: Extraktion von Zahlen aus einem String* auf S. 136.

2.3.4 Namenlose Funktionen

Ein oft zitierter Satz lautet: Regeln sind dazu da, um befolgt zu werden. In vielen Bereichen des Lebens ist das sicher richtig. Bei der Programmentwicklung sind aber manchmal Ausnahmen angebracht.

Immer wieder wurde gepredigt: Du sollst keinen Spaghetticode schreiben, sondern Prozeduren gut abstrahiert in eigene kleine Funktionen auslagern. Was diese Funktionen tun, soll unmittelbar aus ihren gut gewählten Namen ablesbar sein. Damit wird der Code zwar etwas länger, gewinnt aber an Verständlichkeit.

Manchmal ist ein solches Vorgehen aber einfach übertrieben. Wenn das Programm einfach ist, sollte es auch kurz sein, vorausgesetzt es wird dabei nicht völlig unverständlich. Eine Möglichkeit zur Kürze bieten die gerade bei fortgeschrittenen Benutzern sehr beliebten so genannten *Pure Functions*, zu Deutsch *reine Funktio-*

nen, oder vielleicht am treffendsten als *Namenlose Funktionen* bezeichnet. Ein Beispiel:

```
In[1]:= square = Function[x, x^2];
        square[3]
```

```
Out[2]= 9
```

Hier ist die Namenlose Funktion, die jedem x sein Quadrat zuordnet, dem Symbol *square* zugewiesen worden. Nicht gerade überraschend, ergibt square[3] die Zahl 9. Wo ist der Witz? Nun, es funktioniert auch ohne Namen:

```
In[3]:= Function[x, x^2][3]
```

```
Out[3]= 9
```

Seine eigentliche Wirkung entfaltet *Function* aber erst in seiner abgekürzten Form. Dabei werden auch die Variablen nicht mehr benannt, sondern mit # oder #1 für Variable 1, #2 für Variable 2 usw. abgekürzt. Es gibt sogar zusätzlich die Möglichkeit, alle Variablen zusammen durch ## abzukürzen. Ein mit diesen Bezeichnern gebildeter Ausdruck wird mit dem *kaufmännischen Und* abgeschlossen. Dasselbe Konstrukt wie eben lautet somit in der namenlosen Notation:

```
In[4]:= #^2 &[3]
```

```
Out[4]= 9
```

Ich kann mir denken, was Sie jetzt denken. Falls Sie nicht gerade mit der Sprache LISP vertraut sind, wo eine ähnliche Notation für dort so genannte anonyme Funktionen verwendet wird, werden Sie diese Schreibweise kryptisch finden. Warum sollte man sein Programm auf diese Art schreiben?

Gemach. Denken Sie daran, dass man Namen nicht unbedingt braucht. Wenn die Funktionsweise hinreichend klar ist, kann man durchaus auf Namen verzichten. Der Code wird jedenfalls kompakter. Typische Anwendungsfälle für dieses Konstrukt sind Befehle, die Funktionen erwarten. Zum Beispiel *Map*. Zur Erinnerung: Map macht aus einer Funktion *f* und einer Liste *list* diejenige Liste, die man erhält, wenn man die Funktion auf jedes einzelne Element anwendet, Kurzform f /@ list.

```
In[6]:= vList = RandomInteger[{-3, 3}, {5, 3}]
```

```
Out[6]= {{1, 0, -3}, {-1, 2, 2}, {-2, -2, 2}, {3, 2, 3}, {2, 0, -2}}
```

```
In[7]:= Norm[#]^2 & /@ vList
```

```
Out[7]= {10, 9, 12, 22, 8}
```

Hier ist eine Liste aus fünf Vektoren der Dimension drei erstellt worden, deren Elemente quasizufällige ganze Zahlen zwischen -3 und 3 sind. Nun lasse ich von jedem Vektor das Quadrat seiner Norm berechnen. Die Norm ist so etwas wie seine Länge, also die Wurzel aus der Summe der Komponentenquadrate. Da ich keine Wurzeln haben will, habe ich das Quadrat der Norm gewählt. Die Ergebnisliste sagt uns, dass der letzte Vektor der kürzeste ist, der zweite der zweitkürzeste usw. bis zum vorletzten, der der längste ist. Ich gebe zu, auch dieser Code ist nicht besonders schön. Er soll auch nur auf das folgende realistische Beispiel vorbereiten.

Ich möchte diese Liste von Vektoren nach deren Längen sortieren. Die Funktion *Sort* sortiert zwar auch Listen von Vektoren, aber nach den Werten der Komponenten. Will man ein anderes Sortierkriterium, so muss man es als zweites Argument übergeben.

```
In[8]:= Sort[vList]
```

```
Out[8]= {{-2, -2, 2}, {-1, 2, 2}, {1, 0, -3}, {2, 0, -2}, {3, 2, 3}}
```

```
In[9]:= Sort[vList, Norm[#1] < Norm[#2] &]
```

```
Out[9]= {{2, 0, -2}, {-1, 2, 2}, {1, 0, -3}, {-2, -2, 2}, {3, 2, 3}}
```

Erwartet wird eine Funktion, die zwei Listenelemente bekommt und die Frage beantwortet, ob das zweite größer als das erste ist. Hier kommt nun das Konstrukt *Pure Funktion* sinnvoll zum Einsatz.

Ich meine, an dieser Stelle ist `Norm[#1]<Norm[#2]` aussagekräftig genug. Die Alternative, eine Funktion `istKürzer[v1_,v2_]` oder Ähnliches vorher zu definieren und dort zu einzusetzen, ist mit Sicherheit länger, aber nicht unbedingt lesbarer. Aber das müssen Sie letztlich für sich entscheiden. Sie haben die Freiheit.

Hinweis: Wegen der relativ geringen Bindungsstärke des &-Operators braucht man einen Ausdruck wie #1+#2& nicht zu klammern, während eine *Pure Function*, die als Option übergeben werden soll, immer geklammert sein muss: opt→(#1+#2&) .

2.4 Packages

Unter einem Package versteht man eine Sammlung von Mathematica-Funktionen und manchmal auch Daten, die sich in einer Datei befinden und bei Bedarf zugeladen werden können. Es handelt sich dabei in der Regel um eher spezielle Funktionen, die voraussichtlich nur von wenigen Nutzern verwendet werden.

Ein Motiv für diesen Mechanismus ist sicher damals der Wunsch gewesen, sparsam mit dem Hauptspeicher umzugehen. Vor 20 Jahren wäre der heutige Funktionsumfang von Mathematica (es gibt inzwischen bereits mehr als 3000 Symbole) auf einem PC undenkbar gewesen. Ein weiterer Grund war sicher die Befürchtung, dass es irgendwann keine sinnvollen Namen mehr geben könnte. Dieses Problem ist mit dem Mechanismus des so genannten Kontextes gelöst worden, der den Namespaces [24] in C++ entspricht. Vor allem aber ist es eine Möglichkeit für Entwickler, zusätzliche Funktionalität ohne Veränderung des Kernels zu generieren. Und für WRI sind die mitgelieferten Packages eine Möglichkeit, Fehlerfreiheit und Akzeptanz neuer Funktionen zu testen, oft schon wurden Funktionalitäten aus Packages irgendwann in den Kernel integriert.

Ein Package ist nicht mit einem Notebook zu verwechseln. Im Notebook arbeitet der Benutzer an seinem Projekt, während ein Package Funktionalität, manchmal auch Daten zur Verfügung stellt. Es entspricht einer Programmierschnittstelle oder

API (Application Programming Interface) in anderen Programmiersprachen [25]. Man kann normalerweise in einem Package nichts verändern, und es hat auch ein anderes Dateiformat als ein Notebook. Außerdem gelten strengere Konventionen für das Schreiben von Funktionen, es ist eine gewisse Professionalität gefordert.

Tatsächlich wurde auch versucht, mit so genannten Third-Party Packages Geld zu verdienen. Mein Eindruck ist aber, dass das nie in großem Maßstab gelungen ist. Immerhin fanden sich im Wolfram Web Store im April 2009 ca. 30 Applikationen unabhängiger Entwickler [25].

Im folgenden Abschnitt werden wir uns einmal ein Package aus Benutzersicht anschauen. In den darauf folgenden Kapiteln können Sie das Schreiben eigener Packages erlernen.

2.4.1 Finden, laden und benutzen

Ein Package muss man nicht unbedingt kaufen. Einige werden gratis im Netz angeboten, z. B. [27] und [28], und einige kommen bereits mit Mathematica mit. Die letzteren findet man, indem man auf dem Help-Bildschirm *Standard Extra Packages* anklickt. Es erscheint dann eine Liste von über 40 Packages aus den Gebieten

- Statistics Packages
- Plotting, Charting, and Graphing Packages
- Discrete Math Packages
- Combinatorica
- Calculus Packages
- Algebra Packages
- Polyhedra & Polytopes Packages
- Miscellaneous Mathematical Packages
- Sound Packages
- Physical Quantities & Properties Packages
- Utility Packages

Wir wählen das Package *PlotLegends* aus dem Bereich *Plotting, Charting, and Graphing Packages* (auf Deutsch etwa graphische Darstellung, Kurven und Diagramme). Es ist ein eher kleines Package und verlangt keinerlei Spezialwissen. Klickt man *PlotLegends* an, so erscheint eine Manualseite, die eigentlich alles erklärt.

Es geht darum, dass man einer Grafik eine Legende hinzufügen kann, die dann Teil der Grafik wird. So kann die mit der Legende versehene Grafik als ein einziges Objekt exportiert oder sonstwie weiterverwendet werden. Es gibt zwei Möglichkeiten: einmal als Option *PlotLegend* oder aber über den Befehl *ShowLegend*. Die Option *PlotLegend* funktioniert nur bei den drei Kommandos *Plot*, *ListPlot* und

ListLinePlot, während *ShowLegend* bei beliebigen Grafiken funktioniert. Wie sieht eine solche *PlotLegend* nun aus? Sehen wir uns ein Beispiel an.

```
In[1]:= << PlotLegends`

In[2]:= ListPlot[
          Table[{x, f[x]}, {f, {Sin, Cos, Log}}, {x, 0, 10, 0.5}],
          Joined → {True, True, False}, PlotMarkers → Automatic,
          PlotLegend → {"Sin", "Cos", "Log"}, LegendPosition → {1.1, -0.4}
        ]
```

Out[2]=

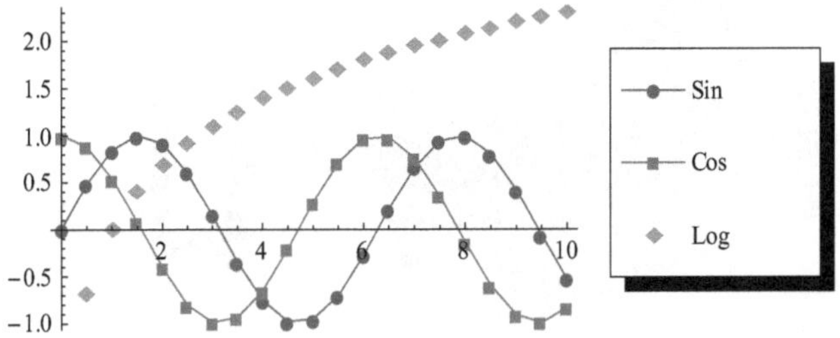

Abb. 2.5 Anwendungsbeispiel für die Option *PlotLegend* aus dem Package *PlotLegends*

Als Allererstes wurde mit dem Befehl **<< PlotLegends`** das Package geladen, sonst wären die Symbole *PlotLegend* und *LegendPosition* dem Kernel nicht bekannt und würden im Notebook rot markiert[30] erscheinen. Das kleine Rückwärtsapostroph am Ende ist wichtig und tritt bei jedem Package auf, da es ein Teil der Namensraum-Syntax ist. Das Beispiel zeigt drei Funktionen, von denen zunächst Wertetabellen der Form {x, f[x]} erzeugt werden, und die anschließend mit *ListPlot* geplottet werden. Dabei werden verschiedene Farben und auch verschiedene Marker verwendet, und die Punkte werden mal verbunden und mal nicht (Option *Joined,* bis zu Version 5 hieß sie *PlotJoined*). Abb. 2.5 zeigt, was die hinzu geladene Option *PlotLegend* bewirkt: Sie erzeugt ein Kästchen mit einer Probe des *Plotstyles,* zusammen mit dem übergebenen Text. Das Kästchen ist mit einem Schatten hinterlegt, der bewirkt, dass die Legende scheinbar über dem Bild schwebt und sie so von der Grafik abgrenzt. Der *Plotstyle*, also Strichelung, Farben, Marker wird von den drei Plots automatisch übernommen und auf die Legende übertragen. Eine nette Option, die genau das macht, was der Nutzer wünscht.

Natürlich hat diese Option nur Sinn bei 2D Plots, die Linien ziehen, also im eigentlichen Sinne plotten. Darum funktioniert sie auch nur bei den genannten Plots. Für alle anderen Grafiken ist der Befehl *ShowLegend* geeignet, der einfach eine Gra-

---

[30] als Zeichen für eine unbekannte Option, in der Regel (aber nicht hier) ein Tippfehler

fik mit einer Legende (wiederum in ein Kästchen mit Schatten gepackt) kombiniert.
Das sieht dann z. B. so aus:

```
In[3]:=  ShowLegend[
           Plot3D[Sin[x y], {x, 0, π}, {y, 0, π}, ColorFunction → "Rainbow"],
           {ColorData["Rainbow"][1 - #1] &, 10, " 1", "-1",
             LegendPosition → {1.1, -0.4}}
         ]
```

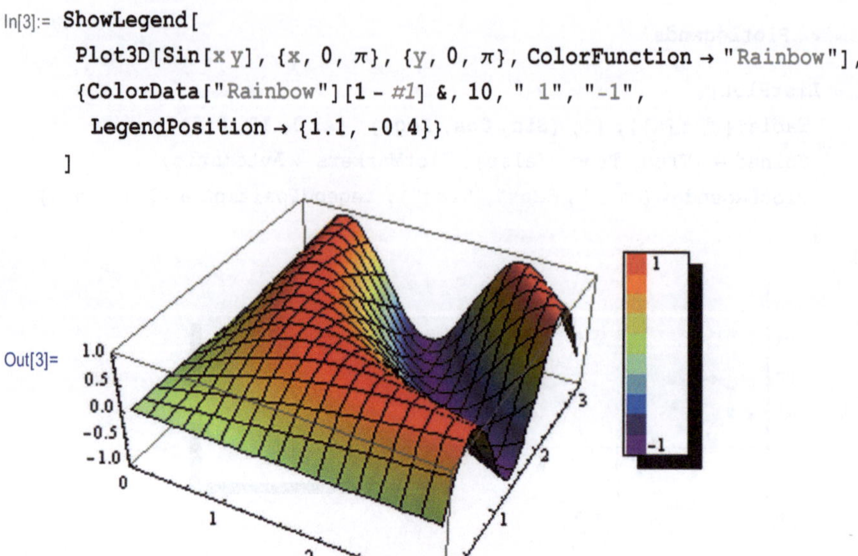

Abb. 2.6 Die Funktion *ShowLegend* kombiniert eine Grafik mit einer Legende

Wie man sieht, können nicht nur Texte als Plot-Legende übergeben werden, son-
dern, wie Sie es von Mathematica mittlererweile schon gewohnt sind, fast alles
Sinnvolle. Hier wurde eine Skala für die im Plot verwendete *ColorFunction* mittels
ColorData erstellt.

Sehr schön, werden Sie sagen, dieses Package ist vorbildlich dokumentiert, und
die Dokumentation ist bereits in Mathematica integriert. Was ist aber mit meinen
selbstgeschriebenen Packages? Muss ich die auch so dokumentieren? Sonst kann sie
ja keiner bedienen!

Natürlich sollte jedes Package irgendwie dokumentiert sein. Eine Minimaldoku-
mentation ist darum in jedem ordentlichen Package bereits auf Kernelebene integriert. Wie kommt man an sie heran, wenn mal keine Hilfeseiten existieren? Das
kann zum Beispiel der Fall sein bei Packages, die man irgendwo heruntergeladen
hat. Entweder war von vornherein keine Dokumentation dabei, oder sie liegt zwar
irgendwo, aber man weiss nicht mehr, wo.

In solchen Fällen kann man sich folgendermaßen helfen: Zunächst schaut man nach, welche Symbole im Kontext des Packages enthalten sind. Das macht der Befehl *Names*:

```
In[2]:= Names["PlotLegends`*"]

Out[2]= {Legend, LegendBackground, LegendBorder,
        LegendBorderSpace, LegendLabel, LegendLabelSpace,
        LegendOrientation, LegendPosition, LegendShadow, LegendSize,
        LegendSpacing, LegendTextDirection, LegendTextOffset,
        LegendTextSpace, PlotLegend, ShadowBackground, ShadowBorder,
        ShadowBox, ShadowForeground, ShadowOffset, ShowLegend}
```

Dies sind die vom Package zur Verfügung gestellten neuen Befehle und Optionen. Die Namen hier sind gut gewählt, man kann fast erraten, was sie bedeuten, aber zur Benutzung wäre doch noch einiges Herumprobieren nötig. Das muss man aber nicht. Man kann für jedes Symbol eine kurze oder eine ausführlichere Information bekommen. Der Befehl dazu heißt auch *Information*. Für das erste Symbol *Legend* liefert er z.B.:

```
In[3]:= Information[Legend, LongForm → False]
```

```
Legend[{{ box 1, text 1}, ...}, options]
    generates a legend with the specified boxes and text.
Legend[func, num, options] generates a legend by applying func to numbers
    between 0 and 1, incremented by the number of boxes num − 1.
Legend[func, num, mintext, maxtext, options] labels the first
    and last boxes with mintext and maxtext respectively.  ≫
```

Hier ist die Option **LongForm→False** verwendet worden, was uns sagt, dass dies die kurze Variante war. Dieser Information entnimmt man, dass *Legend* ein Befehl und keine Option ist, wie der Befehl benutzt wird und dass er eine oder mehrere Optionen besitzt. Natürlich will man auch wissen, welche. Das erfährt man mit

```
In[4]:= Options[Legend]

Out[4]= {LegendPosition → {-1, -1},
        LegendSize → Automatic, LegendShadow → Automatic,
        LegendTextSpace → Automatic, LegendTextDirection → Automatic,
        LegendTextOffset → Automatic, LegendLabel → None,
        LegendLabelSpace → Automatic, LegendOrientation → Vertical,
        LegendSpacing → Automatic, LegendBorder → Automatic,
        LegendBorderSpace → Automatic, LegendBackground → Automatic}
```

Die Werte rechts vom Pfeil sind die Defaultwerte, also die, die verwendet werden, wenn man die Option nicht explizit angibt.

Mit diesen quasi eingebauten Hilfen, zusammen mit einer ungefähren Vorstellung, was die Funktionen tun, sollte es möglich sein, ein Package zu benutzen, auch wenn keine weitere Dokumentation existiert. Eine solche Vorstellung gewinnt man, wenn es sonst weiter nichts gibt, aus aussagekräftigen Namen. Darum sind Namen wichtig. Natürlich ist es immer besser, wenn etwas mehr als solch minimale Dokumentation vorhanden ist, sehr nützlich ist z.B. ein Notebook mit Anwendungsbeispielen.

Sie sehen, dass ein Package mehr ist als nur eine Sammlung von Funktionen. Das alles muss leider auch programmiert werden. Zum Glück wird man dabei von Mathematica unterstützt. Wie, das erfahren Sie im Kap. 4.1.2 *Wie schreibe ich ein Package*. Dort wird exemplarisch ein zwar kleines Package entwickelt, das dennoch alles enthält, was ein Package haben kann und haben sollte. Es geht dabei um Rotationskörper. Das sind geometrische Gebilde, die entstehen, wenn man den Graphen einer Funktion f(x) um die x-Achse rotieren lässt.

2.5   Wolframs Datensammlung

Damit die zahleichen Datenimport- und Datenverarbeitungsmöglichkeiten demonstriert werden können, pflegt WRI eine sorgfältig zusammengetragene Datensammlung aus unterschiedlichsten Wissensgebieten. Es kann nicht schaden, sich einen Überblick zu verschaffen. Wenn man irgendwann dies oder jenes braucht, erinnert man sich vielleicht, dass es so etwas bei WRI gibt, das mit Mathematica eingelesen und dargestellt oder weiter verarbeitet werden kann.

2.5.1 Computable Data

Die Datensammlung *Computable Data* gibt es in dieser Form erst seit der Version 7, früher gab es nur die mehr oder weniger ungeordneten ExampleData, vergl. Kap. 2.5.2 *ExampleData* auf S. 62. *Computable Data* umfasst die Wissensgebiete

- Mathematische Daten
- Wissenschaftliche & Technische Daten
- Geographische Daten
- Finanzdaten & Ökonomische Daten
- Linguistische Daten

Ich verwende im Folgenden die entsprechenden englischen Bezeichnungen. Es handelt sich dabei um statische und auch dynamische Daten wie die aktuellen Wetterdaten. Ich werde kurz umreißen, welche Datenarten es gibt, diese kommentieren und Ihnen meine persönlichen Highlights vorstellen.

2.5.1.1 Mathematische Daten

Die *Mathematical Data* umfassen folgende Gebiete (ich verwende die Originalnamen, so wie sie im Help-Browser stehen):

FiniteGroupData: Eigenschaften endlicher Gruppen. Die Gruppentheorie als Teil der Algebra ist einer der Standpfeiler der modernen Mathematik. Endliche Gruppen kommen in der Festkörperphysik zur Anwendung, etwa bei Kristallgittern, aber auch in einigen anderen Gebieten. Insgesamt etwas für Spezialisten.

GraphData: Eigenschaften von Graphen. Die Graphentheorie, als deren Grundidee oft das Eulersche Problem der sieben Brücken von Königsberg genannt wird [14], lieferte viele Algorithmen, die in der Informatik, der Komplexitätstheorie, und der Netzwerktheorie angewendet werden. Der Datensatz enthält charakteristische Eigenschaften von einigen hundert Graphen, wie Nachbarschaftsmatrix, Abstandsmatrix, Knotenzahl, Kantenzahl, Knotennachbarschaftsliste, Anzahl der Flächen (bei planaren Graphen), Inzidenzmatrix. Wer auf dem Gebiet der Graphentheorie arbeitet oder lehrt, findet hier reichhaltiges Material.

KnotData: Eigenschaften von Knoten. Die Knotentheorie ist ein aktuelles Forschungsgebiet in der Topologie, mit Anwendungen in der Molekularbiologie, der Theoretischen Physik, etwa bei Feynman-Diagrammen, und auch auf dem Gebiet der Quantencomputer [15]. Bei den interessierenden Eigenschaften handelt es sich um bestimmte Invarianten und Polynome. Für den Laien verständlich ist zumindest die Visualisierung, hier ein Beispiel:

Abb. 2.7 Auch in der Knotentheorie sagt ein Bild manchmal mehr als 1000 Worte

Dieses Bild wurde erzeugt mit:

```
In[1]:= Graphics3D[
        {Orange, Specularity[White, 70], KnotData[{8, 3}, "ImageData"]},
        Boxed → False, ViewPoint → {0, 0.1, 5}
    ]
```

LatticeData: Eigenschaften von Gittern. Hier haben wohl die Kristallphysiker Pate gestanden. Man findet viele Arten von Kristallgittern, mit anschaulichen Bildern. Wo braucht man Gitter? Außer in der Kristallphysik noch in der Kryptografie (beim LLL-Algorithmus) [16], in der algorithmischen Geometrie, vielleicht noch in der Gruppentheorie.

PolyhedronData: Geometrie und topologische Eigenschaften von Polyedern, also Körpern, die von ebenen Flächen begrenzt sind. Ein weitgehend erforschtes Gebiet mit zahllosen Anwendungen. Verallgemeinerte konvexe Polyeder kommen in der Linearen Optimierung vor, Fullerene [17] haben die Form eines Ikosaeders, um nur einige herauszugreifen. Am bekanntesten sind wohl die fünf platonischen Körper. Einen Überblick bekommt man mit dem unter *Neat Examples* aufgeführten Polyeder-Explorer,

```
Manipulate[
  Row[
    {Show[PolyhedronData[g], ImageSize → 400],
     Style[PolyhedronData[g, p], 16, Bold]}
  ],
  {g, PolyhedronData[All]},
  {p, Complement @@ PolyhedronData /@ {"Properties", "Classes"}}
]
```

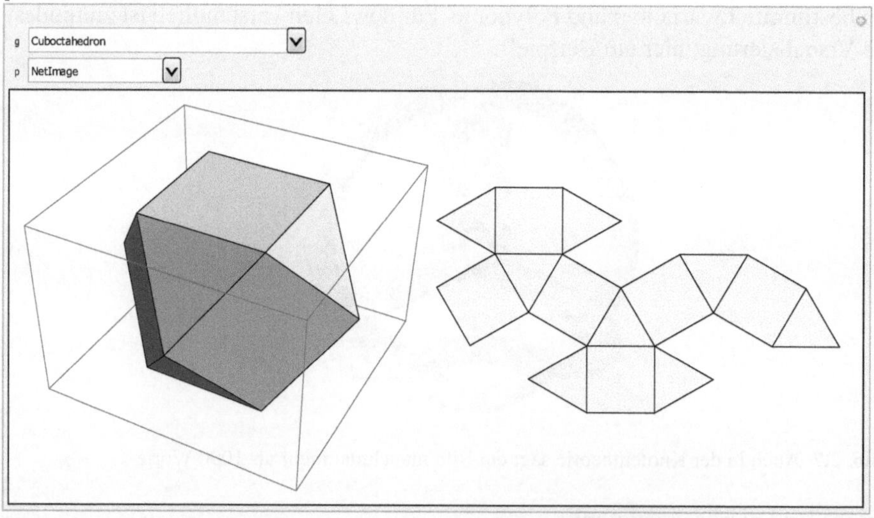

Abb. 2.8 Mit diesem Polyeder-Explorer erfahren Sie alles über Vielflächner

der es erlaubt, jeden der 187 Polyeder in dem Datensatz darzustellen und seine bis zu 58 Eigenschaften aufzulisten. Neben den Grundeigenschaften wie Geometriedaten, topologische Daten (Zahl der Ecken, Kanten und Flächen), sind auch Bilder der abgewickelten Oberfläche abrufbar (sie heißen *NetImage* und sind z.B. dann nützlich, wenn Sie ein Papiermodell basteln wollen), außerdem noch andere abgeleitete Daten wie Volumen, Oberfläche, der Trägheitstensor und vieles mehr. Der erzeugende Code wirkt angesichts der mächtigen Anwendung fast spartanisch.

2.5.1.2 Wissenschaftliche & Technische Daten

Die wissenschaftlichen und technischen Daten gliedern sich in (ich verwende wieder die Originalnamen, so wie sie im Help-Browser stehen):

Physical & Chemical Data

- **ElementData**: atomare und chemische Eigenschaften chemischer Elemente
- **ChemicalData**: Struktur- und physikalische Daten chemischer Verbindungen
- **IsotopeData**: statische und Zerfallseigenschaften aller Isotope
- **ParticleData**: Eigenschaften stabiler und unstabiler Partikel

Unter diesen, sich teilweise überschneidenden Kategorien sind alle möglichen physikalisch-chemischen Eigenschaften von Elementen und Verbindungen zu finden: Dichte, Härte, Wärmeleitfähigkeit, und Hunderte anderer Eigenschaften. Schön sind die Strukturbilder, von denen ich Ihnen schon in Abb. 1.3 auf S. 8 eines vorgestellt hatte. Interessiert Sie die Lebensdauer eines Myons oder die Leptonenzahl des Protons? Sie finden hier fast alles, wonach Sie fragen könnten, und noch viel mehr. Etwas mit diesen Daten anfangen können wohl nur Fachleute.

Earth & Astronomical Data

- **WeatherData**: alle aktuellen und aufgezeichneten Wetterdaten weltweit.
  Dieser (dynamische) Datensatz zeigt sehr schön den Unterschied zwischen Daten und Wissen. Ich sehe die Tabellen, schaue mir Grafiken an und bin so klug als wie zuvor. Welche Windstärke herrschte am 7. März 1999 in Oslo? Hier werden Fragen beantwortet, die keiner je stellte. Möglicherweise interessant für studierte Meteorologen, aber zur Wettervorhersage fehlt dann immer noch der Großrechner.

- **GeodesyData**: Daten geodätischer Koordinatensysteme.
  Diese Daten braucht der Geologe. Konforme Länge, isometrische Breite, Exzentrizität: Wenn man sieht, wie viele Messgrößen es gibt, wundert man sich, wie Google Maps mit nur zwei Zahlen auskommen kann.

- **CityData, CountryData, GeoDistance**
  Diese Daten finden sich auch unter dem Zugang Kap. 2.5.1.3 *Geographische Daten*.

- **AstronomicalData**: statische und dynamische Eigenschaften von Sternen, Planeten und anderen Objekten.
  Wie heißen die Monde des Saturn? Was sind die 10 sonnennächsten Fixsterne? Wie weit ist es nach Alpha Centauri? Um wie viel Uhr geht morgen die Sonne

auf? Daten für Hobbyastronomen, Science-Fiction-Freunde und Spökenkie-ker[31].

Life Science Data

- **GenomeData**: Eigenschaften menschlicher und anderer Gene
- **GenomeLookup**: schnelle Suche nach Gensequenzen
- **SequenceAlignment**, **SmithWatermanSimilarity**
- **ProteinData**: Proteinstruktur und -funktion

Hier öffnet WRI die Tür zur Molekularbiologie. Was es allerdings bringen soll, bestimmte DNA-Muster im menschlichen Genom zu suchen und zu lokalisieren, wird nicht erklärt. Hübsch anzusehen ist die Darstellung der Protein-Strukturdaten als Ribbon, also Band (damit ist gemeint, dass die Tertiärstruktur[32] auf die bei PDB-Viewern übliche Art gezeigt wird).

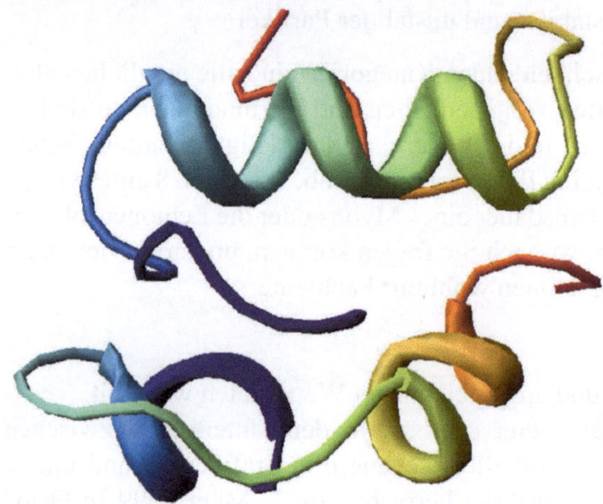

Abb. 2.9 Struktur des menschlichen Insulins

Der Datensatz *ProteinData* enthält über 27000 menschliche Proteine. Mit dem Befehl

In[1]:= `ProteinData["INS"]`

Out[1]= `LQVGQVELGGGPGAGSLQPLALEGSLQKRGIVEQCCTSICSLYQLENYCN`

bekommt man z.B. die Aminosäurensequenz des Insulins INS, die in der Moleku-larbiologie auch als Primärstruktur bezeichnet wird. Die in Abb. 2.9 gezeigte Terti-ärstruktur bekommt man mit `ProteinData["INS","MoleculePlot"]`. Informatio-nen, die zum Verständnis der Funktion des Proteins beitragen können, bringt die Anweisung `ProteinData["INS","BiologicalProcesses"]`, die alle bekannten

---

[31] Dieses Wort kommt im Online Wörterbuch von WRI nicht vor, vergl. Kap. 2.5.1.5.

[32] Die Tertiärstruktur von Proteinen besteht aus den Elementen α-*Helix*, β-*Faltblatt* und *Random Coil*.

Signal- und Stoffwechselprozesse auflistet, in die es involviert ist. Beim Insulin sind es 36. Für die räumliche Darstellung wurde ein Eintrag der *Protein Data Bank* [20] übernommen, wahrscheinlich der mit der besten Auflösung. Die Punkte *Sequence-Alignment* und *SmithWatermanSimilarity* gehören allerdings nicht in die obige Aufzählung von Datenarten, es sind Algorithmen und keine Daten [21], [22].

2.5.1.3 Geographische Daten

Wie viele Städte namens London gibt es? Wie viele Einwohner hat Ontario? Bereisen Sie diese vier Städte, von Osten nach Westen: Oslo, Berlin, Rom, Tunis. Wer sich auf seinen Auftritt in *Wer wird Millionär* vorbereitet, hat hier einige Trainingsmöglichkeiten. Es macht aber auch Spaß, einfach nur herumzuspielen. Glauben Sie, dass Geld glücklich macht? Dann ist der ideale Wohnort schnell gefunden. Hier sind die 10 Länder mit dem höchsten Pro-Kopf-Bruttosozialprodukt, daneben noch Lebenserwartung und Arbeitslosenquote.

```
Liechtenstein  100 860  79.95  0.013
Luxembourg      78 442  79.18  0.044
Norway          63 960  79.81  0.024
Bermuda         63 731  78.3   0.021
Jersey          57 000  79.65  0.022
Iceland         53 687  80.55  0.01
Qatar           51 809  74.38  0.007
Switzerland     50 451  80.74  0.031
Ireland         48 642  78.07  0.05
Denmark         47 641  78.13  0.035
```

Sie können sich über Verkehrswege, Volksgesundheit, Staatsverschuldung und hunderte von anderen Dingen informieren, bis hin zur Form der im jeweiligen Land verwendeten Steckdosen. Einen einfachen Browser für diesen Datenschatz finden Sie im *Wolfram Demonstrations Project* [19]. Neben *CountryData* und *CityData* finden sich hier auch noch die passenden Daten und Funktionen zur Geodäsie.

2.5.1.4 Finanzdaten & Ökonomische Daten

Geld regiert die Welt. Dieser Datenbereich überschneidet sich mit Country Data, dazu kommen die Börsenkurse. Der Befehl `FinancialData["GE"]` bringt den aktuellen Kurs von General Electric in US$. Ich glaube aber nicht, dass WRI den Börsentickern Konkurrenz machen will. Vielleicht entdeckt ja ein findiger Kopf irgendwelche Datenkorrelationen, aus denen ein funktionierendes System zur Kursvorhersage hervorgeht.[33] Ich bin gespannt.

---

[33] Was natürlich nur dann ginge, wenn das Auf und Ab der Börsenkurse weniger zufällig als das Lotteriespiel verläuft.

2.5.1.5 Linguistische Daten

Dieser Datensatz besteht aus 27 Wörterbüchern mit Suchfunktionen. Man kann wunderbar abzählen und Statistiken machen. Die Befehlsfolge

```
Table[
   {1, Length@DictionaryLookup[{1, All}]},
   {1, DictionaryLookup[All]}
   ] // Sort[#, #1[[2]] > #2[[2]] &] & // TableForm
```

erzeugt eine Liste mit Einträgen der Form {*ländername, anzahlWörter*}, absteigend nach *anzahlWörter* sortiert, nach der z.B. das Finnische Wörterbuch als Spitzenreiter 728498 Wörter enthält, das deutsche nur 76155. Was sagt uns das? Mir leider nicht viel, ich weiß ja nicht einmal, wie viele Fälle es im Finnischen gibt, ob Deklinationen eines Wortes mehrfach zählen usw. Es scheint immerhin so zu sein, dass die deutsche Sprache ihrem Ruf gerecht wird, lange Wörter zu enthalten, zumindest wenn man sie mit der hebräischen vergleicht.

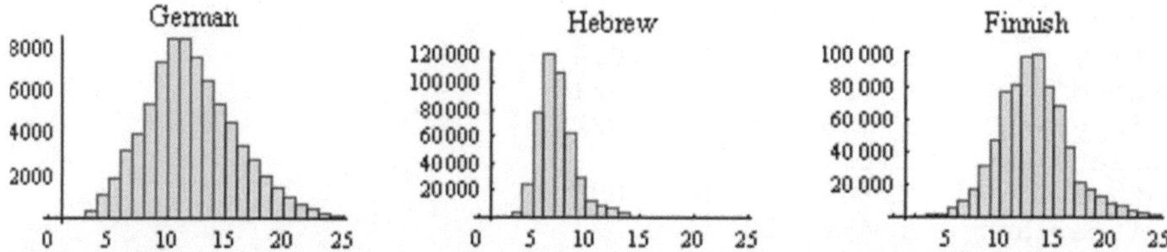

Abb. 2.10 Histogramm der Wortlängen in der deutschen, hebräischen und finnischen Sprache

Wenn Sie also einen flotten Aphorismus schreiben möchten, scheint hebräisch genau die richtige Sprache zu sein. Für ein trauriges Abschiedslied nehmen Sie ruhig Finnisch. Und was ist mit Deutsch? Wir können uns auf Goethe und Schiller ausruhen, wir müssen gar nichts beweisen. Und außerdem: Gut, dass wir nicht so viele Wörter haben, die Schüler sind ohnehin schon überfordert.

2.5.2 ExampleData

Brauchen Sie mal eben ein Bild, einen Sound, ein 3D-Modell? Hier finden Sie es schnell. Diese Datensammlung ist älter, wesentlich kleiner und weniger strukturiert als die in Kap. 2.5.1 beschriebenen *ComputableData*. Es sind einfach Demodaten für die Beispiele.

Wer den nachfolgenden Code eingibt, bekommt den in Abbildung 2.11 dargestellten Browser zur schnellen Erforschung der *ExampleData*. Übrigens können Sie

jedes im *ExampleDataExplorer* gewählte Objekt direkt mit Copy & Paste weiter-
verwenden.

```
Manipulate[
 items = Transpose[ExampleData[type]][[2]];
 topLabel = Style["ExampleData Explorer", 16, Bold];
 ExampleData[{type, itemChosen}] // Quiet,
 Row[
   {Dynamic@PopupMenu[Dynamic@type, ExampleData[]],
    Dynamic@PopupMenu[Dynamic@itemChosen, items]}
 ],
 FrameLabel → {{"", ""}, {"", topLabel}}
]
```

Auch wenn Sie die Syntax auf Anhieb nicht völlig verstehen sollten: Sie können
zumindest schlussfolgern, dass mit PopupMenu die Listboxen gemeint sind.

So sieht der Browser aus. Das Sichten der Daten geht schnell, denn es ist nicht
viel. Einiges, z. B. die Kategorie Matrix, hat sich mir nicht erschlossen.

Abb. 2.11 Neun Kategorien von Daten kann man mit diesem Explorer erforschen

Tatsächlich habe ich in den ExampleData nichts entdeckt, was ich Ihnen unbedingt
empfehlen möchte. Aber um mal schnell etwas auszuprobieren, sind die enthaltenen
Grafiken und Töne allemal gut genug.

Kapitel 3
Programmieren

3.1 Programmierparadigmen

If all you have is a hammer, everything is a nail.

Mathematica unterstützt eine breite Palette von Programmierkonstrukten. Sie lassen sich in die klassischen Kategorien prozedural, regelbasiert und funktional einordnen. WRI hat auch schon Unterkategorien wie Prefix, Postfix, Matchfix oder Infix Style in die Diskussion eingebracht, diese bezeichnen aber eher die Schreibweise als die Funktionsweise. Hier werden die verschiedenen in Mathematica möglichen Programmierstile erklärt und miteinander verglichen. Damit sind Sie in der Lage, sich bewusst und problemangepasst für die eine oder die andere Variante zu entscheiden.

Falls Sie der Meinung sein sollten, dass der Stil egal ist, sobald das Programm das tut, was es soll, ist es fertig, so lassen Sie sich sagen: Die Welt ist nicht schwarz-weiß. Und Programme sind nicht richtig oder falsch.[34] Sie sind leicht oder schwer zu pflegen, und sie sind sicher oder unsicher bei unvorhergesehenen Eingabedaten.

Durch immer leistungsfähiger werdende Hardware sind heute Dinge möglich, die vor 20 Jahren undenkbar waren, und in weiteren zehn Jahren wird die Welt wieder anders aussehen. Ich gehe hier auch ein wenig auf die Geschichte des Programmierens ein, um die verschiedenen Programmierparadigmen mit einer Perspektive zu versehen. Außerdem: Um zu lernen, muss man nicht alle Fehler der Vergangenheit wiederholen. Es reicht, sie zu kennen.

---

[34] Die Zahl ihrer möglichen Zustände ist im Allgemeinen so groß, dass sie nicht in realistischer Zeit vollständig zu testen sind. Fehlerfreiheit bleibt ein frommer Wunsch, eine Seifenblase, die beim ersten Bug-Report platzt.

3.1.1 Prozedurales Programmieren

Die prozedurale oder imperative Programmierung ist der älteste Programmierstil. Er bildet direkt das Geschehen in der CPU ab, also das Verschieben von Information im Speicher und ins Rechenwerk sowie das Benutzen der eingebauten Routinen. Die ersten Hochsprachen (Fortran, C) wollten die Last der Speicherverwaltung vom Programmierer nehmen und eine maschinenunabhängige Abstraktionsebene schaffen. Ein C-Programm sollte auf jeder Maschine dasselbe leisten. Das ist auch beinahe gelungen.[35] Die Sprache C entstand zu einer Zeit, als die Rechner um einige Zehnerpotenzen langsamer als heute waren und auch sehr wenig Speicher hatten (256 kB Hauptspeicher und eine 20 MB Festplatte war 1985 schon sehr viel und kostete einige Tausend DM). Der Mensch musste sich auf die Maschine einstellen, umgekehrt ging es nicht. Weil das Subtrahieren von 1 den Erfindern von C damals zu aufwändig erschien, entstand eine der größten Altlasten der Pointer-Arithmetik: die Konvention, dass das erste Element eines Arrays den Index 0 besitzt. Wie viele Programmierfehler gehen wohl allein auf diese Festlegung zurück? Ein weiterer Nachteil, den C mit anderen prozeduralen Programmiersprachen teilt: Es ist wenig intuitiv. Die Wertzuweisung $x = x + 1$ sieht aus wie eine mathematische Falschaussage.

Aber man hat sich schließlich daran gewöhnt und konnte in C vielerlei Aufgaben bewältigen. Wenn Sie in Mathematica prozedural programmieren wollen, so tun Sie es. Sie finden, in einer C-ähnlichen Syntax, die bekannten Kontrollstrukturen If, Else, Do, While, Switch usw. Auch wenn diese Konstrukte in manchen Fällen suboptimal[36] sind, ist es doch für viele ein guter Weg, um sofort loslegen zu können.

3.1.2 Regelbasiertes Programmieren

Die regelbasierte oder logische Programmierung (bekannter Vertreter: PROLOG) basiert auf Axiomen statt auf Anweisungen. Dadurch ist diese Art der Programmierung besonders gut geeignet, mathematische Strukturen abzubilden.

Selbstverständlich kann man auch in Mathematica regelbasiert programmieren. Möglich wird das durch ein ausgeklügeltes System von Mustererkennungs- und Ersetzungsmechanismen. Zu diesem Themenkomplex gehört z.B. auch das oft benötigte Definieren eigener Funktionen. Eine Einführung in das Thema findet man in der Mathematica-Hilfe unter *CORE LANGUAGE →RulesAndPatterns*. Sie beginnt mit den Worten:

---

[35] Erst 1989 wurde die Norm ANSI X3.159-1989 Programming Language C verabschiedet, die viele bis dahin ungenormte Eigenschaften verbindlich festlegte, darunter so elementare wie die Längen von Variablen. In ANSI-C hat eine Fließkommazahl vomTyp real garantiert 4Byte.

[36] siehe z.B. den Performancevergleich in Kap. 3.2.2 *Vergleich der Varianten*

> At the core of Mathematica's symbolic programming paradigm is the concept of transformation rules for arbitrary symbolic patterns. Mathematica's pattern language conveniently describes a very general set of classes of expressions, making possible uniquely readable, elegant and efficient programs.

Frei übersetzt heißt das:

> Ein zentrales Konzept in Mathematicas Symbolalgebra sind die Ersetzungsvorschriften für beliebige Muster. Mathematicas Mustererkennungsmechanismen beschreiben auf komfortable Weise einen sehr allgemeinen Satz von Kategorien von Ausdrücken und ermöglichen so unübertroffen gut lesbare, elegante und leistungsfähige Programme.

Das ist wirklich schön gesagt.

3.1.3 Funktionales Programmieren

Die funktionale Programmierung strebt Einfachheit und Eleganz an. Sie ist, ebenso wie die logische Programmierung, besonders geeignet, mathematische Strukturen abzubilden. Es gibt keine Variablen, nur den Eingabewert des Programms, der natürlich auch eine Liste sein kann. Alle Funktionen sind Funktionen im mathematischen Sinn, d.h., sie sind zustandslos und ohne Seiteneffekte. Eine bestimmte Eingabe bewirkt also zu jeder Zeit und unter allen Umständen dieselbe Ausgabe. Eine funktionale Programmiersprache muss Methoden zur Kombination und Transformation von Funktionen besitzen. Wegen der Zustandslosigkeit ist das Ergebnis nicht von der Reihenfolge der Auswertung abhängig. Die funktionale Programmierung kommt ohne Schleifen und Zuweisungen aus, benötigt dafür aber Rekursion. Die älteste und wohl bekannteste funktionale Sprache ist LISP.

Wenn man möchte, kann man in Mathematica funktional programmieren. Die dazu benötigten Elemente Funktionen, Muster, Listen und entsprechende Kombinationsmöglichkeiten sind vorhanden, z.B. der Prefix-Operator und der Map-Operator. Mathematica ist aber keine rein funktionale Sprache, weil auch die Konstrukte der imperativen Programmierung, Wertzuweisung und Kontrollstrukturen wie Verzweigungen und Schleifen, zur Verfügung stehen.

3.1.4 Beispiel: die Fakultätsfunktion

Ein häufig zitiertes Beispiel ist folgende auf Rekursion basierende Implementierung der Fakultätsfunktion:

- **Definition**

```
In[1]:= fact[0] := 1;
        fact[n_Integer] := n fact[n - 1]
```

Erst einmal zur Syntax: Die einfachen eckigen Klammern sind in Mathematica die Argumentsklammern von Funktionen. Zur Definition einer Funktion benutzt man das „:=". Es bedeutet hier wie in der Mathematik definierende Gleichheit und funktioniert programmtechnisch so, dass der Kernel sich die Definition merkt und die Zuweisung erst beim Funktionsaufruf ausführt. Dies nennt man verzögerte Zuweisung. Bei der Definition gibt es keinen Rückgabewert, darum erscheint dort auch ohne Semikolon kein Output. Das Semikolon in der ersten Zeile dient nur dem Zweck, das Ende der Definition zu signalisieren; hätte man die Teildefinitionen in verschiedene Zellen geschrieben, wäre es unnötig. In den Argumentsklammern steht das symbolische Argument, hier n. Es muss mit einem Unterstrich versehen sein. Das bedeutet als Muster: *genau ein* (beliebiger) Ausdruck.

Zur Funktionsweise: Wenn das Argument 0 ist, wird 1 zurückgegeben. Wenn das Argument nicht 0 ist, ruft sich die Funktion solange mit um 1 vermindertem Argument selbst auf, bis 0 erreicht ist. Hier ein paar Tests:

■ **Test**

In[3]:= **fact[5]**

Out[3]= 120

In[4]:= **fact[5.]**

Out[4]= fact[5.]

In[5]:= **fact[-1]**

$RecursionLimit::reclim : Recursion depth of 256 exceeded. ≫

Wie Sie sehen, funktioniert *fact* nur für nichtnegative ganze Zahlen korrekt. Die Schreibweise n_Integer schränkt den Gültigkeitsbereich der so definierten Funktion auf Argumente vom Typ Integer ein. Wird ein Argument anderen Typs, etwa eine Fließkommazahl, eingegeben, bleibt der Ausdruck unausgewertet. Ist das Argument und damit die Rekursionstiefe zu groß, tritt ein eingebauter Sicherheitsmechanismus in Kraft. Fehlerhaft ist noch, dass eine negative ganze Zahl als Eingabe nicht ausgeschlossen wird. Auch auf Fehlermeldungen und Usage (die zu jeder ordentlich programmierten Funktion gehörende Hilfe) wurde hier verzichtet. Es geht nur um das Prinzip. Die eingebaute Funktion Faculty hingegen ist natürlich perfekt, sie funktioniert sogar bei Fließkommazahlen (was die Fakultät eigentlich nicht leistet). Dahinter steht die Gamma-Funktion, eine Verallgemeinerung der Fakultät. Es gilt der Zusammenhang Faculty[x_]:= Gamma[x+1].

3.1.5 Syntaktische Varianten

Zu den verschiedenen Programmierstilen, die Mathematica ermöglicht, gehören auch unterschiedliche Schreibweisen, die dasselbe oder etwas Ähnliches bewirken.

Damit ist die Notation recht gut an die Denkweise anzupassen. Eine „gute" suggestive Notation ist ja auch in der Mathematik hilfreich. Hier einige Varianten, um Funktionen mit einem Eingabeparameter miteinander zu verketten.

Tabelle 3.1 Syntaktische Varianten der Operator-Anwendung in Mathematica

deutsch	englisch	Syntax
Funktion mit Argumentsklammern	Traditional Matchfix	f[g[h[i]]]
als Prozesskette	Postfix-Pure Function	i // h // g // f
als Komposition	Prefix	f @ g @ h @ i

Für Funktionen mit mehreren Argumenten kommt noch der *Infix*-Style hinzu: den Befehl *Join[liste1,liste2]* kann man auch als *liste1~Join~liste2* schreiben. Diese Schreibweise ist für *Join* sehr anschaulich, braucht aber auch viel Platz, sobald die Anzahl der Übergabeparameter größer wird.

Klammern machen den Code länger und erhöhen nicht unbedingt die Übersichtlichkeit, schon gar nicht bei der Komposition vieler Funktionen. Man kann sie mit der Prefix-Schreibweise vermeiden, aber man muss aufpassen: So lange ausschließlich Funktionen mit nur einem Argument miteinander verkettet werden, gibt es keine Probleme. Jedoch bereits *Sin@n x* funktioniert nicht wie erwartet. Beim Verketten von Funktionen mit mehreren Argumenten hängt das Ergebnis von der Reihenfolge der Ausführung und damit von der Bindungsstärke der Funktionen ab, die aber keiner auswendig kennt. Im obigen Fall muss man für die gewünschte Präzedenz Klammern setzen, und es fragt sich, ob Sin@(n x) wirklich übersichtlicher ist als Sin[n x]. Ich habe noch keine endgültige Meinung dazu und probiere mal diese, mal jene Schreibweise aus.

3.2 Viele Wege führen nach Rom

Welche Programmierstile unterstützt Mathematica? Ich möchte es Ihnen einfach mal vorführen. Manche Varianten sind nicht eindeutig in klassische Kategorien einzuordnen. Das macht sie aber nicht weniger wertvoll, sie sind eben was sie sind.

Das folgende amüsante Beispiel fand ich in dem Blog „Lunchtime Playground" von und für Nutzer von Symbolalgebra-Systemen [7]. Ich habe es noch ein wenig erweitert, nämlich um die nach meiner Meinung „schlechteste" und eine unter gewissen Umständen „beste" Version. Es illustriert auf eindrucksvolle Weise die Flexibilität von Mathematica beim Unterstützen unterschiedlicher Denkweisen anhand eines sehr einfachen und gerade darum essentiellen Beispiels. Gleichzeitig lernen Sie auf unterhaltsame Weise etwas dazu. Worum geht es?

Gegeben ist eine Liste, deren Elemente wiederum Listen aus zwei Zahlen sind. Berechnet wird, auf acht verschiedene Arten, die Liste von Summen der einzelnen

Zweierlisten. Alle acht Varianten erzeugen den gleichen Output. Hier ist der Code zur Erzeugung der Eingabedaten:

- **Vorbereitung : Liste erstellen**

```
In[1]:= pairs = Table[RandomInteger[9, 2], {7}]
```

```
Out[1]= {{3, 4}, {7, 1}, {9, 0}, {7, 4}, {7, 5}, {5, 5}, {2, 0}}
```

Es wird eine Liste von 7 Paaren von Zufallszahlen erstellt. Die Zufallszahlen sind ganzzahlig und liegen zwischen 0 und 9. Bei späteren Performancetests werden natürlich wesentlich längere Listen verwendet, diese dient nur der Demonstration.

3.2.1 Funktionsweise der Varianten

- **Methode 1**

```
In[2]:= result = {};
        Do[
        AppendTo[result, pairs[[k, 1]] + pairs[[k, 2]]],
        {k, Length[pairs]}
        ];
        result
```

```
Out[3]= {7, 8, 9, 11, 12, 10, 2}
```

Methode 1 beginnt mit einer leeren Liste *result* der Länge Null. Dieser Liste wird in einer Do-Schleife, deren Iterator k die Zweierliste *pairs* durchläuft, jedes Mal mittels der Funktion AppendTo die Summe des Paars angehängt.

- **Methode 2**

```
In[4]:= result = {};
        Do[
        result = {result, pairs[[k, 1]] + pairs[[k, 2]]},
        {k, Length[pairs]}
        ];
        Flatten[result]
```

```
Out[5]= {7, 8, 9, 11, 12, 10, 2}
```

Methode 2 beginnt ebenfalls mit einer leeren Liste *result*. Auch hier durchläuft eine Do-Schleife die Zweierliste *pairs*. Jedes Mal wird dem Symbol result eine neue Liste zugewiesen, die aus zwei Elementen, nämlich der alten Liste und der gesuchten Summe besteht. Die so entstandene n-dimensionale Liste (in diesem Beispiel ist n=7) wird mit dem Befehl Flatten zu einer eindimensionalen Liste reduziert, die die gewünschten Summen enthält.

- **Methode 3**

```
In[6]:= result = Table[Null, {Length[pairs]}];
        Do[result[[k]] = pairs[[k, 1]] + pairs[[k, 2]], {k, Length[pairs]}];
        result

Out[8]= {7, 8, 9, 11, 12, 10, 2}
```

Methode 3 beginnt mit einer Liste, die bereits die richtige Länge hat, aber Null-Elemente enthält (nicht die Zahl Null, sondern das Symbol für „Nichts", am ehesten zu vergleichen mit dem Nullzeiger in der Sprache C). Diese Null-Elemente werden in einer Do-Schleife sukzessive durch die gewünschten Summen ersetzt.

- **Methode 4**

```
In[9]:= Table[pairs[[k, 1]] + pairs[[k, 2]], {k, Length[pairs]}]

Out[9]= {7, 8, 9, 11, 12, 10, 2}
```

Methode 4 erzeugt die gewünschte Liste von Summen direkt mit der Funktion Table, die zum Erzeugen von Listen dient. Auch hier läuft der Iterator k von 1 bis zur Länge der Liste *pairs* (also der Anzahl der Paare).

- **Methode 5**

```
In[10]:= Apply[Plus, pairs, {1}]   (* Kurzform: Plus@@@pairs *)

Out[10]= {7, 8, 9, 11, 12, 10, 2}
```

Methode 5 erzeugt die gewünschte Liste von Summen mit dem Apply Operator, siehe Kap. 3.1.3 *Funktionales Programmieren*. Dieser ersetzt den Kopf der Listenelemente von pairs (welcher vorher List war) durch Plus, macht also beispielsweise aus List[2,3] Plus[2,3].

- **Methode 6**

```
In[11]:= Map[Total, pairs]   (* Kurzform: Total/@pairs *)

Out[11]= {7, 8, 9, 11, 12, 10, 2}
```

Methode 6 benutzt den Map Operator. Dieser erstellt aus einer Liste und einer Funktion diejenige Liste, die man erhält, wenn man die Funktion auf jedes einzelne Element anwendet. Hier wird einfach die Funktion *Total* genommen, die die Summe von Listenelementen zurückgibt.

■ **Methode 7**

```
In[12]:= pairs /. {p_, q_} → p + q

Out[12]= {7, 8, 9, 11, 12, 10, 2}
```

Methode 7 arbeitet mit Mustererkennung und dem Ersetzungsoperator *ReplaceAll* (Kurzform /.). Der Ausdruck *pairs* wird nach zweielementigen Listen durchsucht, und alle gefundenen Listen der Form {u_,v_} werden durch u+v ersetzt.

■ **Methode 8**

```
In[13]:= pairs[[All, 1]] + pairs[[All, 2]]

Out[13]= {7, 8, 9, 11, 12, 10, 2}
```

Methode 8 benutzt das Symbol *All*, mit dem man alle Elemente einer Liste gleichzeitig referenzieren kann. Der Ausdruck pairs[[All, 1]] ist äquivalent zu Transpose[pairs][[1]]. Da die Funktion *Sum* (Kurzform +) bei gleich langen Listen die Liste der Summen der einzelnen Listenelemente liefert, kommt das Gewünschte heraus.

3.2.2 Vergleich der Varianten

Was wird bewertet? Je nach Anwendung und Gusto sind die Kriterien Kürze, Klarheit und Performance jedem Benutzer unterschiedlich wichtig. Bei kurzen Listen ist die Performance nebensächlich, bei einer Länge von 10^6 wiederum essentiell.

Vom Programmierstil her sind die Varianten 1-3 prozedural, weil sie die Ergebnisliste mit einem Iterator aufbauen. Wer vorher in einer prozeduralen Programmiersprache programmiert hat, wird diese Varianten wahrscheinlich für ganz natürlich halten. Die Varianten 5-8 sind im Stil funktional, denn sie enthalten keine Details wie etwa Schleifen. Variante 4 ist ein Grenzfall: Es gibt einen Iterator, der auf eine Schleife hinweist, aber keine weiteren Details. Die Variante 8 könnte man auch als objektorientiert sehen, denn sie verwendet das Prinzip des Überladens einer Funktion: Je nach Typ des Arguments, in unserem Beispiel mal *Integer* und mal *List*, macht *Sum* etwas anderes.

Wer Wert auf kompakten Code legt, favorisiert vielleicht Variante 6. Und wenn Performance gebraucht wird? Lassen Sie sich überraschen. Die Zeiten wurden übrigens mit der Funktion *Timing* gemessen.

Tabelle 3.2 Performance der verschiedenen Varianten.

Variante	Rechenzeit bei 10^5 Paaren	Programmierparadigmen
1	28.063	prozedural
2	0.359	prozedural
3	4.547	prozedural
4	0.016	prozedural-funktional
5	0.031	funktional
6	0.109	funktional
7	0.063	regelbasiert
8	$2.9*10^{-15}$	funktional, objektorientiert

Die so natürlich aussehende Variante 1 ist also nicht nur das Schlusslicht bezüglich der Performance, sondern so schlecht, dass man sich fragt, warum das so ist. Ist es ein Bug? Nein, es liegt an der Funktion *AppendTo*.

Die Anweisung *AppendTo[list, element]* ist in der Funktionsweise identisch mit *list = Append[list, element]*. Das heißt, es wird jedes Mal eine um ein Element längere Liste neu erzeugt, alle Elemente kopiert, das neue Element hinten hineingeschrieben und die alte Liste entsorgt. Der Zeitverbrauch wächst auf diese Weise mit dem Quadrat der Länge. Man sollte also AppendTo oder Append nie zur Erzeugung langer Listen benutzen.

Variante 2, die auf den ersten Blick umständlich wirkt, behebt genau diesen Fehler. Auch hier wird mit jedem Element eine neue Liste geschaffen, aber nur eine der Länge 2, und die alten Listen werden auch nicht kopiert. Darum ist der Zeitverbrauch hier proportional zur Länge, man sagt in diesem Fall die Methode ist von linearer Ordnung. Diesen Trick wendet man immer an, wenn große Listen mit vorher unbekannter Länge generiert werden, wie z.B. beim Einlesen von Daten aus einem File. Für sehr viele bekannte Datenformate sind allerdings bereits fertige Einleseroutinen Bestandteil von Mathematica, Stichwort *Import*.

Methode 3 ist weder schön noch schnell, also vergessen wir sie.

Von allen Methoden am zweitschnellsten ist Methode 4. Kein Wunder, denn die Funktion Table ist sehr elementar und dient einzig und allein dem Zweck, Listen zu erstellen, und wenigstens das muss sie einfach gut können, dafür haben die Erfinder von Mathematica gesorgt.

Die Methoden 5 und 6 sind im Prinzip fast gleich. Um so erstaunlicher, dass die Performance der ersteren um den Faktor drei besser ist. Variante 6 ist einfacher zu verstehen, aber Variante 5 arbeitet schneller.

Die Methode 7 ist ein Sonderfall: Sie würde auch Ergebnisse liefern, wenn der Ausdruck von gänzlich anderer Struktur wäre, z.B. eine hochdimensionale Liste, die irgendwo tief drin Summen aus zwei Objekten enthielte. Insofern ist sie nicht gerade maßgeschneidert. Sie ist sehr robust gegenüber „falschem" Input, denn alles, was passieren kann, ist, dass es nichts zu ersetzen gibt, dann gleicht der Output dem Input. Das kann gut oder schlecht sein: In vielen Fällen will man über falschen Input informiert werden, weil dann die Rechnung sowieso sinnlos ist und man besser abbricht. Dafür, dass die Methode so viel tut, ist sie überraschend schnell.

Methode 8 ist mit Blick auf die Performance der klare Sieger: Bei mehreren Versuchen wurde z. T. ein Zeitverbrauch 0 angegeben. Erst bei einer 10-mal größeren Datenmenge (10^6 Paare) wurde reproduzierbar eine Rechenzeit von 47 ms gemessen. Man sollte sie also bei großen Listen bevorzugen. Auch die Lesbarkeit ist wegen des intuitiv verständlichen Bezeichners *All* gut: Man sieht bei *pairs[All, 2]* sofort die zweite Spalte einer Matrix vor seinem geistigen Auge.

Ein weiterer Aspekt muss zur vergleichenden Bewertung noch betrachtet werden: die Verallgemeinerbarkeit. Bestehen die Teillisten wie im Beispiel immer aus Zahlenpaaren? Oder können auch mal mehr als zwei Zahlen drin stehen? Kann die Länge der Teillisten innerhalb der äußeren Liste variieren? Wenn das der Fall ist, funktionieren Methoden 5 und 6 immer noch, und die Methoden 4 und 8 können entsprechend erweitert werden, Methode 8 aber nur mit der Einschränkung, dass alle Teillisten gleich lang sein müssen:

Zusammenfassend kann man sagen, dass es nicht *die* optimale Methode zur Bewältigung einer Aufgabe gibt, sondern erst die konkreten Bedingungen wie das Auftreten großer Datenmengen oder eine eventuell gewünschte Verallgemeinerbarkeit, aber auch der persönliche Stil oder die Denkweise des Programmierers zu dieser oder jener Wahl führen. Jedenfalls ist es gut, dass Mathematica dem Benutzer so viele Freiheiten lässt.

3.3   Programmierrichtlinien

In der Softwaretechnik wurden und werden seit Jahrzehnten immer wieder neue Kodierparadigmen vorgeschlagen, die sich einer mehr oder weniger langen Halbwertszeit erfreuten oder noch erfreuen. Dabei geht es sowohl um stilistische Fragen, als auch um die Dokumentation der Arbeit. Da jede größere Software im Team erstellt wird, sind solche Richtlinien auch notwendig. Sie erleichtern die Zusammenarbeit und verhindern, dass man von einzelnen Mitgliedern völlig abhängig ist. Der Begriff Programmierstil umfasst Namenskonventionen wie die Ungarische Notation, Formatierungsfragen wie maximale Länge einer Zeile oder einer Routine, das Vorhandensein und die Form von Kommentaren und vieles mehr. Selbstverständlich ist der Stil mit der Programmiermethode verknüpft. Mit Mathematica kann man prozedural oder funktional, rekursiv oder regelbasiert programmieren. Da objektorientiertes Programmieren nicht explizit unterstützt wird, muss man sich über Klassenhierarchien und Entwurfsmuster keine Gedanken machen. Hingegen lohnt es sich immer, die Programme modular zu gestalten, mit möglichst unabhängigen und gut abstrahierten Methoden; dies führt in der Regel zur Wiederverwendung und damit zu größerer Sicherheit und Arbeitseinsparung.

Fraglich ist allerdings, ob alle Errungenschaften der Softwaretechnik auf Mathematica zu übertragen sind. Man erstellt ja in Mathematica keine Software, sondern bestenfalls Prototypen. Mathematica-Programme sind auch bei weitem nicht so komplex (die Komplexität von Mathematica liegt im Design und wird vom Benutzer in der Regel nicht wahrgenommen). Die Programme werden von einer Person erstellt und nicht von einem Team. Oft ist der Urheber eines Programms auch der alleinige Nutzer. Sind also Programmierrichtlinien hier ein Overkill?

Nein, auf keinen Fall. Gerade die Tatsache, dass oft Entwickler, Tester und Nutzer oft eine Person sind, verlangt nach strengerer Methodik und Disziplin. Man muss sich dabei aber nicht sklavisch an einen Satz von Richtlinien halten. Auch in der Softwaretechnik ist das so nicht üblich. Vielmehr sind begründete Ausnahmen gängige Praxis: Bei einem Konflikt zwischen Richtlinien und dem gesunden Menschenverstand siegt bei Entwicklern normalerweise der Verstand. In diesem Sinne stelle ich Ihnen hier ein paar Regeln vor, die sich im Laufe der Jahre bei mir bewährt haben.

3.3.1 Hierarchische Ordnung

Nutzen Sie die hierarchische Struktur der Zellen des Mathematica-Notebooks. Beginnen Sie stets mit einer Titel- und einer Section-Zelle. Sie haben von Anfang an den Vorteil, das gesamte Notebook mit einem einzigen Klick ausführen zu können (Sie tun das, indem Sie die alles umfassende Titelzelle anwählen und *shift-return* eingeben oder im Kontextmenü der Zelle *Evaluate* anklicken).

Vergessen Sie nicht, an Stelle der hier benutzten Stilbezeichner Titel, Section und Input aussagekräftige Namen einzusetzen. Grundsätzlich ungeeignete Namen sind: Test, foo, myfunction.

3.3.2 Zeilenumbrüche

Bei Zeilen, die zu lang für das Fenster sind, macht Mathematica selbst (dynamische) Zeilenumbrüche, die naturgemäß an quasizufälligen Stellen liegen.

Machen Sie selbst statische Zeilenumbrüche (Return) an öffnenden und schließenden Klammern. Das dazu gehörende Einrücken macht Mathematica von selbst. Im Beispiel Abbildung 3.1 ist allerdings ein Umbruch zu sehen, den ich nicht selbst gesetzt habe, und zwar der zwischen *Line* und *Polygon*. Er ist durch die geringe

Breite des Fensters entstanden, das ich an die verfügbare Breite im Buch angepasst habe, beim normalen Arbeiten verwende ich in der Regel breitere Fenster.

```
In[1]:= Manipulate[
         Graphics[
          {Line[{p1, p2, p3, p4, p1}],
            Polygon[{(p1 + p2) / 2, (p2 + p3) / 2, (p3 + p4) / 2, (p4 + p1) / 2}]},
          PlotRange → {{-2, 2}, {-1.1, 1.1}},
          ImageSize → 500
         ],
         {{p1, {-1, 1}}, Locator},
         {{p2, {1, 1}}, Locator},
         {{p3, {1, -1}}, Locator},
         {{p4, {-1, -1}}, Locator}
        ]
```

Abb. 3.1 So setzt man Zeilenumbrüche

Der obige Code erzeugt übrigens die in Abb. 1.5 auf S. 9 gezeigte Demo zur Illustration jener Aussage der Vektorrechnung, gemäß der die Seitenmittelpunkte eines beliebigen Vierecks ein Parallelogramm bilden.

3.3.3 Deutsch oder Englisch?

Das ist Geschmackssache. Wenn Ihre Englischkenntnisse eher durchschnittlich sind, empfehle ich Deutsch. Das hat zwei Vorteile: Ihre Bezeichner kommen nicht in Konflikt mit den Mathematica Bezeichnern (man kann nicht alle kennen), und Sie vermeiden es, ungewollt eine weitere sprachliche Lachnummer in die Welt zu setzen. Ich persönlich tendiere in letzter Zeit wieder zum Englischen, weil sich der Code insgesamt flüssiger liest. Wenn Sie Englisch schreiben, denken Sie daran, Ihre Bezeichner mit Kleinbuchstaben beginnen zu lassen, das unterscheidet sie zuverlässig von den bereits vorhandenen Symbolen.

3.3.4 Namenskonventionen

Verwenden Sie die in der Mathematik und den Ingenieurwissenschaften üblichen Konventionen: x für reellwertige Variable, z für komplexwertige. Die kartesischen Ortskoordinaten sind x, y, z, reell wertige Funktionen einer reellen Variablen nennen Sie f[x] (in Mathematica ist die Argumentsklammer eckig), und ganzzahlige Variablen werden üblicherweise mit den Buchstaben i, j, k...n bezeichnet. Eine harmonische Schwingung hat in der Form $Sin[\omega t + \phi]$ den höchsten Wiedererkennungswert (Mathematica unterstützt auch einige der in der Mathematik üblichen griechischen und hebräischen Zeichen). Es hat keinen Sinn, hier originell sein zu wollen.

Bei eigenen Funktionen und Prozeduren sollte der Name, wenn möglich, genau das ausdrücken, was die Funktion tut. Das trifft natürlich auch auf die Variablen zu, sofern es keine Standardvariablen aus Technik oder Naturwissenschaft sind. Auf diese Weise können Sie begleitende Dokumentation oft völlig einsparen. Dieser Gesichtspunkt ist nicht so unwichtig, wie man auf den ersten Blick meinen sollte: Es ist sehr aufwändig, Code und dessen Dokumentation parallel zu entwickeln und beides im Verlauf des Entwicklungsprozesses synchron zu halten. Selbsterklärender Code ist darum ideal; allerdings ein Idealfall, den man bei komplexeren Programmen nicht erreicht, hier sollte man schon mal ein paar Worte Kommentar schreiben.

Ein gutes Vorbild für die Namensgebung sind die in Mathematica eingebauten Funktionen. Sie beginnen immer mit einem Großbuchstaben, und der Name ist grundsätzlich nicht abgekürzt. Dieses Prinzip führte zu teils länglichen Namen und musste darum in einigen wenigen Fällen durchbrochen werden.

3.3.5 *Ungarische Notation*

Es gibt eigentlich zwei ungarische Notationen, eine wie sie von ihrem Erfinder Charles Simonyis gemeint war, und eine andere, die von Microsoft falsch verstanden worden war und den schlechten Ruf der U.N. begründete [2]. Die ursprüngliche Idee war, jede Variable nach dem Schema {Präfix} {Datentyp} {Bezeichner} zu benennen, wobei das Präfix eine funktionelle Kategorisierung liefern soll. Dieses System war schon in C++ nicht durchzuhalten wegen der unbegrenzten Zahl der Datentypen. Für Mathematica ist es auch nicht zu gebrauchen, denn es gibt zu wenige Datentypen und zu viele funktionelle Kategorien. Manchmal ist es aber gut, sich die Idee auszuleihen, wie z.B. in dem Codefragment in Kap. 3.3.2 *Zeilenumbrüche* geschehen: Hier gibt es eine Variable `size` und eine Variable `sizeString`. Der identische Grundname deutet bereits an, dass es sich um dieselbe Information in verschiedener Form handelt: Die Variable `size` bekommt eine Liste mit zwei Zahlen zugewiesen (im Beispiel {98, 80}), während `sizeString` der Teil der Zeichenkette ist, der diese Daten enthält, in dem Beispiel ist es „98x80" (in Mathematica bedeuten geschweifte Klammern eine Liste, und die doppelten Anführungszeichen definieren eine Zeichenkette). Anhänger der Ungarischen Notation hätten die Variable `size` wahrscheinlich `sizeList` genannt.

3.3.6 *Parameter*

In der Regel enthalten technisch/wissenschaftliche Probleme neben den eigentlichen Variablen noch konstante Größen. Dies können einmal Naturkonstanten wie die Lichtgeschwindigkeit oder die Elementarladung sein oder auch solche, die beliebig, aber fest sind, wie etwa die Masse eines Körpers. Der Verständlichkeit des Codes abträglich wäre es, die jeweils benötigte Zahl einfach an die entsprechende Stelle zu schreiben, denn eine Zahl ist ja in der Regel nicht selbsterklärend. In jedem Falle ist es ratsam, den Parametern Namen zu geben und ihnen an prominenter Stelle ihre Werte zuzuweisen. Das hilft Fehler zu vermeiden, wenn etwa ein Parameter an mehreren Stellen verwendet wird, und man bei jeder Änderung an n Stellen editieren müsste. Aber auch wenn der Parameter eine Naturkonstante ist, sollte man so verfahren. Bei genauerem Hinsehen sind nämlich auch Konstanten nicht unbedingt eindeutig. In numerische Berechnungen muss man sie in einer endlichen Genauigkeit einfließen lassen, von der wiederum das Ergebnis der Rechnung abhängt. Um klar zu machen, womit man tatsächlich rechnet, schreibt man also entweder $\pi = 3.14$ oder $\pi = 3.14159265$. Das war gerade ein schlechtes Beispiel, weil in Mathematica das Symbol Pi für die exakte Zahl π zur Verfügung steht, die bei Bedarf mit jeder benötigten Genauigkeit dargestellt werden kann. Nehmen wir also besser die Konstante *tageProJahr*. Diese vermeintlich feste Zahl wird bei Kaufleuten zu 360, im Alltag zu 365 oder 366, und Astronomen schätzen sie auf etwa 365.2422.

3.4 Verschiedene Ausreden schlechten Code zu schreiben

Vielleicht denken Sie, lieber Leser, jetzt: Ich weiß nicht, ob irgendein Code gut oder schlecht ist. Diese Attribute bedeuten mir nichts in Bezug auf Code. Warum sollten sie auch? Dazu sage ich: Das mag im Moment noch stimmen, aber nicht mehr lange, denn Sie lesen ja schon dieses Buch.

Oder aber, Sie haben zwar gewisse Vorstellungen wie es sein sollte, finden es aber nicht der Mühe wert sie umzusetzen. Hier ein paar klassische Ausreden, die ich von Studenten bekam, denen ich andeutete, ihr Code sei suboptimal, und meine Antworten darauf:

Ausrede: Es lohnt nicht, hier mehr Arbeit hinein zu stecken. Ich werde dieses Programm nur dieses eine Mal benutzen.

Antwort: Wenn das wirklich stimmt, löschen Sie Ihr Programm unmittelbar nach der ersten Benutzung bzw. verlassen Sie Mathematica ohne zu speichern. In diesem Fall ist es so, als hätten Sie das Programm nie geschrieben. Vielleicht hätten Sie die Zeit anders besser genutzt?

Ausrede: Es ist doch egal, wie ich meine Symbole benenne. Da ich eben nur mal schnell was probiere, denke ich nicht lange über Namen nach, meine Variablen heißen einfach a, b, c usw., und meine Funktionen nenne ich einfach fu, fu1, fu2.

Antwort: Erstens muss man oft gar nicht überlegen, wie man Symbole benennt, denn es gibt ja bereits viele Konventionen (s. Kap. 3.3 *Programmierrichtlinien*). Zweitens sitzen Sie die meiste Zeit vor dem Bildschirm, ohne etwas zu tippen. Sie können also nicht behaupten, Sie hätten keine Zeit für lange Namen.

Ausrede: Später denke ich mir bessere Namen aus.

Antwort: Das bezweifle ich. Später haben Sie vergessen, was Sie sich mühsam ausgedacht haben, und um Ihr Programm zu verstehen (was nötig ist, um adäquate Bezeichner zu finden) müssten Sie die ganze Arbeit noch mal von vorn machen. Es ist, als hätten Sie das Programm nie geschrieben.

Ausrede: Es ist doch völlig egal, wie der Code aussieht, wichtig ist nur, dass er funktioniert.

Antwort: Im Prinzip hätten Sie recht, aber:

Erstens: Sie wissen gar nicht, ob der Code richtig funktioniert. Alles was Sie wissen ist, dass Sie für eine Eingabe eine plausibel aussehende Ausgabe bekommen. Sie können nicht wissen, ob diese Ausgabe korrekt ist, denn sonst bräuchten Sie ja gar keinen Computer.

Zweitens: Können Sie sicherstellen, dass Sie den Code nie wieder bearbeiten werden, sei es um einen Fehler zu beheben, sei es, um eine neue Anforderung umzusetzen? Nein? Und wenn einer dieser Fälle auftritt, ist es eben nicht egal, wie Ihr Code aussieht.

Ausrede: Ich weiß, dass mein Code übersichtlicher wäre, wenn ich nicht den ganzen Ablauf hintereinander weg programmiere. Ich tue das nur, weil die Performance besser ist, wenn ich keine Unterprogramme schreibe.

Antwort: Es ehrt Sie zwar, dass Sie auch an die Performance denken. Der Unterschied ist aber wirklich kaum messbar. Viel wichtiger ist die durch Strukturierung gewonnene Übersichtlichkeit, denn sie macht es wahrscheinlicher, dass Ihr Code das tut, was sie glauben. Dieser Aspekt ist gerade bei Mathematica wichtig, denn hier erstellt man in der Regel Prototypen, hat also in der Regel keine Gemeinde von Betatestern zur Verfügung, die die Fehler finden.

Ausrede: Ich mache keine Fehler!

Antwort: :-)

Das waren die häufigsten mir entgegengehaltenen Einwände gegen einige mit gutem Programmierstil verbundene Anforderungen. Andere Forderungen, z.B. diejenige, dass Parameter, die an mehreren Stellen verwendet werden, stets nur an einer Stelle definiert sein sollten (warum?), wurden in der Regel schneller akzeptiert.

Denken Sie ein wenig über die Argumente nach, vielleicht erspart es Ihnen das mühsame aber nachhaltige Lernen aus eigenen Fehlern.

3.5 Guter und schlechter Code an einem Beispiel

Die im vorangegangenen Abschnitt beschriebenen Richtlinien werden hier demonstriert. In vier Schritten wird ein Stück Code von einer nahezu unleserlichen und kaum brauchbaren Form in ein vorzeigbares Programm verwandelt. Wenn Sie noch nicht alle technischen Details verstehen, macht das nichts: Es geht hier mehr um Programmierstil und die Umsetzung der Richtlinien.

Das hier vorgestellte Beispiel dient dem Einsatz in der Lehre. Es soll den Zusammenhang zwischen einer Funktion f[x] und deren Ableitung veranschaulichen, indem die Funktion geplottet wird und an einem vom Benutzer interaktiv variierbaren Punkt eine Tangente angelegt und deren Anstieg als Funktionswert der so ermittelten Ableitung f'[x] genommen wird. Dies wird mit der Funktion Sin[x] demonstriert, deren Ableitung bekanntlich Cos[x] ist.

3.5.1 Erste Version

Die Anweisung

```
Manipulate[
  ParametricPlot[{{x, Sin[x]}, {x, (-k + x) Cos[k] + Sin[k]},
    {-π + (k + π) (π + x) / (2 π), -Cos[(k + π) (π + x) / (2 π)]}}}, {x, -π, π},
  PlotRange → {{-π, π}, {-2, 2}},
  PlotStyle → {Hue[0], Hue[0.3], Hue[2/3]}}], {k, -π, π}]
```

erzeugt eine Palette mit einem Schieberegler (Slider) und einem Grafikfenster.

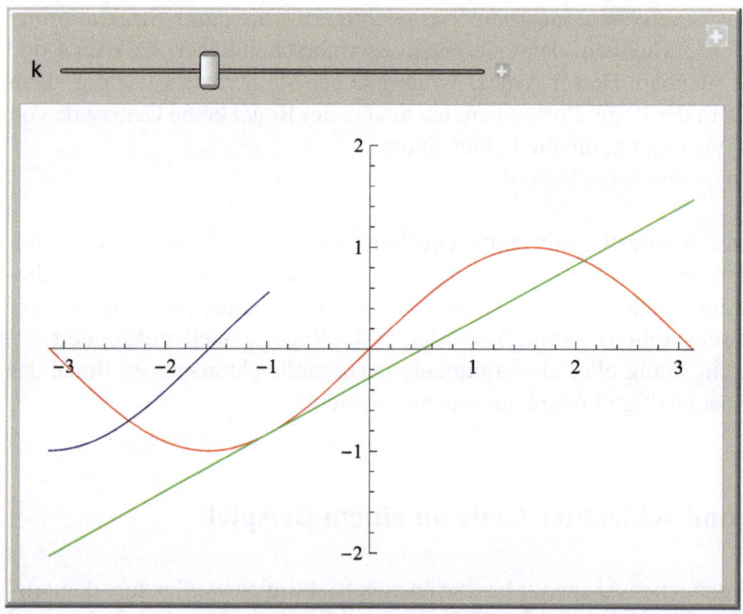

Abb. 3.2 Demo zur Visualisierung des Ableitungsbegriffs, 1. Version

Mit dem Slider wählt man den Punkt, an dem die grüne Tangente an die rote Sinusfunktion angelegt wird und so nach und nach die blaue Kosinusfunktion erzeugt.

Über diese Version kann man zweierlei Gutes sagen: Erstens, sie funktioniert und zweitens, sie ist kurz.

Da war aber schon alles. Wollte man etwa den Begriff der Ableitung an einem anderen Funktionenpaar veranschaulichen, so müsste man an vielen Stellen Änderungen vornehmen, z.B. auch geeignete Bereichsgrenzen neu setzen. Versuchen Sie mal probeweise, die zu ändernden Stellen selbst zu finden, bevor Sie weiterlesen!

3.5.2 Zweite Version

Erst einmal der Code:

```
{xmin, xmax} = {-Pi, Pi};
{ymin, ymax} = {-2, 2};
xstart = -1.4;
f[x_] = Sin[x];
df[x_] = f'[x];
Manipulate[
 ParametricPlot[
   {{t, f[t]}, {t, (-x + t) df[x] + f[x]},
    {((x + xmax) (t + xmax)) / (xmax - xmin) + xmin,
     -df[((x + xmax) (t + xmax)) / (xmax - xmin)]}
   },
   {t, xmin, xmax},
   PlotRange → {{xmin, xmax}, {ymin, ymax}},
   PlotStyle → {Red, Blue, Green}
 ],
 {{x, xstart}, xmin, xmax},
 SaveDefinitions → True
]
```

Hier wurden drei Dinge bereinigt:

Erstens, für Funktion und Bereichsgrenzen wurden Parameter gesetzt. Beachten Sie, dass die abgeleitete Funktion hier einen neuen Namen (df) bekommen hat, obwohl sie ja keine unabhängige Größe ist. Die Zuweisung `df = f'[x]` bewirkt, dass das Ableiten einmalig an dieser Stelle geschieht. Hätte man stattdessen überall `f'[x]` geschrieben, so hätte das Programm für jeden zu zeichnenden Punkt immer wieder neu ableiten müssen. Das macht hier sicher keinen fühlbaren Unterschied, es ist aber dennoch wichtig, sich über diese Dinge im Klaren zu sein, spätestens dann, wenn etwas scheinbar Simples plötzlich unerklärlich lange braucht. Am Rande bemerkt: Die Zuweisung der Bereichsgrenzen in Listenform ist kürzer und übersichtlicher als in Form von Zahlen.

Zweitens, es wurde gemäß Kap. 3.3.2 *Zeilenumbrüche* formatiert. Man sieht nun deutlicher, was hier gemacht wird. Manipulate erzeugt die Palette mit dem Slider, der nun den Namen x bekommen hat (k war nicht gerade einleuchtend) und auch eine explizit gesetzte Startposition (bei der vorher verwendenden Default-Startposition **xmin** wäre, so lange man nicht den Slider bewegt hätte, keine Kosinusfunktion zu sehen gewesen). Man sieht ferner, dass die Funktion ParametricPlot offenbar drei Funktionen zeichnet, von denen die erste die Funktion f ist, die beiden anderen sind nicht auf Anhieb zu durchschauen. Es hat sicher einiges an Nachdenken erfordert, derart kryptische Konstrukte zu ersinnen.

Drittens: Die Farben **Hue[0]**, **Hue[0.3]** und **Hue[2/3]** wurden ersetzt. Abgesehen davon, dass bei **Hue** exakte Zahlen wie 2/3 sowieso in Fließkommazahlen konvertiert werden, wissen wohl die wenigsten beim Lesen, um welche Farben es sich handelt. Hätte man stattdessen z.B. **RGBColor[0,0,1]** geschrieben, wüsste jeder, dass es sich um Blau handelt. Man kann in Mathematica aber auch einige Farben, darunter die Grundfarben, direkt benennen, was hier geschehen ist.

3.5.3 Dritte Version

Obwohl die zweite Version schon übersichtlicher ist als die erste, hat sie noch Schwächen, z.B. die schwer verständlichen Anweisungen in ParametricPlot. Diese Funktion ist eigentlich dazu da, Parameterkurven wie Lissajous-Figuren zu erzeugen, für die hier benötigten genügt das normale Plot. Der Autor hat hier ParametricPlot nur deshalb benutzt, weil dieser Befehl gleiche Maßstäbe für die x- und die y-Achse verwendet. Das ist bei der Demonstration der Ableitung auch zwingend erforderlich. Der Plot Befehl hingegen erzeugt standardmäßig eine Grafik mit dem Seitenverhältnis des Goldenen Schnitts. Was der Autor wohl nicht wusste: Man kann aber auch mit Plot gleiche Maßstäbe für die x- und die y-Achse bekommen, wenn man die Option AspectRatio→Automatic verwendet. Die Funktionen zur Erzeugung der benötigten Grafikobjekte werden im Sinne einer besseren Übersicht vorher definiert und innerhalb von Manipulate nur aufgerufen. Das sieht dann so aus:

```
{xmin, xmax} = {-2, 2};
{ymin, ymax} = {-1, 1};
xstart = 0;
f[x_] = ArcTan[x];
df[x_] = f'[x];
eps = (xmax - xmin) 10^-9;
fGraph = Plot[f[x], {x, xmin, xmax}, PlotStyle → {Red, Thick}];
dfGraph[x_] := Plot[df[t], {t, xmin - eps, x}, PlotStyle → Green];
tangentGraph[x_] :=
  Plot[df[x] t + f[x] - x df[x], {t, xmin, xmax}, PlotStyle → Blue];
```

Und nun kommt Manipulate:

```
Manipulate[
 TableForm[
  {
   Style["f(x) = " <> (f["x"] // TraditionalForm // ToString), Bold],
   Show[
    {fGraph, dfGraph[x], tangentGraph[x]},
    AspectRatio → Automatic, ImageSize → 300,
    PlotRange → {{xmin, xmax}, {ymin, ymax}}
   ]
  }
 ], {{x, xstart}, xmin, xmax},
 SaveDefinitions → True
]
```

Hier wurde einmal eine andere Funktion als Sin[x], nämlich ArcTan[x] zur
Demonstration verwendet (wir wissen, dass die Ableitung $1/(1 + x^2)$ ist). Damit
auch der Benutzer weiß, was er gerade sieht, wird oberhalb der Grafik der Funktionsname als Zeichenkette gezeigt. Dies geschieht, indem Zeichenkette und Grafik
zu einer Liste zusammengefügt und mit der Funktion TableForm ordentlich ausgerichtet angezeigt werden. Bei der Erzeugung des Strings werden nacheinander die
Funktionen *TraditionalForm* und *ToString* angewandt. Dies kann man auf verschiedene Weise machen, z. B. mit den üblichen Argumentsklammern verschachtelt. Hier
ist die so genannte Postfix-Form // gewählt worden, die eine Befehlskette gut wider-
spiegelt. Sie entspricht dem Pipe-Operator | unter UNIX und liest sich umgekehrt
wie die Verkettung von Funktionen in der Mathematik.

Bei der Definition der Funktion dfGraph, die die Ableitung df plottet, musste der
Sonderfall eines leeren Darstellungsbereiches (xmin=xmax) abgefangen werden,
der immer dann auftritt, wenn der Schieberegler ganz links steht.

3.5.4 Finale Version

Was ist denn hier noch zu verbessern? Gibt es denn nie ein Ende? Die Programmierrichtlinien sind eingehalten, der Code ist lesbar und pflegeleicht, das müsste doch
reichen?

Im Prinzip ja. Es gibt natürlich immer noch ein paar Kleinigkeiten zu verbessern.
So treten z. B. die Farben Rot, Grün, Blau bei Programmierern mit einer Häufigkeit
auf, die jenseits aller Vorhersagewahrscheinlichkeit ist. Der Grund ist systematischer Natur, es ist das in der additiven Farbmischung begründete RGB-System. Der
Programmierer weiß, dass Rot, Grün, Blau durch die Vektoren $\{1, 0, 0\}$, $\{0, 1, 0\}$,
$\{0, 0, 1\}$ dargestellt werden. Ferner weiß er vielleicht noch, dass $\{1, 1, 0\}$, $\{0, 1, 1\}$,

{1, 0, 1} Gelb, Cyan und Magenta entsprechen. Mehr Farben kann er nicht ohne zusätzliche Hilfen kodieren. Darum trifft man diese Farben so häufig an. Abgesehen davon, dass das schnell langweilig wird, ist der RGB-Code kein wirklich geeignetes Auswahlkriterium für eine Farbe.

Also bauen wir noch ein Werkzeug ein, das uns die Farben wählen lässt. Übrigens ist das nicht nur eine Frage der Ästhetik. Wenn Sie die Grafiken projizieren, sehen Sie wegen der unterschiedlichen Farbräume von Projektor und Bildschirm anders als vorher aus. Manche Farben sind projiziert sehr schlecht zu erkennen. Dann ist es gut, eine Einstellmöglichkeit zu haben. Wir wollen aber die Farbwähler nicht ständig sehen, da das zu sehr von dem eigentlichen Zweck ablenken würde, darum konstruieren wir eine Gruppe von Kontrollern, die man ausblenden kann. Im Programm bekam sie den Namen *colorControls*.

Nun könnte man noch die abgeleitete Funktion gestrichelt darstellen, um klar zu machen, dass sie aus den Werten des Anstiegs besteht. Wahrscheinlich sollte man auch ihren Namen mit ausgeben. Und es wäre auch gut, den Punkt explizit zu zeichnen, an den die Tangente angelegt wird. Aber das sind wirklich Kleinigkeiten.

Eine wichtige Eigenschaft fehlt aber doch noch: Modularität. Angenommen, der Benutzer will noch weitere Anwendungen demonstrieren, ohne Mathematica zu verlassen. In diesem Fall ist überhaupt nicht sichergestellt, dass die verwendeten Symbole nicht mit anderen in Konflikt geraten. Schließlich nennt man Funktionen ja oft f[x], und das ist gut so. Passiert so etwas, sagt der Vortragende gewöhnlich „gestern ging es noch", und die Zuhörer fragen ihn, warum er immer noch mit Windows arbeitet. Tatsächlich aber hat der Programmierer einfach gepfuscht.

Damit man uns das nicht nachsagt, hier eine letzte Version, die mittels der Funktion *Module* lokale Variablen erzeugt.

```
Module[
 {xstart, xmin, xmax, ymin, ymax, f, df, eps,
  functionDescriptionString, derivativeDescriptionString, fGraph,
  dfGraph, tangentGraph, pointGraph,
  resetColorsToDefault, colorSliders, colorControlPanel, color,
  colorName, RGBColorByte, showColorControls,
  pointColor, functionColor, derivativeColor, tangentColor,
  backgroundColor, resetButton},
```

Wie üblich werden an prominenter Stelle einige Parameter gesetzt:

```
(*Params*)
{xmin, xmax} = {-2, 2};
{ymin, ymax} = {-1, 1};
xstart = 0;
f[x_] = ArcTan[x];
df[x_] := f'[x];
```

Danach werden werden die benötigten Objekte angelegt.

```mathematica
(*Defs*)
fString = Style["f(x) = " <> (f["x"] // TraditionalForm // ToString),
  Bold];
dfString = Style["f'(x) = " <> (df["x"] // TraditionalForm // ToString),
  Bold];
eps = (xmax - xmin) 10^-9;
fGraph[color_] := Plot[f[x], {x, xmin, xmax},
  PlotStyle -> {color, Thick}];
dfGraph[x_, color_] := Plot[df[t], {t, xmin - eps, x}, PlotStyle -> color];
tangentGraph[x_, color_] :=
 Plot[df[x] t + f[x] - x df[x], {t, xmin, xmax}, PlotStyle -> color];
pointGraph[x_, color_] :=
 Graphics[{color, PointSize[0.02], Point[{x, f[x]}]}];


(*Color Objects*)
{color, colorName} = Transpose@
  {{pointColor, "Point Color"},
   {functionColor, "Function Color"},
   {derivativeColor, "Derivative Color"},
   {tangentColor, "Tangent Color"},
   {backgroundColor, "Background Color"}};


RGBColorByte[r_, g_, b_] := RGBColor[r / 255., g / 255., b / 255.];


resetColorsToDefault[] :=
 Module[{},
  pointColor = Black;
  functionColor = RGBColorByte[200, 0, 30];
  derivativeColor = RGBColorByte[34, 55, 255];
  tangentColor = RGBColorByte[0, 220, 220];
  backgroundColor = White;
 ];
colorSliders = Transpose@{colorName, ColorSlider /@ Dynamic /@ color};
resetColorsToDefault[];
resetButton = {"", Button["Reset", resetColorsToDefault[]]};
colorControls = Grid@Append[colorSliders, resetButton];
```

Dazu gehören Funktionen zum plotten, auch die Zeichenketten für Funktion und
Ableitung werden bereitgestellt. Der Code zum Einstellen der Farben nimmt einen

relativ breiten Raum ein. Dank dieser Vorarbeit bleibt der eigentliche Manipulate-
Befehl trotz erhöhter Funktionalität immer noch relativ übersichtlich.

```
(*Perform*)
Manipulate[
 TableForm[
  {
   fString, dfString,
   Show[
    {fGraph[functionColor],
     dfGraph[x, derivativeColor],
     tangentGraph[x, tangentColor],
     pointGraph[x, pointColor]},
    AspectRatio -> Automatic, PlotRange -> {{xmin, xmax}, {ymin, ymax}},
    ImageSize -> 300, Background -> backgroundColor
    ]
   }
  ],
 {{x, xstart}, xmin, xmax, Appearance -> "Labeled"},
 Row[{Checkbox[Dynamic@showColorControls], Space,
   "show color setter"}],
 Item[Dynamic@If[showColorControls, colorControls, ""],
  ControlPlacement -> Right],
 ControlPlacement -> Bottom,
 TrackedSymbols :> Append[color, x]
 ]
```

Es wurden einige neue Konstrukte verwendet, die erklärt werden müssen. Das erste
ist eine Zeile (Row) bestehend aus einer Checkbox und dem Text *Show Color Setter*.
Das Symbol *showColorControls* ist eine boolesche Variable, die von der Checkbox
die Werte True oder False zugewiesen bekommt. Durch das Attribut *Dynamic* ist
dafür gesorgt, dass sofort, wenn der Benutzer per Mausklick den Wert ändert, dies
an den anderen Stellen, wo die Variable auftritt, bekannt gemacht wird, im Beispiel
direkt eine Zeile darunter. Hier wird, wenn *showColorControls* den Wert True hat,
die vorher erzeugte Gruppe colorControls gezeigt.

Um diese Dinge muss man sich normalerweise nicht kümmern, wenn man den
Standardmechanismus von Manipulate benutzt. Das wollte ich hier aber nicht, ich
wollte logisch zusammengehörige Elemente auch räumlich beieinander haben. Der
Begriff der dynamischen Variablen wird im Kap. 3.6.4 *Dynamic* genauer erklärt.
Hier nur so viel: Es ist eine Eigenschaft des Notebooks (nicht des Kernels), die viel

zur Interaktivität beiträgt, aber auch Performance kostet. Die Applikation sieht nun so aus:

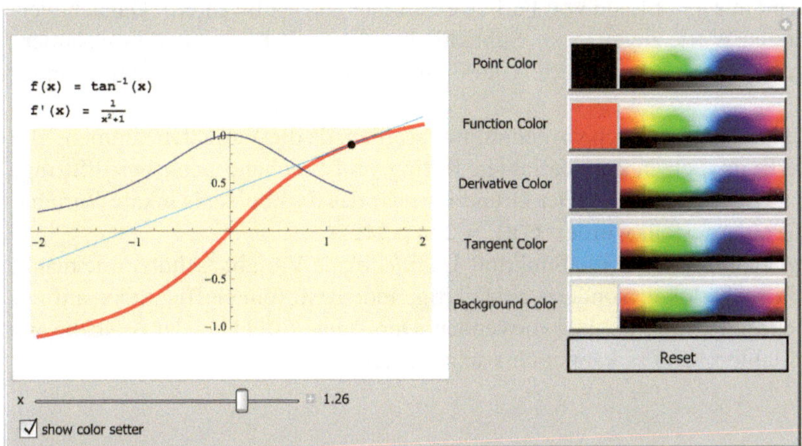

Abb. 3.3 Finale Version mit Farbwählern, die man auch verbergen kann

Der Code ist, verglichen mit der ersten Version, länger geworden, benötigt aber nicht mehr viele zusätzliche Erklärungen. Alle Variablen sind nun lokal im Bereich eines Modules. Der hinzugekommene Code für die Farben sieht so aus:

```
RGBColorByte[r_, g_, b_] := RGBColor[r / 255., g / 255., b / 255.];


resetColorsToDefault[] :=
 Module[{},
  pointColor = Black;
  functionColor = RGBColorByte[200, 0, 30];
  derivativeColor = RGBColorByte[34, 55, 255];
  tangentColor = RGBColorByte[0, 220, 220];
  backgroundColor = White;
 ];
colorSliders = Transpose@{colorName, ColorSlider /@ Dynamic /@ color};
resetColorsToDefault[];
resetButton = {"", Button["Reset", resetColorsToDefault[]]};
colorControls = Grid@Append[colorSliders, resetButton];
```

Zur Funktion: Der Übersichtlichkeit halber wurde die Funktion *RGBColorByte* eingefügt, die das direkte Eingeben einer Farbe in Bytes unterstützt. Weiterhin wurde die Funktion *resetColorsToDefault* eingefügt. Sie wird beim Initialisieren aufgerufen und vom Reset Button benutzt. Dann kommt der eigentliche Code. Die benötigten Farben werden, zusammen mit ihren Namen, übersichtlich in einer Liste gehalten. Danach werden die Farbeinsteller *colorSliders* angelegt, zusammen mit den

Namen, damit der Benutzer weiß, was er verändert. Hier wird der Operator *Map* (Kurzform /@) eingesetzt, der eine Funktion auf alle Elemente einer Liste anwendet. Dadurch wird aus einer Liste von Farben eine Liste von Farbwählern. Danach werden den Farben Werte zugewiesen. Schließlich werden die Farben und ihre Namen, ganz unten der Reset-Button, mittels der Funktion *Grid* in Zeilen und Spalten angeordnet.

Eine Änderung muss noch vorgenommen werden, da die Variablen nunmehr alle lokal sind: Beim Setzen der Variablen fString (entsprechend auch bei dfString) ersetzen wir f[x] durch f[„x"]. Der Grund ist, dass das Symbol x als lokale Variable sinngemäß so dargestellt würde: `f[x] = log(x$457)`.

Das liegt an der Art, wie die Funktion *Module* lokale Variable schützt: Sie macht sie nämlich nicht lokal, sondern einzigartig, indem sie ein Suffix $xxx anfügt. Darum ist es am besten f[„x"] zu verwenden. Der String x sieht bei der Ausgabe aus wie die Variable x, und es kann nichts schiefgehen.[37]

3.6 Graphische Benutzeroberflächen

Seit Version 6 bietet Mathematica die Möglichkeit, selbst geschriebene Anwendungen mit graphischen Bedienelementen auszustatten. Damit Sie diese sinnvoll und effektiv einsetzen, beginne ich mit ein paar allgemeinen Tipps zur Gestaltung. Danach gehe ich auf die in Mathematica vorhandenen Interaktionselemente (Widgets) ein sowie auf den zugrundeliegenden Mechanismus *Dynamic*. Diesem ist, ebenso wie dem Befehl *Manipulate*[38], ein eigenes Kapitel gewidmet.

3.6.1 Tipps zur Gestaltung

Was ist eine graphische Benutzeroberfläche oder kurz GUI (Graphical User Interface) eigentlich genau? Ralf Blien schreibt in seinem CAD Lexikon [30]:

> Über die Software-Komponente „graphische Benutzeroberfläche" erfolgt die Interaktion des Anwenders mit dem System (Programm / Maschine) über graphische, metapherhafte Elemente (Schreibtisch, Symbole, Menüs). Der Zusatz „graphisch" drückt dabei aus, dass die Programmsteuerung überwiegend mit Hilfe eines Zeigegeräts (Maus, Stift, ...) erfolgt, statt mit der Tastatur (wie bei einer textbasierten Benutzeroberfläche). Symbole, Menüs und Steuerelemente sind Elemente der „graphischen Oberfläche". Durch deren Manipulation (Anwählen, Ändern, ...) mit der Maus werden Funktionen ausgelöst, Eigenschaften festgelegt oder Einstellungen vorgenommen, Eingabedaten an das Programm übergeben usw.

---

[37] nur beim Speichern in einer Datei werden Zeichenketten, zur Unterscheidung von Symbolen, mit Anführungszeichen versehen

[38] Manipulate erzeugt fast vollautomatisch eine GUI gesteuerte Anwendung.

Damit das alles so gut wie möglich funktioniert, sind durch die ISO 9241 1995 folgende Gestaltungsrichtlinien festgelegt [9]:

- **Aufgabenangemessenheit**: geeignete Funktionalität, Minimierung unnötiger Interaktionen
- **Selbstbeschreibungsfähigkeit**: Verständlichkeit durch Hilfen/Rückmeldungen
- **Steuerbarkeit**: Steuerung des Dialogs durch den Benutzer
- **Erwartungskonformität**: Konsistenz, Anpassung an das Benutzermodell
- **Fehlertoleranz**: intelligente Dialoggestaltung zur Fehlervermeidung steht an erster Stelle; ansonsten: erkannte Fehler verhindern nicht das Benutzerziel, unerkannte Fehler: leichte Korrektur
- **Individualisierbarkeit**: Anpassbarkeit an Benutzer und Arbeitskontext
- **Lernförderlichkeit**: Anleitung des Benutzers, Erlernzeit minimal, geeignete Metaphern

Zwar ist Software-Ergonomie nur im gewerblichen Bereich verbindlich vorgeschrieben. Es kann aber nicht schaden, wenn auch unsere Programme sich gut bedienen lassen. Hier einige der gebräuchlichsten graphischen Interaktionselemente:

Tabelle 3.3 Einige graphische Interaktionselemente

Name	Funktion
Text	gibt eine Zeichenkette aus
Button	Schaltfläche zum Auslösen einer Aktion
Radiobutton	in einer Gruppe von Radiobuttons kann höchstens einer aktiv sein. Zweck: Auswahl von Alternativen
Slider	Schieberegler zur Auswahl von numerischen Werten
Tab View	Karteikartenreiter, um mehrere (zusammengehörige) Dialoge in einem unterzubringen; oft in Konfigurationsmenüs verwendet
Checkbox	Steuerelement, das vom Benutzer entweder aktiviert oder deaktiviert werden kann
Listbox	Pull-Down-Liste zur Auswahl genau eines Elements. Im geschlossenen Zustand ist nur das gewählte Element sichtbar
Tree	Auswahl von hierarchisch organisierten Daten, die als Baum dargestellt werden. Jeder Teilbaum kann gezeigt oder verborgen werden
Progress Bar	Fortschrittsbalken mit verschiedenen Anzeigeoptionen

Graphische Interaktionselemente heißen in der Fachsprache Widgets[39]. Widgets können auf verschiedene Events (Interaktions-Ereignisse) wie mouse over, left click, right click, double click usw. reagieren. Sie können auch, aktions- oder programmgesteuert, ihr Aussehen verändern.

Jedes Widget hat eine Einstellung „inaktiv" (unter Windows ist es „ausgegraut"), mit dem es dem Benutzer signalisiert, dass es im Moment nicht funktioniert. Dies hat sich als weit besser erwiesen als es in solchen Fällen verschwinden zu lassen. Im ersten Fall denkt der Benutzer „aha, es geht jetzt nicht, ist ja auch klar, denn...", während er im zweiten Fall denkt „wo ist denn dieser verflixte Knopf plötzlich geblieben?". Denken Sie also daran, wenn Sie ihre eigenen Dialoge programmieren: temporär nicht benötigte Widgets inaktiv schalten, aber nicht „wegzaubern". Hier sind die Richtlinien Selbstbeschreibungsfähigkeit und Rückmeldungen eingeflossen.

Wie setzt man die Richtlinie Selbstbeschreibungsfähigkeit – Verständlichkeit durch Hilfen um? Zunächst einmal mit der Hilfe-Funktion, die jedes Programm haben muss und in der einen oder anderen Form auch hat. Der Benutzer ist gezwungen, das Manual zu lesen, etwas, das seltsamerweise keiner so recht will. Natürlich verwendet man, wie schon beim Code, auch bei der Benutzerschnittstelle, etablierte, aussagekräftige Namen. Das hat aber seine Grenzen, schon wegen des begrenzten Platzes, die Anwendungen sollen ja auch nicht überfrachtet aussehen. Dann kann man es noch mit Symbolen versuchen, aber die Anzahl brauchbarer, also intuitiv verständlicher Symbole ist überschaubar. Zum Glück gibt es die Tooltips, kontextsensitive Hilfetexte, die immer dann erscheinen, wenn man mit der Maus etwas länger über einem Widget verharrt (Mouse-Over-Event). Sie haben die Vorteile, dass mehr hinein passt als in der Widgetbeschriftung Platz hätte und dass sie genau dann sichtbar werden, wenn man sie braucht. Ich empfehle jedem, der Benutzeroberflächen gestaltet, regen Gebrauch davon zu machen.

3.6.2 *Die GUI-Elemente von Mathematica*

Alle in Tabelle 3.3 genannten grafischen Interaktionselemente, einige davon unter anderem Namen, und noch mehr gibt es auch in Mathematica. Wir schauen uns einige an.

ClickPane: ClickPane[image, func] ist ein anklickbarer rechteckiger Bereich, der als *image* dargestellt wird und bei jedem Mausklick die Funktion *func* auf die aktuellen Koordinaten des Mauszeigers anwendet. Es ist eine Low-Level Routine, mit der man komplexere Widgets selbst bauen kann.

FileNameSetter: ruft den File-Browser des Betriebssystems auf. Man kann den Start-Ordner angeben und zwischen Open- und Save-Modus wählen.

---

[39] Das kann Mätzchen oder Vorrichtung bedeuten, wahrscheinlich ist es eine Zusammenziehung von Windows und Gadget=Apparat, Vorrichtung.

Locator: ein Objekt, das eine Position innerhalb einer 2D-Grafik repräsentiert. Man kann es mit der Maus bewegen und seine Position für irgendetwas verwenden. Ein Beispiel haben Sie schon in Abb. 1.5 auf S. 9 gesehen.

Control: Das ist das Chamäleon unter den Eingabewidgets, denn es passt sein Aussehen dem Eingabetyp an. Hier ein paar Beispiele.

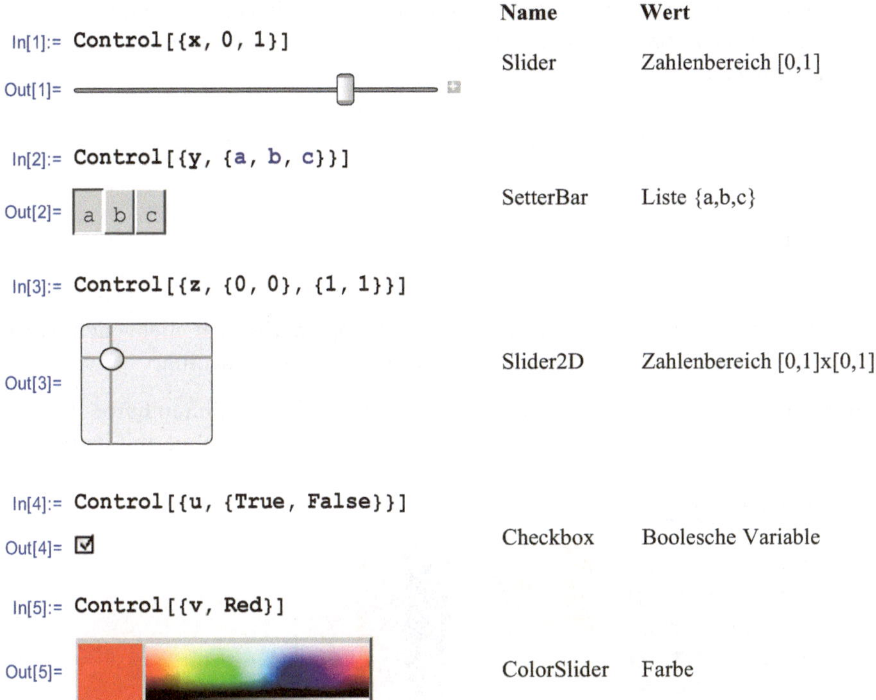

	Name	Wert
`In[1]:= Control[{x, 0, 1}]` `Out[1]=`	Slider	Zahlenbereich [0,1]
`In[2]:= Control[{y, {a, b, c}}]` `Out[2]=`	SetterBar	Liste {a,b,c}
`In[3]:= Control[{z, {0, 0}, {1, 1}}]` `Out[3]=`	Slider2D	Zahlenbereich [0,1]x[0,1]
`In[4]:= Control[{u, {True, False}}]` `Out[4]=`	Checkbox	Boolesche Variable
`In[5]:= Control[{v, Red}]` `Out[5]=`	ColorSlider	Farbe

Je nachdem, welchen Datentyp das Symbol x vom Slider bekommen soll, wird ein passendes Widget automatisch gewählt. Für den Zahlenbereich von 0 bis 1 ein normaler Slider, für eine Liste so viele Setter wie die Liste Elemente hat[40], die vollständige Auswahl finden Sie im Manual.

Graphische Interaktionselemente heißen in Mathematica *control objects*, also Steuerelemente. Folgende control objects stehen zur Verfügung:

ActionMenu, Animator, Button, ButtonBar, Checkbox, CheckboxBar, ClickPane, ColorSetter, ColorSlider, Control, ControlActive, ControllerState, CurrentValue, EventHandler, FileNameSetter, Hyperlink, InputField, Locator, LocatorPane, Manipulator, MousePosition, Opener, PasteButton, PopupMenu, ProgressIndicator, RadioButton, RadioButtonBar, Setter, SetterBar, Slider, Slider2D, SystemDialogInput, Toggler, TogglerBar, Trigger, VerticalSlider.

---

[40] Sie sind verknüpft wie Radiobuttons, d.h., sie lösen sich gegenseitig aus. Es gibt auch eine RadioButtonBar, die ähnlich funktioniert, aber anders aussieht.

Es hat keinen Sinn, alle durchzugehen. Einige haben Sie eben schon gesehen, als Realisierungen von Control. Andere, wie etwa Button, können Sie sich vorstellen. Ich suche hier nur die interessantesten heraus bzw. solche, deren Bedeutung nicht unmittelbar aus dem Namen hervorgeht.

ActionMenu: Dies habe ich erst nicht verstanden, obwohl der Name gut gewählt ist. Es sieht aus wie ein Button, aber wenn man mit der Maus draufgeht, klappt ein Pulldown-Menü auf, und man kann zwischen verschiedenen Aktionen wählen.

```
In[1]:= ActionMenu[
    "Print Factorials",
    {"4!" :→ Print[4!], "7!" :→ Print[7!], "10!" :→ Print[10!]}
    ]
```

Out[1]= Print Factorials

24

Hier wurde bereits einmal der (im jetzt zugeklappten Zustand nicht sichtbare) Menüpunkt mit dem Text "4!" angeklickt, worauf Print[4!] ausgeführt wurde.

ColorSetter: Er erscheint als ein farbiges Quadrat von der gewählten Farbe. Klickt man drauf, so erscheint ein großer ausführlicher Farbauswahldialog, mit dem man die Farbe verändern kann.

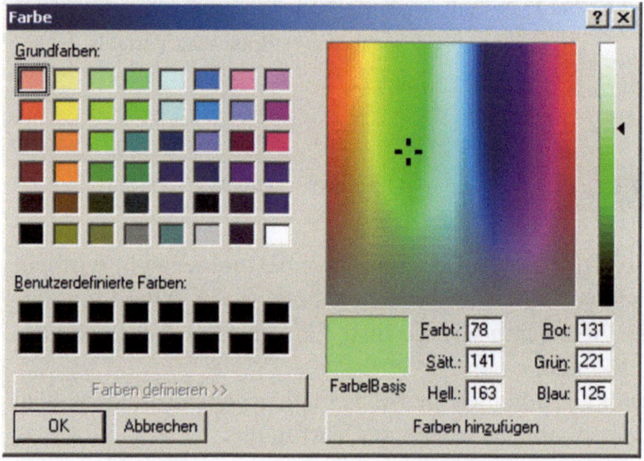

Abb. 3.4 Der Farbauswahldialog des ColorSetters

Der ColorSlider (Abbildung weiter oben bei Control) hat auf der linken Seite auch einen ColorSetter.

Animator: ein Widget, um einen Zeitablauf zu simulieren, quasi einen Film abzuspielen; wird bei Manipulate automatisch mitgeliefert.

```
In[2]:= Animator[0.8]
```

Out[2]=

Mit dem Slider kann man direkt zu einem gewünschten Punkt gehen. Die Knöpfe bedeuten, von links nach rechts: Schritt zurück, Start/Stop, Schritt vor, schneller, langsamer, Richtungswahl (bei Betätigung wechselt die Richtung zwischen vorwärts, rückwärts, hin und her).

ControlActive: eine Hilfsfunktion, um Anwendungen flüssiger arbeiten zu lassen. ControlActive[active, normal] gibt entweder den ersten oder den zweiten Ausdruck zurück. Wenn z.B. eine Grafik von einer Reglereinstellung abhängt, kann man während der Betätigung die Grafik schneller und mit geringerer Qualität rendern lassen. Das verbessert das Antwortverhalten der Applikation.

PopupMenu: ein Pulldown-Menü, das eine Auswahl aus mehreren Werten erlaubt. Im Unterschied zu ActionMenu werden die Ausdrücke nicht evaluiert, sondern nur zugewiesen.

```
PopupMenu[joker, {"Publikum", "Telefon", "Fifty-Fifty"}]
```

Die Variable *joker* bekommt einen der drei Strings zugewiesen. Es müssen aber keine Strings sein, jeder andere Ausdruck geht auch, z.B. Grafik.

Enabled: Die meisten Widgets können per Option in Größe und Aussehen verändert werden. Das betrifft ästhetische Gesichtspunkte. Für die Benutzerführung ist vielleicht die Option *Enabled* am wichtigsten, mit der man ein Widget deaktivieren kann. Es reagiert dann nicht mehr auf Mausklicks. Gleichzeitig verändert es sein Aussehen (die Beschriftung wird grau), so dass der Benutzer den inaktiven Zustand erkennt.

```
GraphicsRow[
  {Button[Style["active", Bold], someAction []],
   Button[Style["inactive", Bold], someAction [], Enabled → False]}
]
```

Leider ist der Unterschied in der Farbe nur sehr gering, man erkennt ihn nur, wenn man genau hinsieht.

3.6.3 Erstellen von GUIs in Mathematica

Nachdem Sie nun eine Reihe von Steuerelementen kennengelernt haben, geht es daran, sie einzusetzen.

Die traditionellen fensterorientierten GUIs werden in der Regel mit Hilfe von Bibliotheken erstellt. Dies sind plattformabhängige Systeme wie MFC (Windows), Motif (UNIX) oder das Cocoa Application Kit (Mac OS X) oder auch plattformunabhängige wie GNUstep. In der Regel braucht man auch eine spezielle Entwicklungsumgebung.[41] Wie ist das bei Mathematica?

Klar ist, dass es hier keine spezielle Entwicklungsumgebung für GUIs geben sollte, denn das Mathematica Notebook hat ja den Anspruch, gleichzeitig Entwicklungs- und Anwendungsumgebung zu sein. Wie also haben die Entwickler von Mathematica die Aufgabe gelöst, dem Einsteiger eine schnelle Möglichkeit zur GUI-Erstellung zur Verfügung zu stellen, ohne dem Fortgeschrittenen detaillierte Gestaltungsmöglichkeiten vorzuenthalten? Kann man überhaupt ohne eine spezialisierte Entwicklungsumgebung GUIs mit erträglichem Aufwand erstellen? Und wenn ja, wie?

Die erste Aufgabe haben die Mathematica-Entwickler auf bewährte Art gelöst. Wie schon früher, z.B. bei den relativ komplexen graphischen Befehlen Plot, Plot3D u.a. praktiziert, haben sie einen Befehl mit sehr vielen Automatismen kreiert, der ohne Optionen praktisch immer funktioniert und fast keine Sachkenntnis voraussetzt, aber andererseits vom erfahrenen Benutzer mit vielen Optionen konfiguriert werden kann. Das Zauberwort zur schnellen GUI-Erzeugung heißt Manipulate und wird im Kap. 3.6.6 *Manipulate* behandelt.

Wenn Sie Manipulate nicht benutzen wollen, oder auch wenn Sie verstehen wollen wie es intern funktioniert, müssen Sie *Dynamic* kennen. Hinter diesem Befehl verbirgt sich ein Mechanismus des Notebooks, der Symbole, die gleichzeitig an verschiedenen Stellen des Notebooks auftreten, miteinander verknüpft, also ein Update-Mechanismus.

3.6.4 Dynamic

Dieses Kapitel brauchen Sie vorerst nicht unbedingt zu lesen, außer wenn Sie anspruchsvollere interaktive Anwendungen schreiben wollen. Einfache interaktive Anwendungen können Sie mit *Manipulate* (ausführlich im Kap. 3.6.6 beschrieben) erstellen. Dort wird Dynamic mehr oder weniger automatisch eingesetzt.

3.6.4.1 Einführung

Mit den im Kap. 3.6.2 *Die GUI-Elemente von Mathematica* vorgestellten Widgets könnte man bereits ein GUI erstellen oder, korrekter ausgedrückt, etwas was so aussieht. Wenn Sie einen Slider mit der Maus bewegen, dann ändert sich eben dessen Stellung, aber sonst passiert gar nichts.[42] Man will natürlich, dass durch das Verschieben des Reglers irgendetwas Erkennbares passiert. Nehmen wir z.B. an, Sie

---

[41] Im Prinzip braucht man sie nicht zwingend; es genügt, eine geeignete API zu haben, es dauert dann nur sehr lange – eigene Erfahrung des Autors 1988.

[42] Es passiert nur etwas bei den Widgets, die eine Aktion auslösen, z.B. Button oder ActionMenu.

hätten einen Schieberegler für die Helligkeit eines Bildes vorgesehen. Wenn man die Einstellung verändert, sollte das Bild heller oder dunkler werden. Das passiert aber nicht von selbst. Man muss dafür sorgen, dass der Slider seinen Wert in eine Variable *helligkeit* überträgt, und dass das Bild mit der neuen Helligkeit nochmals gerendert wird.

Dafür wurde Dynamic entwickelt. Fangen wir mit einem einfachen Beispiel an. Ich zeige erst einmal, wie es nicht funktioniert und warum man *Dynamic* braucht. Ich beginne mit einer Zuweisung der Rationalzahl 0.5 an die Variable *helligkeit*. Dann stelle ich einen Schieberegler[43] her, der mit der Variablen *helligkeit* verknüpft ist und den Bereich [-1, 1] überdeckt. Da die Variable den Wert 0.5 hatte, steht der Schieberegler anfangs auf 0.5. Nun verändere ich die Stellung des Schiebereglers mit der Maus (ich schiebe nach links, in Richtung kleinerer Werte), und danach erst gebe ich Kommando Nr. 3 ein:

```
In[1]:= helligkeit = 0.5

Out[1]= 0.5
```

```
In[2]:= Manipulator[helligkeit, {-1, 1}]
```

Out[2]=

```
In[3]:= helligkeit

Out[3]= 0.5
```

Wie man sieht, hat der Schieberegler den Wert der Variablen nicht verändert. Das Widget allein macht eben noch kein GUI. Nun zeige ich, wie man das Widget an die Variable koppelt. Die beiderseitige Kopplung funktioniert erst mit *Dynamic*. Hinweis am Rande: Ich habe im folgenden Dynamic@helligkeit geschrieben. Das ist eine andere Schreibweise für Dynamic[helligkeit], die mehr dem funktionalen Programmierstil entspricht und auch Klammern spart, siehe Tabelle 3.1 auf S. 69.

```
In[4]:= Dynamic@helligkeit

Out[4]= -0.72
```

```
In[5]:= Manipulator[Dynamic@helligkeit, {-1, 1}]
```

Out[5]=

```
In[6]:= helligkeit

Out[6]= -0.72
```

---

[43] Dafür gibt es die Befehle Slider und Manipulator. Slider funktioniert aber nur, wenn die Variable vom Typ Dynamic ist, was normalerweise auch immer der Fall ist, nur hier nicht, weil ich zeigen will, wie es ohne Dynamic abläuft, darum habe ich Manipulator genommen.

Eigentlich muss man es selbst einmal ausprobieren. Nur für den Fall, dass Sie gerade keine Mathematica-Session geöffnet haben, beschreibe ich Ihnen ganz genau, was hier passiert. Aber nochmal: Einfach nur lesen ist längst nicht so gut wie damit herumspielen.

Ich gebe Kommandos 4 ein. Es liefert den Wert 0.5 zurück. Nun gebe ich Kommando 5 ein und bewege anschließend den Schieberegler, der zunächst auf 0.5 stand, langsam nach links. Während ich ihn bewege, ändert sich die Ausgabe Out[4] synchron zur Reglerstellung. Bei -0.72 höre ich auf und gebe Kommando Nr. 6 ein. Darauf wird der aktuelle Wert von helligkeit ausgegeben.

Daraus erkennen Sie zwei Wirkungen von Dynamic:

1. Bei Kommando Nr. 5 sorgt Dynamic dafür, dass der Wert des Schiebereglers in die Variable gelangt. Das erkennt man daran, dass die Ausgabe Out[6] ohne Verwendung von Dynamic den vorher mit dem Schieberegler gesetzten Wert liefert.
2. Bei Kommando Nr. 4 bewirkt Dynamic einen jederzeit aktuellen Ausgabewert, ohne dass man etwas eingeben muss.

Was tut also Dynamic? Es guckt nach, ob sich irgendwo im Notebook eines der Symbole in seinem Argument geändert hat, und aktualisiert die Anzeige seines Arguments. Im Beispiel war es das Symbol *helligkeit*, es funktioniert aber auch für beliebige Ausdrücke. Mit diesem Mechanismus sollte es möglich sein, die Helligkeit eines Bildes interaktiv zu verändern.

Ich hole mir zum Testen ein Bild von WRIs ExampleData.

```
In[8]:= Manipulator[Dynamic@helligkeit, {-1, 1}]

Out[8]= ═══════════════════════▣═══════════════
```

```
In[9]:= pic = ExampleData[{"TestImage", "Peppers"}];
        picData = ImageData@pic;
        Dynamic@{Image[picData], Image[picData + helligkeit]}
```

Out[11]= {  ,  }

Es funktioniert so: *pic* ist ein Objekt vom Typ Image, das bedeutet bei Mathematica eine Rastergrafik. Mathematica unterscheidet zwischen dem Bild und den zugrundeliegenden Rasterdaten. Das Bild ist ein Objekt, das vom Notebook als Bild erkannt und angezeigt wird, die Rasterdaten sind nur die RGB-Werte der Pixel. Ich hole mir mit ImageData die Rasterdaten, addiere zu jedem Pixel den Wert *helligkeit* (der zwischen -1 und 1 liegt) und zeige die neuen Rasterdaten dann mit Image an.

Es funktioniert auch. Der Regelbereich ist gerade so groß, dass man ein total schwarzes, aber auch ein total weißes Bild erzeugen kann. Das liegt daran, dass die RGB-Werte zwischen 0 und 1 liegen. Die neuen Werte sind zwar jetzt teilweise außerhalb dieses Bereiches, das macht aber nichts, denn beim Rendern wird die Bereichsüberschreitung durch Clipping aufgefangen.

Eine kleine Nachlässigkeit hat sich eingeschlichen. Immer wenn ich den Regler bewege, werden beide Bilder neu gerendert. Das ist doppelt so viel Aufwand wie nötig wäre, denn das linke Bild verändert sich ja nie. Man merkt es hier nur nicht, weil auch zum Rendern beider Bilder keine merkliche Zeit benötigt wird.

> Grundregel: Achten Sie bei Dynamic stets darauf, den Wirkungsbereich nicht größer als nötig zu machen.

Die letzte Zeile im Code sollte also besser lauten:
```
{Image[picData], Dynamic@Image[picData+helligkeit]}
```

3.6.4.2 Dynamic für Fortgeschrittene

Ausdrücke mit Head Dynamic werden allein vom Front-End interpretiert und verwaltet. Wenn Sie Dynamic[*expr*] schreiben, wertet das Notebook *expr* bei jeder Veränderung der enthaltenen Symbole aus und zeigt den aktuellen Wert. Der Kernel macht gar nichts. Ein Ausdruck mit Head Dynamic hat das Attribut *HoldAll*, so dass der Kernel ihn einfach lässt wie er ist. Das hat eine Reihe von Konsequenzen.

Wirkungsbereich: standardmäßig ist der Wirkungsbereich (scope) von Dynamic das ganze Notebook. Wenn Sie eine Variable mit Allerweltsnamen dynamisch machen, etwa Dynamic[x], und ihr Notebook ist recht groß, so kann es passieren, dass Sie Objekte unabsichtlich miteinander verknüpft haben. Wie kann man den Wirkungsbereich von Dynamic einschränken? Der erste Gedanke, den Befehl Module zu benutzen, mit dem man auch sonst Variable lokal macht, funktioniert tatsächlich. Es ist nur nicht zu empfehlen. Wegen der Funktionsweise von *Module* (es vergibt in einer Kernel-Session quasizufällige Suffixe) kann es passieren, dass beim Laden eines Notebooks mit dynamischen Objekten die im Notebook gespeicherten alten Suffixe an einer Stelle mit den neu vergebenen an anderer Stelle zufällig übereinstimmen. Diesen Fehler findet keiner. Tappen Sie darum nicht in die Falle und verwenden Sie zum Lokalisieren dynamischer Ausdrücke stets *DynamicModule*. Die Syntax ist dieselbe wie bei *Module*.

Auslösen: Das Auslösen (engl. to trigger) einer Aktion geschieht dadurch, dass Dynamic[*expr*] alle Symbole quasi beobachtet, und wenn sich eines verändert, *expr* evaluiert. Das ist zwar aufwändig, aber dadurch ist es ziemlich sicher, dass *expr* ausreichend oft aktualisiert wird, manchmal allerdings sogar unnötig oft. Um dadurch verursachte Performanceeinbrüche zu vermeiden, ist der Updatemechanismus von Dynamic konfigurierbar. Die Option heißt *TrackedSymbols* und kann folgende Werte haben:

Tabelle 3.4 Mögliche Werte der Optionen *TrackedSymbols* von Dynamic[expr]

Wert	Bedeutung
All (Default)	alle möglichen Symbole
Full	nur die in expr enthaltenen Symbole
True	Symbole, die in Steuerelementen, etwa bei Manipulate, auftreten
Automatic	Symbole, die in umfassenderen Konstrukten verfolgt werden, werden übernommen
{u, v, w}	explizite Angabe der zu verfolgenden Symbole

Anwendungsbeispiele finden Sie u.a. im Kap. 4.2.10 *Spieltheorie: Nash-Gleichgewicht*. Noch eine Bemerkung zum Defaultwert. Dieselbe Option mit derselben Bedeutung gibt es auch in Manipulate. Sie hat aber dort als Defaultwert nicht *All*, sondern *Full*.

> *Hinweis*: Um bei der Option *TrackedSymbols* die zu verfolgenden Symbole explizit anzugeben, sind zwei Dinge wichtig. Erstens, auch wenn nur ein einziges Symbol zu beobachten ist, müssen Sie es in eine Liste schreiben, sonst passiert kein Update, und leider kommt auch keine Fehlermeldung. Zweitens, die Option muss als *verzögerte* Regel angegeben werden, also nicht in der sonst üblichen Form `TrackedSymbols→{u}`, sondern `TrackedSymbols:>{u}`.

3.6.5 *Ein eigenes Widget*

Hier schreiben wir uns einen eigenen Schieberegler, der etwas schicker aussieht als der bereits vorhandene. Er ist von der Grafik her minimalistisch, nur ein Strich und ein verschiebbares Dreieck mit dem aktuellen Wert dran. Sie erfahren auf diese Weise, wie sich ein Widget aus wenigen Grundfunktionen zusammenbauen lässt. Damit Sie sich vorstellen können, was gemeint ist, hier schon mal ein Bild.

Out[3]= ────────────────────── 0.644 ──────────────────────
                                ▲

Der Code stammt aus dem Tutorial *Advanced Manipulate Functionality*. Ich habe nichts verändert, lediglich ein paar Zeilenumbrüche eingefügt. Er ist stilistisch nicht ganz so, wie ich es Ihnen im Kap. 3.3 *Programmierrichtlinien* empfehle, sondern sehr kompakt, ohne allerdings unverständlich zu werden. So schreiben erfahrene Routiniers. Ich finde, Sie sollten so etwas auch mal gesehen haben. Außerdem können Sie gleich einige kleine Tricks kennenlernen, auf die man von selbst nicht so leicht kommt. Der Slider heißt *ValueThumbSlider*, also Schieberegler für einen Zahlenwert.

Das Kapitel ist wie folgt aufgebaut: Es beginnt mit der Idee für einen groben Ablaufplan. Dann zeige ich Ihnen den Code und erkläre ihn Schritt für Schritt. Spätestens dann werden Sie ja sehen, ob ein derart kompakter Stil Ihnen gefällt.

Wie könnte es prinzipiell funktionieren? Der *logische* Slider besteht aus einem Intervall und dem aktuellen Wert. Seine grafische Darstellung ist eine Linie, ein Dreieck und eine Zahl, die letzteren sind an variabler Stelle zu rendern. Die Position muss mit der Maus manipulierbar sein. Immer wenn sie sich ändert, muss die Grafik neu gerendert werden. Natürlich gibt es mehrere Möglichkeiten, das zu erreichen. Man könnte das Einstellen des Wertes mit der Maus Low-Level[44] programmieren. Das ist nicht schwierig, aber etwas verwickelt. Zum Glück geht es einfacher: Wir können einen fertigen *Locator* verwenden, der unsichtbar gemacht und dessen Bewegungsfreiheit auf die Linie eingeschränkt ist. Damit haben wir die Position. Mit ihr lassen wir die grafische Repräsentation rendern. Wir benutzen *Dynamic*, um sie aktuell zu halten. Soweit der Plan, und hier kommt der Code.

```mathematica
In[1]:= ValueThumbSlider[v_] := ValueThumbSlider[v, {0, 1}];

    ValueThumbSlider[Dynamic[var_], {min_, max_}, options___] :=
     LocatorPane[
      Dynamic[
       If[! NumberQ[var], var = min];
       {var, 0}, (var = First[#]) &
      ],
      Graphics[
       {AbsoluteThickness[1.5],
        Line[{{min, 0}, {max, 0}}],
        Dynamic[
         {Text[var, {var, 0}, {0, -1}],
          Polygon[
           {Offset[{0, -1}, {var, 0}],
            Offset[{-5, -8}, {var, 0}],
            Offset[{5, -8}, {var, 0}]}
          ]}
        ]},
       ImageSize → 300, AspectRatio → 1 / 10,
       PlotRange → {{min, max} + 0.1 {-1, 1} (max - min), {-1, 1}}
      ],
      {{min, 0}, {max, 0}}, Appearance → None
     ]
```

____

[44] Das bedeutet, mit Statusvariablen und Events wie MousePosition, MouseUp und MouseDown.

Die erste Definition sorgt dafür, dass ValueThumbSlider[x] als Wertebereich das Einheitsintervall benutzt. Dann kommt die eigentliche Definition. Die Argumentsliste setzt (ebenso wie beim mitgelieferten Slider) voraus, dass eine dynamische Variable verwendet wird, verlangt ein Intervall und erlaubt Optionen (Erinnerung: drei Unterstriche bedeuten, kein, einer oder mehrere Ausdrücke). Diese werden allerdings ignoriert, zu erkennen daran, dass die Variable *options* gar nicht verwendet wird. Anscheinend ist der Code noch nicht fertig.

Die nun folgende Funktionsdefinition benutzt weder Klammern noch die Anweisung Module, die lokale Variablen schützt. Beides wird hier auch nicht gebraucht, denn es gibt nur einen einzigen Ausdruck und keine lokalen Variablen. Dieser Ausdruck ist *LocatorPane*.

LocatorPane erschafft einen xy-Bereich mit einem Locator, also ein mit der Maus positionierbares Objekt. Es ist auf mehrere Arten aufrufbar und hat auch Optionen. Hier wird es in der Form

```
LocatorPane[Dynamic[pt],back,{{x_min,y_min},{x_max,y_max}},Appearance→app]
```

verwendet. Dabei sind *pt* die 2D-Koordinaten (eineListe aus zwei reellen Zahlen) und Dynamic sorgt für die Kopplung der Variablen mit dem Slider in beiden Richtungen. Das Symbol *back* steht für eine Hintergrundgrafik, also das Aussehen des Bereichs, in dem der Locator bewegt werden kann. Danach folgt die explizite Angabe des Bereichs. Die Option *Appearance* steuert das Aussehen des Locators, wenn man nichts angibt, sieht er aus wie in Abb. 1.5 auf S. 9.

Die Übergabeparameter werden wie folgt verwendet: back ist die gesamte Grafik, also Linie, Beschriftung und Dreieck. Der Bereich wird so gewählt: x_{min} und x_{max} sind die Übergabeparameter min, max, und $y_{min} = y_{max} = 0$, also nur eine Linie. Als Wert von Appearance wird *None* gewählt, der Locator ist unsichtbar. Man hätte auch die Zahl und das Dreieck dort angeben können, aber hier ist entschieden worden, alles in *back* zu packen.

Nun kommen wir zu den Details. Im Code steht *var* für die x-Koordinate des Locators, die y-Koordinate ist immer Null. Da *var* anfangs nur ein Symbol ist, die Grafik aber einen Zahlenwert braucht, wird nach einer entsprechenden Abfrage dem Symbol der Minimalwert des Wertebereichs zugewiesen.

```
Dynamic[
 If[! NumberQ[var], var = min];
 {var, 0}, (var = First[#]) &
 ],
```

Dynamic ist hier in der Form Dynamic[expr, func] angewandt worden, die so funktioniert, dass f[val] bei jedem Updatevorgang von Dynamic (also immer, wenn der Locator mit der Maus bewegt wird) ausgeführt wird. Da *f* hier der Variablen *var* die erste Komponente der Locatorkoordinaten zuweist, bekommt *var* immer den aktuellen x-Wert des Sliders. Ohne diese Zuweisung würde die x-Koordinate des Locators nicht in die Variable var gelangen.

Jetzt zur Grafik. Dieser Teil ist der längste, und man hätte ihn nach meinem Geschmack auch gut auslagern können. Drei Objekte müssen gerendert werden, eine Linie (statisch) und das Dreieck mit der Beschriftung (dynamisch). Nochmal der entsprechende Code:

```
Graphics[
  {AbsoluteThickness[1.5],
   Line[{{min, 0}, {max, 0}}],
   Dynamic[
    {Text[var, {var, 0}, {0, -1}],
     Polygon[
      {Offset[{0, -1}, {var, 0}],
       Offset[{-5, -8}, {var, 0}],
       Offset[{5, -8}, {var, 0}]}
     ]}
   ]},
  ImageSize -> 300, AspectRatio -> 1 / 10,
  PlotRange -> {{min, max} + 0.1 {-1, 1} (max - min), {-1, 1}}
 ],
 {{min, 0}, {max, 0}}, Appearance -> None
```

Er ist von der Form Graphics[{p1,p2,...}, opts]. Beginnen wir mit den Optionen. Mit ImageSize wird vorgegeben, dass das fertige Bild die Größe 300x30 Pixel haben soll. Der PlotRange wird in x-Richtung von min bis max, aber jeweils noch um 10% der Breite nach beiden Seiten erweitert, festgelegt. Die Erweiterung deswegen, weil möglicherweise die Beschriftung über den Rand des Sliders hinausragt und sonst abgeschnitten würde. Die Angabe der Größe in y-Richtung ist aus Syntaxgründen nötig, aber hier bedeutungslos, weil ja das Seitenverhältnis des Grafikobjekts durch die Option AspectRatio→1/10 bereits festliegt. Sie fragen vielleicht noch, ob nicht vielleicht die Wahl von AspectRatio überflüssig ist, da ja ImageSize bereits ein bestimmtes Seitenverhältnis impliziert. Antwort: Nein, das ist nicht so, da Aspect-Ratio sich auf das Grafikobjekt bezieht und ImageSize auf die Größe des Bildes im Notebook. Der AspectRatio hat immer einen Wert (Default GoldenRatio) und das Bild wird automatisch so skaliert, dass es so groß wie möglich innerhalb der durch ImageSize vorgegebenen Fläche ist. Wenn man statt {300,30} etwa {300,100} geschrieben hätte, würde der Slider genauso aussehen, nur hätte man oben und unten mehr weiße Fläche. Am geschicktesten wäre es gewesen, ImageSize→300 zu schreiben, dann wäre das Bild 300 Pixel breit und Mathematica hätte die Höhe aus dem AspectRatio berechnet. Nun ja, hier hat es der Entwickler selbst getan, die Stelle ist aber sensibel gegenüber Änderungen.

Nun zu den Grafik-Anweisungen. Es wird eine Liniendicke festgelegt, dann wird die Linie gezogen. Danach kommen die dynamischen Objekte. Die Beschriftung macht die Funktion Text. Sie erlaubt es, einen Text in eine Grafik zu verwandeln und an der gewünschten Stelle im Bild zu positionieren, die Position bezieht sich auf das Zentrum des Textes. Die Syntax ist hier *Text[expr, coords, offset]*. Es wundert Sie vielleicht, dass der negative y-Wert des offsets den Text offenbar nach oben verschiebt. Das liegt daran, dass sich die Koordinaten auf das Bild beziehen und bei Bildern die y-Richtung nach unten zeigt. Bleibt noch das schwarze Dreieck. Die Farbe muss man nicht angeben, weil vorher keine Farbe gesetzt wurde und Schwarz der Defaultwert ist. Ein Dreieck ist der Spezialfall eines Polygons, das man einfach mit *Polygon[{pt1,pt2,...}]* aufruft. Die Angabe der Eckpunkte erfolgt hier sehr geschickt unter Verwendung der Offset-Funktion, bei der man den offset in Druckerpunkten angibt. Mathematica rechnet das automatisch um, es wäre sonst etwas umständlich. Man nimmt also jedesmal den aktuellen Punkt {val,0} und verschiebt ihn entsprechend. Hier sieht man das Dreieck direkt vor seinem geistigen Auge: {0, -1} die obere Spitze und {-5,-8} bzw. {5,-8} die beiden anderen Punkte.

3.6.6 *Manipulate*

3.6.6.1 Einführung

Mit dem Befehl *Manipulate* kann man in wenigen Zeilen ohne große Vorkenntnisse ein interaktives Programm mit graphischer Benutzeroberfläche erschaffen. Häufig wird Manipulate benutzt, um bei Objekten, die von einem oder mehreren Parametern abhängen, diese Parameter mit graphischen Steuerungsobjekten (Widgets) zu verknüpfen. Dadurch kann man durch spielerisches Probieren die Bedeutung der Parameter erfahren. Die offenbart sich ja nicht in irgendeinem bestimmten Wert, sondern in der Veränderung. Schnell findet man auch besonders interessante Parameterkombinationen. Kurzum, der Mehrwert eines interaktiven Objekts gegenüber einem quasi statischen ist offensichtlich. Das zeigte nicht zuletzt der durchschlagende Erfolg des *Wolfram Demonstrations Project*, siehe Kap. 4.3.1 auf S. 235.

Die Syntax ist einfach: Durch *Manipulate[expr[p],{p,pstart,pend}]* z.B. entsteht ein Panel, auf dem das Ergebnis der Auswertung eines vom Parameter p abhängigen Ausdrucks gezeigt wird, zusammen mit einem Schieberegler für p. Ein Beispiel haben Sie schon in Abb. 3.2 auf S. 80 gesehen, wo *expr* ein Plot war. Je nachdem, was in der geschweiften Klammer steht, entstehen vollautomatisch geeignete Widgets: Schieberegler (Slider) bei kontinuierlichen Variablen, Radiobuttons bei Werten aus einer Liste und ein Ankreuzfeld (Checkbox), wenn die möglichen Werte nur True und False sind. Sogar ein Farbauswahlmenü, wenn der Variablentyp eine Farbe ist. Dahinter steht das Ihnen schon bekannte Universalwidget *Control*. Wie Sie sehen, funktioniert Manipulate fast von selbst.

Wenn Sie irgendein Detail anders haben wollen, sei es ein anderes Interaktionsobjekt, einen bestimmten Anfangswert, eine Beschriftung, Position, Größe und Aussehen der Widgets, die numerische Anzeige des aktuell eingestellten Wertes: kein Problem. Es gibt kaum einen Befehl, der mehr Optionen hat als Manipulate. In diesem Kapitel lernen Sie, Manipulate zu verstehen und zu benutzen. Getreu dem Grundsatz *learning by doing* fangen wir mit dem Benutzen an.

3.6.6.2 Steuerelemente automatisch erzeugen

Wie erwähnt, werden Steuerelemente im einfachsten Fall automatisch erzeugt, indem man die Parameter in einer bestimmten Form deklariert. Werfen wir einen Blick ins Manual:

Tabelle 3.5 Möglichkeiten zur automatischen Erzeugung von Steuerelementen bei Manipulate

Syntax	erzeugtes Widget	Werte von u
$\{u, u_{min}, u_{max}\}$	Schieberegler	quasikontinuierlich von u_{min} bis u_{max}
$\{u, u_{min}, u_{max}, du\}$	Schieberegler	Von u_{min} bis u_{max} in Schritten du
$\{u, \{x_{min}, y_{min}\}, \{x_{max}, y_{max}\}\}$	Schieberegler 2D	Rechteckiger Bereich in der xy-Ebene
$\{u, \{u_1, u_2, ...\}\}$	Schalterleiste, ab 6 Elementen Auswahlliste	$\{u_1, u_2, ...\}$
$\{u, \{u_1 \to label_1, u_2 \to label_2, ...\}\}$	Schalterleiste oder Auswahlliste	$\{u_1, u_2, ...\}$
$\{u, \{True, False\}\}$	Ankreuzbox	True oder False
$\{u, color\}$	Farbregler	beliebige Farbe
$\{u\}$	leeres Eingabefeld	beliebiges Symbol
$\{u, func\}$	beliebiges, von func erstelltes Steuerelement	beliebiges Symbol

Wir probieren das gleich einmal aus. Ich schreibe in den Teil, wo *expr* ausgewertet wird, Null (nicht die Zahl Null, sondern das Mathematica Symbol für „Nichts") und zehn Symbole in den 9 Schreibweisen aus der Tabelle 3.5 auf S. 103, dazu noch eines mit dem *ValueThumbSlider*. Es ist klar, dass so ein Code ziemlich sinnlos ist, denn es wird „Nichts" gemacht. Wir wollen ja auch nur sehen, wie aufgrund der verschiedenen Schreibweisen die verschiedenen Kontrollobjekte entstehen. Die Werte der Parameter werden zwar zu nichts verwendet; trotzdem muss man den Parametern verschiedene Namen geben, denn wenn man alle Steuerelemente mit ein und demselben Symbol dynamisch verknüpft, behindern sie sich gegenseitig wegen der verschiedenen Einschränkungen, und natürlich auch wegen der verschiedenen Datentypen. Abbildung 3.5 zeigt die Widgets und den erzeugenden Code.

Man sieht, dass alle Widgets eine Beschriftung bekommen haben, und zwar den Namen des Symbols, das sie kontrollieren. Wir werden gleich sehen, wie wir das verbessern können. Außerdem sind Widgets und Beschriftungen trotz unterschiedlicher Größen tabellenartig ausgerichtet worden. Das Panel von Manipulate ist gerade so groß, dass alles hineinpasst. Nun zu den einzelnen Widgets. Wie in der Tabelle 3.5 auf S. 103 beschrieben, erzeugen die ersten beiden Zeilen Slider. Der Unterschied zwischen ihnen ist im Bild nicht zu sehen, man bemerkt ihn nur, wenn man Werte einstellt: Der erste ist kontinuierlich einstellbar, während der zweite in Schritten von 0.2 springt. Die Definition des Locators u4 hat keinen sichtbaren Effekt, weil er nirgendwo verwendet wird. Er braucht eine Grafik oder eine *LocatorPane*. Eine kleine Inkonsistenz zwischen u5 und u6 fällt auf: Beim ersten ist automatisch der Wert a gewählt worden, beim zweiten gar nichts. Alles andere ist wohl selbsterklärend. Zum Aufruf unseres selbst hergestellten Widgets *ValueThumbSlider* (siehe Kap. 3.6.5) muss noch dazugesagt werden, dass der Head des übergebenen Ausdrucks eine *Pure Function* sein muss, daher die etwas umständlich scheinende Übergabe.[45] Das ist leider nicht explizit im Manual erwähnt. Überraschend ist übrigens, dass sogar `{{u10,0},0,2Pi,ValueThumbSlider[##]&}` funktionieren würde: durch das Doppelkreuz werden alle Übergabeparameter erfasst, und wunderbarerweise erkennt Mathematica, dass u10 die Variable ist und 0, 2Pi der Wertebereich für den Slider.

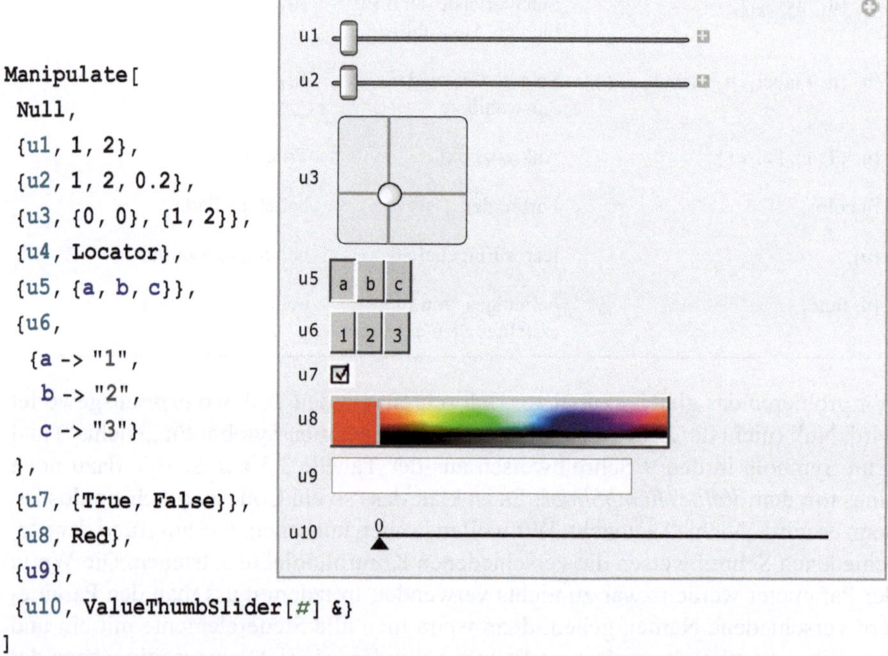

```
Manipulate[
 Null,
 {u1, 1, 2},
 {u2, 1, 2, 0.2},
 {u3, {0, 0}, {1, 2}},
 {u4, Locator},
 {u5, {a, b, c}},
 {u6,
  {a -> "1",
   b -> "2",
   c -> "3"}
 },
 {u7, {True, False}},
 {u8, Red},
 {u9},
 {u10, ValueThumbSlider[#] &}
]
```

Abb. 3.5 Verschiedene von Manipulate automatische erzeugte Steuerelemente

Als nächstes fangen wir an, die Steuerelemente ein wenig zu konfigurieren. Auch bei den vollautomatisch erzeugten Widgets kann man einiges anpassen, z.B. die

---

[45] Die Funktion kann nicht einfach mit ihrem Namen übergeben werden, da ihr Head *Symbol* ist.

Anfangsstellung und das Aussehen. Für jede der in Tabelle 3.5 auf S. 103 angegebenen Möglichkeiten kann man mittels $\{\{u, u_{init}\}, \ldots\}$ den Anfangswert angeben, oder mit $\{\{u, u_{init}, u_{lbl}\}, \ldots\}$ Anfangswert und Beschriftung. Es versteht
sich, dass der Anfangswert aus dem Wertebereich des Steuerelements sein sollte.
Für die Beschriftung u_{lbl} kann man im einfachsten Falle einen String nehmen, oder
einen String, bei dem mit der Funktion Style Größe, Farbe und Font festgelegt wurden. Man kann einen beliebigen Ausdruck, z.B. auch eine Grafik, übergeben. Ich
zeige Ihnen das einmal. Als Beispiel nehme ich die Schalterleiste und die Checkbox.

```
img = ▭ ;(* copied from http://www.free-graphics.com /*)

img2 = ▮ ;(* copied from http://www.free-graphics.com /*)

buttonImgs = Table[ImageCompose[img, Graphics@Text@Style[i, 22]], {i, 3}];

buttonRules = Transpose@{{a, b, c}, buttonImgs} /. {a_, b_} :> Rule[a, b];

Manipulate[
 {u6, u7},
 {{u6, a}, buttonRules},
 {{u7, True, img2}, {True, False}}
]
```

Ich habe mir zwei Bilder aus dem Internet direkt in das Notebook kopiert. Für die
Schalterleiste brauche ich Regeln der Form *expr→img*; expr ist der Wert der Variablen, wenn der Schalter gedrückt ist, und img ist die „Beschriftung". Die Schalter
sollten natürlich nicht alle gleich aussehen, darum habe ich das Bild *img* mit der
Funktion *ImageCompose* noch mit einer Zahl von 1-3 versehen. Diese drei Bilder
sind in der Liste *buttonImgs*. Als Werte für die Schalter habe ich einfach a, b, c festgelegt. Die Liste mit den Regeln, *buttonRules*, stelle ich per Ersetzungsoperator her,
indem ich aus jeder Zweierliste der Form {a,b} die Regel a→b mache. Schließlich
lege ich noch fest, dass anfangs Schalter 1 gedrückt ist. Nun kommt die Checkbox.
Sie bekommt den Anfangswert True und als Label das Bild *img2*. Was Manipulate
hier tut, ist immer noch sehr wenig: Es zeigt die Liste {u6, u7} an. Sie sehen, es

wurde noch nicht manipuliert, in dem weißen Ausgabefeld unten stehen noch die
Anfangswerte.

3.6.6.3 Steuerelemente tunen

Wie kann man die Widgets besser an ihre Funktionalität anpassen? Man kann ihr
Aussehen mit Optionen verändern. Man kann auch, unabhängig von der Syntax der
automatischen Erzeugung, selbst bestimmen, welches Kontrollobjekt man möchte.
Und man kann die Widgets auch gruppieren und frei positionieren.

Fangen wir mit den Optionen an. Die Syntax der automatischen Erzeugung von
Widgets erlaubt das Durchreichen von Optionen. Sie sind die letzten Elemente in
der Liste. Fast alle Widgets haben die Option Appearance (Aussehen), aber die
möglichen Werte sind unterschiedlich, man muss einfach im Manual nachsehen,
was möglich ist. Übrigens ist WRI hier inzwischen dazu übergegangen, die Werte
in Form von Zeichenketten zu verwalten, wohl um den Namensraum nicht zu groß
werden zu lassen. Hier ein paar mögliche Optionen und ihre Effekte.

```
Manipulate[
  {u1, u5},
  {{u1, 2.5, "Höhe"}, 1, 3, Appearance → "Labeled", Enabled → u7},
  {{u5, c, "Wähle abc"}, {a, b, c}, Appearance → "Palette"},
  {{u7, True, "Variable Höhe"}, {True, False}},
  ControlPlacement → Bottom
]
```

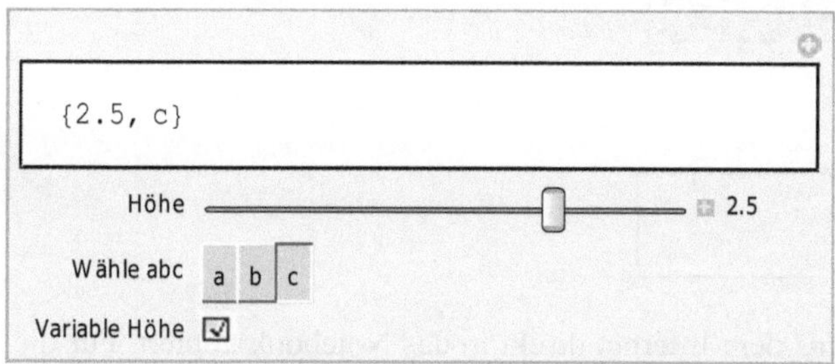

Appearance→Labeled bewirkt, dass die eingestellte Zahl rechts neben dem Slider
angezeigt wird. Durch Enabled→u7 ist es möglich, den Slider über die Checkbox
inaktiv zu schalten; er lässt sich dann nicht mehr bewegen und der Einstellknopf ist
ausgegraut. Die Wirkung von Appearance→"Palette" auf die SetterBar ist in diesem
Bild leider nicht zu erkennen, darum beschreibe ich sie kurz: Die Knöpfe verlieren
ihre Windows-typischen 3D-Konturen, dafür verändern sie ihr Aussehen dynamisch, wenn man mit der Maus drübergeht (mouseover event).

Als nächstes positionieren wir die Steuerelemente anders. Mit der Option *ControlPlacement* kann man alle Steuerelemente rechts, links, oben oder unten haben.
Diese Option funktioniert global, wenn man sie als Option von Manipulate verwen-

det. Sie können sie außerdem jedem einzelnen Steuerelement individuell mitgeben, das überschreibt die globale Einstellung.

Jetzt wäre es gut, die Checkbox, die den Slider kontrolliert, mit dem Slider zusammen zu gruppieren. Dazu gibt es mehrere Möglichkeiten. Am klarsten ist es, ein maßgeschneidertes Steuerelement zu erstellen. Hier ein Beispiel.

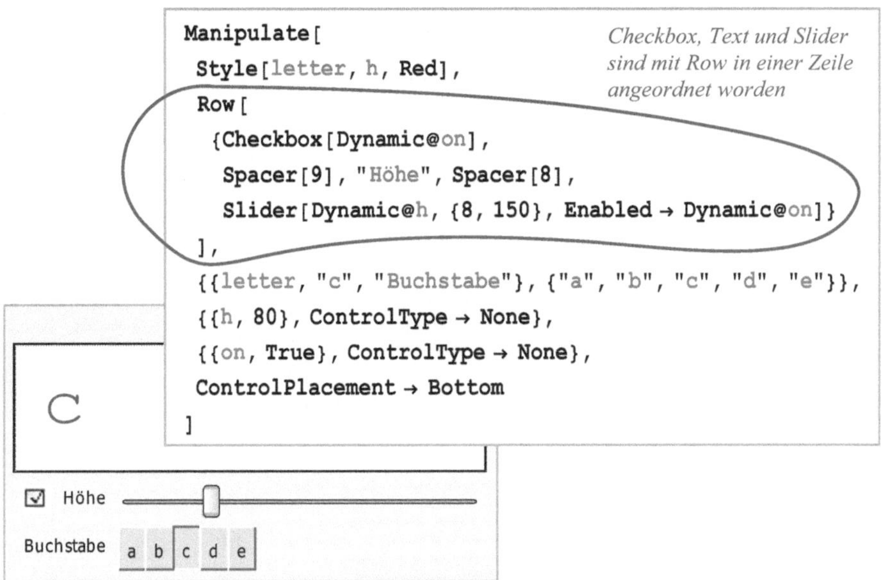

Abb. 3.6 So gruppiert man Steuerelemente in Manipulate

Im Kontrollteil von Manipulate werden Ausdrücke mit dem Head *Row, Column, Grid* oder *Dynamic* als grafische Interaktionselemente interpretiert und bei den Widgets eingereiht. Wir schaffen uns also ein Widget, das Slider, Text und Checkbox enthält. Das geht, indem wir eine Checkbox, dann einen Text, gefolgt von einem Slider, mit *Row* in einer Zeile anordnen. Mit den Spacern lässt sich das Aussehen feintunen. Leider funktioniert dieses neue Widget nicht mehr vollautomatisch, es hat erst einmal nur das gewünschte Aussehen. Damit es auch seinen Dienst tut, muss man es noch an entsprechende dynamische Variablen koppeln. Diese nenne ich *h* und *on*, und lasse sie von Manipulate automatisch anlegen, und zwar als Steuervariablen ohne Steuerelement, was die Option *ControlType→None* leistet. Das wirkt umständlich, hat aber den Vorteil, dass Manipulate sie in einem *Dynamic-Module* lokalisiert.

Um dem Ganzen eine erkennbare Funktion zu geben, lasse ich den aktuell gewählten Buchstaben mit der eingestellten Größe in Rot darstellen. Sie können somit einen Buchstaben auswählen und ihn größer oder kleiner machen. Falls Sie von dieser Anwendung nicht sonderlich beeindruckt sein sollten, erinnern Sie sich daran, dass es nur darum ging, zu lernen, wie man die Steuerelemente positioniert.

Kapitel 4
Praxis

4.1 Grundlegende Beispiele

4.1.1 Wie schreibe ich eine Funktion?

In diesem Kapitel wird das Schreiben einer Funktion erklärt, die Teil eines größeren
Ganzen ist. Das bringt höhere Anforderungen mit sich, als wenn nur mal eben eine
einzelne Funktion geschrieben wird. Unser Beispiel ist Teil des im folgenden Kap.
4.1.2 *Wie schreibe ich ein Package* beschriebenen Projekts. Sie haben ja schon
einige einfache Beispiele kennengelernt, nun geht es aber speziell darum, die Funktion lesbar und robust zu schreiben. Lesbar heißt, gute selbsterklärende Namen zu
wählen, und robust heißt, sie gegen mögliche Fehlbedienungen zu schützen. Unter
anderem müssen alle innerhalb der Funktion benötigten Variablen lokal sein, aber
auch ungeeignete Eingaben müssen abgefangen werden. Wie sich gleich herausstellen wird, ist auch die Möglichkeit einer Option wünschenswert.

Zur Demonstration wählen wir eine Funktion, die in dem geplanten Package *SurfaceOfRevolution* benötigt wird. Sie soll als Parameter eine Funktion f sowie eine
Liste aus zwei Zahlen a, b bekommen und daraus die Oberfläche des Körpers
berechnen, der entsteht, wenn man die Funktion f(x) um die x-Achse rotiert. Die
Funktion soll dabei nur auf dem reellen Intervall (a, b) genommen werden.[46]

Die Mantelfläche M eines derartigen Rotationskörpers berechnet man mit der
Formel [29]

$$M \;=\; 2\pi \int_a^b f(x)\sqrt{1+f'^2(x)}\;dx \tag{4.1}$$

---

[46] Für die Oberfläche spielt es keine Rolle, ob das Intervall offen oder abgeschlossen ist.

Im ersten Augenblick sieht es so aus, als würde unsere Funktion nur aus diesem einen Ausdruck bestehen. Aber ganz so einfach ist es natürlich nicht. Erstens müssen ein paar Randbedingungen eingehalten werden, und zweitens ist das Integrieren, im Gegensatz zum Ableiten, nicht immer möglich. Beginnen wir mit dem üblichen Funktionsrumpf.

```
In[1]:= surface[f_, {a_, b_}] :=
    Module[
        {},
        2 Pi Integrate[f[x] Sqrt[1 + f'[x]^2], {x, a, b}]
    ]
```

Der Ausdruck *Module* schafft einen Bereich, in dem lokale Symbole geschützt sind. Diese müssen in der Liste (erstes Argument von *Module*) angegeben werden. Im Augenblick ist die Liste noch leer, aber das bleibt sie selten. Wenn eine Funktion tatsächlich ein Einzeiler wäre, bräuchte man sie ja gar nicht und könnte gleich den entsprechenden Ausdruck hinschreiben. Ein einziger Grund für so etwas wäre allenfalls, dass der Ausdruck schwer verständlich ist und durch einen guten Funktionsnamen der Ablauf klarer wird. Das ist hier zwar auch der Fall,[47] aber es gibt noch mehr Gründe, diese Funktion zu schreiben.

Ziel ist es, die Funktion „wasserdicht" (Engländer nennen es bulletproof, also kugelsicher) zu machen. Wir gehen davon aus, dass der Benutzer dieser Funktion eine Vorstellung davon hat, was sie tut, aber dass er natürlich auch Fehler machen kann. Diese sollten abgefangen werden, und die Funktion sollte dem Benutzer irgendwie mitteilen, was falsch war.

Vorab noch eine Bemerkung. Mit f ist hier das Funktionssymbol gemeint, nicht der Ausdruck f[x]. Es wird also keine symbolische unabhängige Variable übergeben, und das ist auch gut so. Erstens hängt das Ergebnis eines bestimmten Integrals nicht vom Namen der Integrationsvariablen ab. Zweitens ist die Funktion auf diese Weise sicherer, weil die mögliche Fehlerquelle, dass x zum Zeitpunkt des Funktionsaufrufs einen festen Wert hat, entfällt.

Die Standardfrage ist: Was kann alles schiefgehen? Am besten, man macht sich eine Liste.

- Das Intervall a, b ist unzulässig.
- Die Funktion f muss für alle x aus dem Intervall reelle Zahlen liefern.
- Die Funktion f muss für alle x aus dem Intervall nichtnegative Zahlen liefern.
- Die Funktion f muss für alle x aus dem Intervall differenzierbar sein.
- Der Befehl Integrate findet keine Stammfunktion.

Wie kann man diese Fehler aufspüren, und wie begegnet man ihnen angemessen? Gehen wir sie der Reihe nach durch.

---

[47] Was berechnet wird, ist zwar ziemlich klar, aber sicher weiß nicht jeder, dass es sich bei dem Ausdruck um die Mantelfläche eines Rotationskörpers handelt.

Unzulässiges Intervall: Bei der angedachten Form sind a und b ja beliebige Ausdrücke. Tatsächlich sollten es reelle Zahlen sein, für die b > a gilt. Man könnte z. B. das Muster entsprechend einschränken (vergl. Kap. 2.3.3 *Muster und Transformationsregeln*). Tatsächlich gibt es aber eine ganz einfache Lösung: DIE Abfrage **b>a** macht alles auf einmal: Sie liefert genau dann *True*, wenn a und b reelle Zahlen sind und b größer als a ist.

Reelle nichtnegative Funktionswerte: Das ist nicht ganz trivial. Es läuft darauf hinaus, dass die Bedingung $x \in [a, b]$ mit der Bedingung $f(x) \geq 0$ verträglich ist. Hier war etwas Entwicklungsarbeit nötig, die zu einer entsprechenden Funktion **isRealAndNotNegative[f_,{a_,b_}]** zum Testen dieser Bedingungen geführt hat. Ich will hier aber nicht auf die Details eingehen.

Differenzierbar: Hier könnte die vorher entwickelte Funktion zum Testen der Reellwertigkeit direkt benutzt werden, indem man sie auf die Ableitung f' anwendet. Tatsächlich habe ich das aber nicht implementiert. Es ist ja auch der Fall denkbar, dass die Funktion Unstetigkeitsstellen hat, aber das Integral dennoch konvergiert.

Keine Stammfunktion: Das Integral konvergiert zwar eigentlich, nur findet *Integrate* keine Stammfunktion und gibt auf. In diesem Falle kann immer noch numerische Integration ein Ergebnis liefern.

Wie fast immer, ist die Entwicklung kein einfacher geradliniger Prozess. Die Vorstellung, dass man sich vorher alles überlegt, es kodiert und dann fertig ist, bleibt selbst bei dieser einfachen Funktion eine Illusion. Spätestens während der ersten Tests stellt man fest, dass man doch nicht an alles gedacht hatte oder, wie es hier war, nicht alles so funktioniert wie es soll.

Konkret: Dieser etwas exotisch wirkende Integrand, der $\sqrt{1 + f'^2(x)}$ enthält, führte in einigen Fällen dazu, dass *Integrate* zu keinem Ende kam. Das ist sicher ein Bug. Es muss ein Workaround gefunden werden. Wenn die Funktion „hängt", muss der Benutzer die Berechnung manuell abbrechen. Das geht mit dem Pulldown-Menüpunkt *Evaluation → Abort Evaluation*, Tastaturkürzel *Alt Punkt*. Nun besteht immer noch die Chance, mit *NIntegrate*, dem Befehl zur numerischen Integration, eine Näherungslösung zu erhalten. Ein Näherungswert ist nicht nur besser als gar keiner, sondern in den meisten praktischen Fällen völlig ausreichend. Ich habe der Funktion zu diesem Zweck die Option *Method* spendiert, die die Werte *"analytical"* oder *"numerical"* haben kann, Default ist *"analytical"*. Die Anführungszeichen bedeuten, dass es sich um Zeichenketten handelt. Damit kann es keinen Ärger geben, jedes neue Symbol bringt Konfliktpotential mit sich. Mathematica hat seit der Version 6 auch diesen Weg beschritten, etwa bei den Farbschemata. Übrigens ist das Symbol *Method* schon vorhanden und hat das Attribut *Protected*, kann also nicht irgendeinen Wert zugewiesen bekommen. Das ist ideal, genau so etwas braucht man hier.

Nun zur Implementierung. Die Funktionen zum Testen des Inputs habe ich ausgelagert, sie werden erklärt, wenn das ganze Package beschrieben wird. Hier geht es nur um die eine Funktion *surface* (die später in Angleichung an die Namensgebung des Packages *sorSurface* genannt wurde). Der Code sieht so aus:

```
In[2]:= sorSurface[f_, {a_, b_}, opts___?OptionQ] :=
    Module[
     {retval, method},
     If[! validInterval[{a, b}], Return[]];
     If[! isReal[f, {a, b}], Return[]];
     If[
      ! isRealAndNotNegative[f, {a, b}],
      Message[sorSurface::unreliablevalue]
     ];
     method = Method /. Flatten[{opts, Method -> "analytical"}];
     If[
      method == "numerical",
      retval = NIntegrate[2 Pi f[x] Sqrt[1 + f'[x]^2], {x, a, b}],
      retval = Integrate[2 Pi f[x] Sqrt[1 + f'[x]^2], {x, a, b}];
      If[Head[retval] == Integrate,
       retval = sorSurface[f, {a, b}, Method -> "numerical"]
      ]
     ];
     retval
    ]
```

Der Reihe nach: In der Liste der lokalen Variablen sind nun die Symbole *retval* und *method*. Der Name *retval* ist ein oft benutzter Platzhalter für das, was die Funktion zurückgibt, eigentlich könnte man es auch etwas spezifischer *surface* nennen. Die Variable *method* enthält den Wert der Option *Method*. Hier ist die Konvention benutzt worden, Paare der Form Key→Value mit demselben Namen, einmal groß und einmal klein geschrieben, zu bezeichnen.

Die ersten drei If-Abfragen sollen die Integrität der Eingaben sicherstellen. Wenn z.B. der Ausdruck !validInterval[{a,b}] *True* liefert, wird sofort mit Return[] abgebrochen. Das Ausrufezeichen ist, ebenso wie in der Sprache C, die Kurzform des Operators *Not*, der logischen Negation. In letzter Zeit gibt es bei WRI eine Tendenz, den Prefix Operator verstärkt zu benutzen, was hier bedeuten würde, statt des Ausrufezeichens ein Not@ voranzustellen. Ich bin seit Jahrzehnten an das Ausrufezeichen gewöhnt, kann mir aber vorstellen, dass für jemanden, der es nicht kennt, das Not@ intuitiver ist. Bei der dritten Abfrage wird im Falle negativer Funktionswerte nicht abgebrochen, sondern nur eine Warnung ausgegeben. Es kommt ja ein Ergebnis zustande, nur könnte es sein, dass die Zahl nicht stimmt. Die Entscheidung, nicht abzubrechen, sondern nur eine Warnung auszugeben, habe ich getroffen, weil ich denke, dass eine Zahl, die wenigstens die richtige Größenordnung hat, bereits hilfreich sein kann.

Warnungen lässt man am besten in einheitlicher Form von der Funktion *Message* ausgeben. Der Inhalt, ein entsprechender Text, ist anderswo im Package in einer Variablen hinterlegt worden, deren Name von der Form *Funktionsname::message* ist, wobei *message* aus Kleinbuchstaben bestehen sollte und die Message kurz beschreibt. Das ist aber auch nur Konvention, wenn auch eine nützliche. Die Ausgabe sieht in unserem Fall so aus:

```
sorSurface::unreliablevalue : Warning: the value beeing calculated may be wrong
```

Nach den vorangegangenen Tests geht es so weiter: In der Zeile `message = ...` wird der Wert der Option *Message* in die Variable *message* geschrieben. Hier gibt es ja nur diese eine Option, aber das Vorgehen ist auch im Falle einer Vielzahl von Optionen immer gleich. Es funktioniert so, dass erst mal eine Liste von Regeln (Rules) erzeugt wird, an deren Anfang die aktuell übergebenen Optionen stehen. Das kann auch gar keine sein, wie der dreifache Unterstrich anzeigt. Übrigens sorgt der Test ?OptionQ in der Argumentsklammer der Funktion dafür, dass nur Ausdrücke übergeben werden können, die wie eine Option oder eine Liste von Optionen aussehen, siehe Kap. 2.3.3 *Muster und Transformationsregeln*. Am Ende der besagten Liste mit den Regeln stehen die Defaultwerte. Sind Optionen übergeben worden, so werden sie zur Ersetzung herangezogen, weil sie in der Liste vorn stehen. Wurden keine übergeben, werden die Defaultwerte verwendet.

Nachdem nun die Werte der Optionen bekannt sind, wird das Integral, also die Mantelfläche, berechnet. Wenn die Variable *method* den Wert *"numerical"* hat, wird numerisch integriert, in allen anderen Fällen analytisch. Das lässt sogar Raum für Tippfehler. In beiden Fällen wird das Ergebnis aber nicht sofort ausgegeben, sondern in der Variablen *retval* zwischengelagert. Falls nämlich *Integrate* nicht erfolgreich war (zu erkennen daran, dass der *Head* von retval *Integrate* ist), wird gleich noch ein *NIntegrate* hinterhergeschoben, was hier so gelöst ist, dass die Funktion sich selbst noch einmal aufruft, diesmal aber mit der Option Method→"numerical". Das hat zwar den Nachteil, dass die Prüfungen am Anfang nun doppelt ausgeführt werden; wenn aber in einer späteren Version die Prüfungen vom Wert der Option abhängen sollten, ist es so besser.[48]

4.1.2 Wie schreibe ich ein Package

Ein Package ist, wie Sie schon im Kap. 2.4 *Packages* erfahren haben, ein Stück Mathematica-Funktionalität, die in einer Datei bereit liegt und bei Bedarf zugeladen werden kann. Wir wollen jetzt ein Package schreiben. Da es um das Schreiben geht, genügt ein einfaches Thema. Ich habe etwas aus meinem Fachgebiet, der Mathematik, gewählt, und zwar Rotationskörper. Das Package soll den Benutzer darin unterstützen, Volumen und Mantelfläche von Rotationskörpern zu berechnen und diese

---

[48] Man könnte z.B. das Integral auch berechnen lassen, wenn a, b oder beide Symbole sind, um eine Formel für die Mantelfläche zu erhalten, die kein Integral mehr enthält.

auch zu plotten. Das sind, wie gesagt, einfache Aufgaben, für die es nicht unbedingt ein Package braucht, aber es geht hier ja ums Prinzip.

4.1.2.1 Vorarbeiten

Zunächst wird ein Name gesucht. Ich habe das Package *SurfaceOfRevolution* genannt, also Rotationsfläche. Im Englischen denkt man bei der Rotation einer Funktion um die x-Achse zuerst an die entstehende Fläche, während man bei uns gleich den Körper sieht. Egal, wir wissen ja was gemeint ist. Ich will drei Befehle zur Verfügung stellen, nämlich zwei, die Volumen und Mantelfläche berechnen, und einen, der den Körper (eigentlich die Fläche) auf verschiedene Arten plotten kann.

Ich beginne damit, dass ich in Mathematica zwei neue Fenster öffne, eines mit *File → New → Package*, und das zweite mit *File → New → Notebook*. Das erste nenne ich *SurfaceOfRevolution.m* und das zweite *SurfaceOfRevolutionTest.nb*. Im Augenblick ist es noch egal, in welchem Directory die Dateien liegen (man muss aber wissen, wo).

Ich habe mir vorher einige mitgelieferte Packages angesehen und festgestellt, dass alle mit ein paar Standardkommentaren beginnen, die das Package erklären. Das fand ich gut und habe es sofort kopiert, und so beginnt mein Package mit einer Textzelle:

Mathematica Version:	7.0
Package Version:	1.0
Copyright:	
Name:	SurfaceOfRevolution`
Context:	SurfaceOfRevolution`
Title:	Surface of Revolution
Author:	Axel Kilian
Summary:	This package calculates volume and surface of a SurfaceOfRevolution. It also plots the SurfaceOfRevolution very much like RevolutionPlot3D, but with different defaults and some additional options.
Keywords:	SurfaceOfRevolution
Requirements:	None.
Source:	
History:	Version 1.0 by Axel Kilian, April 2009.
Limitations:	
Discussion:	

Dass solche Kommentare sehr sinnvoll sind, liegt wohl auf der Hand. Danach beginnt der eigentliche Code. Er kann zur optischen Strukturierung beliebig auf Zellen verteilt werden, die zwischendurch auch noch mit Kommentaren versehen werden können. Die Zellen in einem Package sind übrigens vom Typ *Initialization Cell* und habe den Style *Code*.

4.1.2.2 Private und öffentliche Symbole

Zunächst das Grundgerüst: Jedes Package hat diese Form:

```
BeginPackage["packageContext`"]
Begin["`Private`"]
End[]
EndPackage[]
```

Der Name des Packages sollte genauso lauten wie sein Context (Namensraum), es hat keinen Sinn, hier neue Namen zu erfinden, also werde ich *packageContext* durch *SurfaceOfRevolution* ersetzen. Wozu dient die Anweisung **Begin["`Private`"]**? Im Allgemeinen hat ein Package zwei Arten von Symbolen: solche, die es exportiert, aber auch solche, die nur intern benutzt werden. Der für den Export bestimmte Teil kommt vor **Begin["`Private`"]**, alles was danach kommt, ist von außen nicht mehr direkt sichtbar.

Und nun kommt ein kleiner Geniestreich, nämlich der Exportmechanismus. Wie kann man, fragten sich die Entwickler, dafür sorgen, dass die exportierten Funktionen dokumentiert sind? Sie erinnern sich: Wenn man den Befehl Information auf eine Funktion anwendet, erscheint Einiges an Text, z.B. was die Funktion tut, wie man sie aufruft und welche Optionen es gibt. Solche Dokumentation muss immer irgendwie parallel gepflegt werden und könnte in der Eile auch einmal vergessen werden. Könnte heißt natürlich: Es wird mit Sicherheit passieren. Um das zu verhindern, haben die Entwickler von Mathematica den Exportmechanismus mit der Dokumentation verknüpft. Man exportiert ein Symbol, indem man einfach schreibt: **symbolname::usage = "infostring"**. Das bewirkt erstens, dass dieser infostring nun bei **Information[symbolname]** ausgegeben wird, falls man das Package geladen hat. Gleichzeitig hat Mathematica **symbolname** exportiert, ohne dass man auch nur eine Zeile schreiben musste. Hier ist nun als Beispiel das erste exportierte Symbol:

```
sorPlot3D::usage =
"sorPlot3D[f, {a,b}, opts] plots the surface of \
revolution generated by rotating the graph of the \
function f around the independent variable axis. The \
function f must be real-valued within the interval {a,b}.";
```

Es handelt sich, wie der Text verrät, um die Funktion *sorPlot3D*. Alle exportierten Symbole in diesem Package haben von mir die Vorsilbe *sor* (die Anfangsbuchstaben des Packagenamens) bekommen.[49] Um die Optionen von *sorPlot3D* zu erfahren, muss der Benutzer nur *Options[sorPlot3D]* eingeben. Die Optionen müssen

---

[49] Die Vorsilbe habe ich vergeben, wenn Konfusion mit vorhandenen Symbolen drohte, wie es bei Method, Plot3D und PlotStyle der Fall gewesen wäre. Surface und Volume dagegen wären mir ohne die Vorsilbe zu unspezifisch gewesen.

ebenfalls exportiert werden, und somit auch die Information, was sie bewirken und welche Werte sie haben können.

Insgesamt stehen sechs solcher Exportanweisungen in dem Bereich zwischen **BeginPackage["SurfaceOfRevolution`"]** und **Begin["`Private`"]**, nämlich für die Funktionen *sorVolume*, *sorSurface* und *sorPlot3D* sowie für die Optionen *sorPlotStyle*, *radiusToHightRatio* und *sorMethod*. Das ist auch schon alles. Die Funktionsdefinitionen selbst stehen innerhalb des Private-Blocks.

4.1.2.3 Dem Entwickler über die Schulter geschaut

Natürlich habe ich das Package nicht linear von vorn nach hinten geschrieben. Am Anfang wurde nur ein einziges Symbol exportiert, nämlich *sorSurface*. Die Implementierung kennen Sie schon aus dem Kap. 4.1.1 *Wie schreibe ich eine Funktion?* auf S. 109.

Allerdings fehlen noch die referenzierten drei Hilfsfunktionen *isValidInterval*, *isReal* und *isRealAndNotNegative*. Die müssen erst einmal entwickelt werden, da Mathematica nichts Fertiges bietet. Fangen wir mit dem leichten Teil an: *isValidInterval* ist in der Tat ein Einzeiler. Eine Liste mit zwei beliebigen Ausdrücken a und b ist genau dann ein gültiges (nichtleeres) Intervall, wenn der Mathematica Befehl a < b *True* ergibt. Allerdings sollte die Funktion eine entsprechende Message ausgeben, wenn es kein gültiges Intervall ist, damit der Benutzer weiß, woran es liegt, dass die Mantelfläche nicht ausgegeben wird. Hier ist übrigens eine meiner Trägheit geschuldete Designentscheidung getroffen worden: Ich lasse nur echte Zahlen zu und keine Symbole. Es wäre ja denkbar, das Integral auch mit Symbolen als Grenzen auszurechnen, dann hätte man eine Formel ohne Integral von der Art, wie sie in den diversen Formelsammlungen für die Standardrotationskörper steht.

Damit die Funktion *isValidInterval* eine Warnung ausgeben kann, muss ein entsprechender Text irgendwo abgelegt werden. Eine gute Konvention ist es, die Variable mit einem die Message beschreibenden Namen direkt an das Funktionssymbol zu binden. Dazu dient die Funktion *MessageName* (Kurzform ::). Hier lautet sie:

```
isValidInterval::badinterval = "for {a, b}, a < b is not valid";
```

Die Implementierung sieht so aus:

```
isValidInterval[{a_,b_}] :=
Module[
    {isOk = a<b},
    If[ ! isOk, Message[isValidInterval::badinterval]];
    isOk
]
```

Die anderen beiden Funktionen sehen ähnlich aus, die Ausdrücke passen in eine Zeile. Da es aber nicht so wichtig ist, wie sie genau aussehen, sondern eher, wie sie funktionieren und wie man darauf kommt, habe ich der Herleitung ein eigenes Kapitel gewidmet.

Noch ein Wort zu den Namen *isValidInterval*, *isReal* und *isRealAndNotNegative*. Das *is* am Anfang macht klar, dass es Funktionen mit booleschem Rückgabewert sind. Vielleicht wäre es besser gewesen, die in Mathematica sonst immer verwendete Konvention mit dem großen Q am Ende zu benutzen: *validIntervalQ*, *realQ* und *realAndNotNegativeQ*. Liest sich das besser? Es wäre auf jeden Fall einheitlicher. Immerhin ist dies ja noch die Version 1.0 des Packages.

4.1.2.4 Algorithmenentwicklung

Wie stellt man fest, ob eine Funktion in einem gewissen Intervall ausschließlich reelle Zahlen zurückgibt? Ich habe ein wenig herumprobiert, und weil Algorithmenentwicklung mit Mathematica ein Thema für sich ist, diesen Prozess für Sie dokumentiert.

Hier geht es mehr um Mathematik, wer sich nicht so sehr dafür interessiert kann dieses Kapitel einfach auslassen. Ziel ist es, einen Teil der aus der Schule bekannten Kurvendiskussion zu automatisieren. Wir betrachten reellwertige Funktionen einer reellen Variablen, also Abbildungen, die eine reelle Zahl bekommen und eine andere reelle Zahl zurückgeben. Das funktioniert aber nicht immer, z.B. gibt $f(x) = \sqrt{x}$ nur für nichtnegative x eine reelle Zahl zurück, ähnlich wie der natürliche Logarithmus ln(x), wenn x positiv ist.[50] Ich probiere, ob Mathematica aus der Bedingung, dass der Funktionswert reell sein soll, etwas über die Eingabewerte herausfinden kann:

```
In[3]:=  f[x_] := Sqrt[x];
         {a, b} = {-1, 1};
         Reduce[a ≤ x ≤ b && f[x] ∈ Reals]

Out[5]=  0 ≤ x ≤ 1
```

Was bedeutet das? Ich habe die Bedingungen *x ist im Intervall [a,b]* und *f(x) ist reell* mit dem „logischen Und" verbunden (Kürzel &&) und dem Befehl *Reduce* übergeben. Reduce formt logische Ausdrücke um und versucht sie dabei zu vereinfachen. Das Ergebnis ist hier, dass die Bedingungen *x ist im Intervall [-1,1]* und *die Wurzel aus x ist ein Element der reellen Zahlen* genau dann erfüllt sind, wenn x im Intervall [0, 1] ist.

Abgesehen davon, dass das Ergebnis in diesem Falle trivial ist, was nützt es uns bei der Entwicklung der gewünschten Funktion? Sehr viel. Wenn Reduce als Ergebnis die Bedingung x ∈ [a, b] zurückliefern würde, hieße das ja, dass f in diesem Intervall reell ist. Ich muss dann nur die ursprüngliche Bedingung x ∈ [a, b] mit

---

[50] nichtnegativ heißt größer oder gleich Null, positiv heißt größer Null.

der Ausgabe von Reduce vergleichen. Liefert der Vergleich *True*, ist x in [a,b] reell. Dieser Gedanke wird auch gleich getestet:

```
In[6]:=  f[x_] := Sqrt[x];
         {a, b} = {0, 1};
         xWithinInterval = a ≤ x ≤ b;
         xWithinInterval == Reduce[xWithinInterval && f[x] ∈ Reals]
```

```
Out[9]=  (0 ≤ x ≤ 1) == (0 ≤ x ≤ 1)
```

Dieses Ergebnis ist allerdings extrem seltsam. Man sieht rechts und links des Vergleichsoperators zwei offenbar identische Ausdrücke, ohne dass der Gesamtausdruck sich zu einem *True* evaluiert hat. Normalerweise liefert eine Abfrage der Form *expr* == *expr* immer *True*, egal von welcher Form *expr* ist. Unverständlich. Sehen wir uns das einmal genauer an:

```
In[10]:=  FullForm[xWithinInterval]
          FullForm[Reduce[xWithinInterval && f[x] ∈ Reals]]
```

```
Out[10]//FullForm=
          LessEqual[0, x, 1]
```

```
Out[11]//FullForm=
          Inequality[0, LessEqual, x, LessEqual, 1]
```

Aha, jetzt ist alles klar: Reduce bringt die Ungleichung in eine logisch äquivalente und als Ausgabe identisch aussehende Form, die dennoch nicht dieselbe ist. Der eine Head ist LessEqual, der andere Inequality. Um eine einheitliche Form zu erzielen, die den Vergleich erst ermöglicht, müssen beide Ausdrücke mit Reduce behandelt werden.

```
In[12]:=  f[x_] := Sqrt[x];
          {a, b} = {0, 1};
          xWithinInterval = a ≤ x ≤ b;
          Reduce[xWithinInterval] == Reduce[xWithinInterval && f[x] ∈ Reals]
```

```
Out[15]=  True
```

Und tatsächlich, so funktioniert es auch. Eine Kleinigkeit habe ich noch geändert: Statt *kleiner gleich* habe ich an den Intervallgrenzen nur die Bedingung *kleiner* benutzt. Mein Gedanke dabei war, dass eventuell dort auftretende Polstellen zugelassen werden sollten, denn manchmal konvergiert ein bestimmtes Integral ja auch trotz Polstellen im Integrationsintervall[51], und diese Chance wollte ich nicht vorschnell vergeben.

---

[51] Man spricht dann von einem uneigentlichen Integral.

4.1.2.5 Die Funktion sorPlot3D

Natürlich will man die durch Funktion und Intervall definierten Rotationskörper auch sehen. Im Prinzip geht das mit der Funktion *RevolutionPlot3D*, einer Weiterentwicklung von *ParametricPlot3D*, die mit der Version 6 erschienen ist. Allerdings sind die Default-Einstellungen etwas ungünstig, so dass man viel tippen muss bis es richtig funktioniert und gut aussieht.

Die Funktion *sorPlot3D* ist als Wrapper für *RevolutionPlot3D* gedacht, mit zwei Zielen: erstens, andere Defaultwerte, so dass es ohne Angabe von Optionen funktioniert, und zweitens, ein paar Settings, die durch Kombination von Farbe, Licht und Material ein bestimmtes charakteristisches Aussehen erzeugen, wie etwa goldglänzend, schillernd-transparent oder mit einem interessant aussehenden Gitternetz auf der Oberfläche. Dazu dient die Option sorPlotStyle. Noch eine zweite Option schien mir angemessen. Es gibt in *RevolutionPlot3D* die Option *BoxRatios*, die eine Liste von drei Zahlen erwartet. Bei unseren Plots reicht eigentlich eine einzige Zahl. Die x-Achse ist unsere Rotationsachse und gleichzeitig Symmetrieachse. Wenn man die Symmetrie in der Grafik erhalten will, muss man bei BoxRatios die zweite und die dritte Zahl gleich wählen; und weil es nicht auf die absoluten Zahlen, sondern nur auf Verhältnisse ankommt, braucht man nur eine Zahl. Darum habe ich noch die Option *radiusToAxisRatio* hinzugenommen, die die Bedienung erleichtert, indem sie *BoxRatios* überschreibt und keine symmetriebrechenden Verzerrungen erlaubt.

Als erstes werden im privaten Bereich des Packages die Optionen festgelegt. Da es möglich sein soll, alle Optionen der zugrundeliegenden Funktion *RevolutionPlot3D* weiter zu verwenden, bestehen die Optionen aus der Vereinigung[52] der neuen Optionen mit denen von *RevolutionPlot3D*:

```
Options[sorPlot3D] =
    Join[
        {sorPlotStyle -> "useColorFunction", radiusToAxisRatio->1},
        Options[RevolutionPlot3D]
    ];
```

Die zwei neuen Optionen stehen also am Anfang der Liste. Wie man sieht, enthält die Liste die Optionssymbole zusammen mit den Defaultwerten in Form einer Regel (*Rule*). Im Folgenden werden die Optionsnamen von *RevolutionPlot3D* gebraucht. Man erhält sie, indem man mit dem Operator *Map* die Funktion *First* auf jedes Element der Liste *Options[RevolutionPlot3D]* anwendet (First nimmt den ersten Wert jeder Regel, also das Optionssymbol).

```
RevolutionPlot3DOptionNames = Map[First, Options[RevolutionPlot3D]];
```

Den Defaultwert der Option *sorPlotStyle* habe ich *useColorFunction* genannt, weil einige der anderen Optionen eine eventuell übergebene ColorFunction ignorieren,

---

[52] Hier ist nicht die mengentheoretische Vereinigung gemeint, sondern einfach das Zusammenfügen von Listen.

in diesem Fall soll der Name den Benutzer darauf hinweisen, dass er eine Color-
Function angeben kann.

Die zu benutzenden Default-Optionen sind:

```
sorDefaultOpts =
    {BoxRatios->{1, radiusToAxisRatioVal, radiusToAxisRatioVal},
    PlotPoints->30,
    Axes->None,
    RevolutionAxis->{1,0,0}
};
```

Die Funktion beginnt mit zwei Abfragen, die testen, ob die Eingabedaten geeignet
sind: Ist das Intervall gültig, und sind die Funktionswerte reellwertig?

```
isValidInterval[{a,b}], Return[]; (* return with errormessage *)
isReal[f,{a,b}], Return[]; (* return with errormessage *)
```

Nicht abgefragt wird, ob die Funktionswerte von f negativ sind; in diesem Fall wäre
die geplottete Fläche möglicherweise selbstdurchdringend, was aber nicht weiter
stört. Nun werden die aktuellen Werte der Optionen in die mit *val* endenden Variablen geschrieben:

```
{sorPlotStyleVal, radiusToAxisRatioVal} =
  {sorPlotStyle, radiusToAxisRatio} /. Flatten[{opts, Options[sorPlot3D]}]
```

Diesmal habe ich die Nachsilbe *val* benutzt, um den Wert einer Option von deren
Bezeichner zu unterscheiden (sie erinnern sich, das letzte Mal habe ich denselben
Symbolnamen verwendet und Key/Value durch Groß/Kleinschreibung unterschieden). Falls in den aktuellen Optionen opts etwas steht, wird das verwendet, ansonsten die nachstehenden Defaultwerte **Options[sorPlot3D]**. Nun wird der Wert von
sorPltStyleVal in Grafikanweisungen umgesetzt.

```
Switch[
  sorPlotStyleVal,
  "useColorFunction",
    {Mesh->None,ColorFunction->(ColorData["Rainbow"][#1]&)},
  "SoapBubble",
    {Mesh->None,PlotStyle->Directive[Pink,Opacity[0.5],Specularity[White,10]]},
  "GoldPlated",
    {Mesh->None,PlotStyle->{Orange,Specularity[White,20]}},
  "xyzMesh",
    {MeshFunctions->{#1 #2 #3&},
    MeshStyle->None,
    MeshShading->{Purple,Yellow,Pink,Blue}}
];
```

Der Befehl Switch funktioniert sinngemäß etwa so wie in C: Je nach Wert der Variablen *sorPlotStyleVal* wird unterschiedlich verfahren. Hat *sorPlotStyleVal* z.B. den
Wert *useColorFunction*, so wird die Liste

```
{Mesh→None, ColorFunction→(ColorData["Rainbow"][#1]&)}
```
zurückgegeben und so fort. Dies sind für die Funktion RevolutionPlot3D bestimmte Optionen. Die erste bewirkt, dass auf der Fläche keine Koordinatenlinien gezeichnet werden sollen. Die zweite sagt, dass die Farbe der Fläche aus den Werten der x-Koordinate (die x-Achse ist die Rotationsachse) zu berechnen ist, und zwar nach dem Farbschema *Rainbow*. Zur Syntax vergl. Kap. 2.3.4 *Namenlose Funktionen* auf S. 49. Diese Option muss deswegen so kompliziert geschrieben werden, weil die x-Koordinate zur Farbgebung herangezogen werden soll. Für den Normalfall der z-Koordinate wäre es einfach nur `ColorFunction→"Rainbow"`. Auf die genaue Wirkungsweise dieser Grafik-Optionen einzugehen würde hier zu weit führen, es sind Kombinationen von Farben, Beleuchtungen und anderen Materialeigenschaften wie Transparenz, die das gewünschte Aussehen bewirken.

Die Option *sorPlotStyle* fasst somit Kombinationen von Plot-Optionen in beschreibenden Namen zusammen. Ich will nicht den ganzen Code abdrucken, der Ablauf ist ja klar, nur die Zeile

```
RevolutionPlot3D[f[x], {x,a,b}, Evaluate[Sequence@@allOpts]]
```

bedarf einer Erläuterung. In der Liste *allOpts* sind alle Optionen zusammengefasst, die aktuellen und die Defaultwerte. Nun benötigt man die Optionen aber nicht als Liste, sondern als so genannte Sequenz, das ist eine Folge von Elementen. Der Unterschied zur Liste ist subtil, stellen Sie sich am besten eine Liste ohne die geschweiften Klammern vor. Die ausführliche Form ist Sequence[a,b,c]. Man kann aus einer Liste eine Sequence machen, indem man mit dem Operator Apply (Kurzform @@) den Head auswechselt, also aus List[a,b,c] Sequence[a,b,c] macht. Das hatte ich zuerst probiert, es hatte aber nicht funktioniert. Zum Glück fiel mir ein, dass ich diesen Effekt schon kannte. Dadurch, dass Plot anders ausgewertet wird als normale Funktionen, muss man die Durchführung von Apply hier mit Evaluate erzwingen. Und das ging dann auch.

4.1.2.6 Und so sieht es aus

Sind Sie schon neugierig, was die Optionen SoapBubble, GoldPlated und xyzMesh bewirken? Bevor irgendetwas funktioniert, muss man das Package einlesen. Das geht z. B. mit dem Befehl << *vollständigerPfad*. Aber wer will schon lange Pfadnamen schreiben, geschweige denn, sie sich merken? Damit es auch dann geht, wenn man nur schreibt **<< "SurfaceOfRevolution`"**, muss man die Package-Datei SurfaceOfRevolution.m irgendwohin kopieren, wo Mathematica sie findet. Unter Windows wäre einer von mehreren geeigneten Orten

```
C:\Programme\Wolfram Research\Mathematica\7.0\AddOns\ExtraPackages.
```
Wenn Ihnen dieser nicht zusagt oder Sie dort keine Schreibrechte haben, suchen Sie sich einen anderen aus. Die Ordner, in denen Mathematica nachschaut, sehen Sie mit **$Path//TableForm**.

Ich schulde Ihnen noch den Beweis meiner Behauptung, dass das Rendern selbst-durchdringender Flächen unproblematisch ist. Hier ist ein Beispiel:

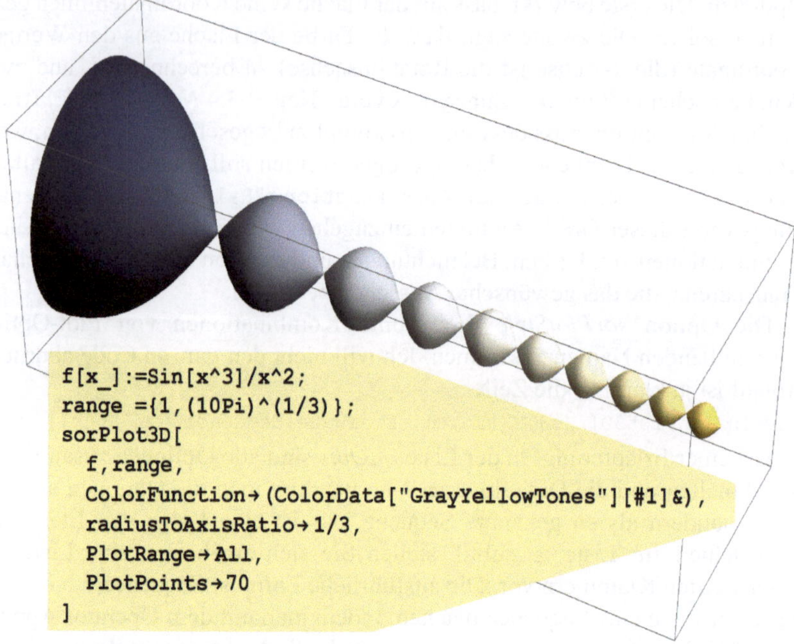

Abb. 4.1 Eine selbstdurchdringende Rotationsfläche

An den Nulldurchgängen der erzeugenden Funktion durchdringt sich die Rotations-fläche selbst. Der Wert für den oberen Rand des Intervalls ist so gewählt, dass es gerade der zehnte Nulldurchgang ist, so dass die Fläche dort geschlossen erscheint. Die Wahl PlotPoints→70 bewirkt eine hohe Qualität der Grafik, das Rendern dauert aber einen kurzen Moment.

Zum Schluss noch ein paar Anwendungen.

```
In[3]:= f[x_] := x;
        range = {0, 1};
        sorVolume[f, range]
        sorSurface[f, range]
```

Out[5]= $\dfrac{\pi}{3}$

Out[6]= $\sqrt{2}\,\pi$

Nachschlagen im Tafelwerk oder einer anderen Formelsammlung bestätigt, dass die berechneten Werte für Mantelfläche und Volumen stimmen und somit die Funktio-nen höchstwahrscheinlich korrekt arbeiten. Wie ein Kreiskegel aussieht, weiss jeder, darum sparen wir uns die Grafik und suchen uns eine interessantere Funktion zum Testen der verschiedenen Optionen. Wir rotieren einmal den Graphen der Funktion 2+Cos(x) im Bereich von 0 bis π.

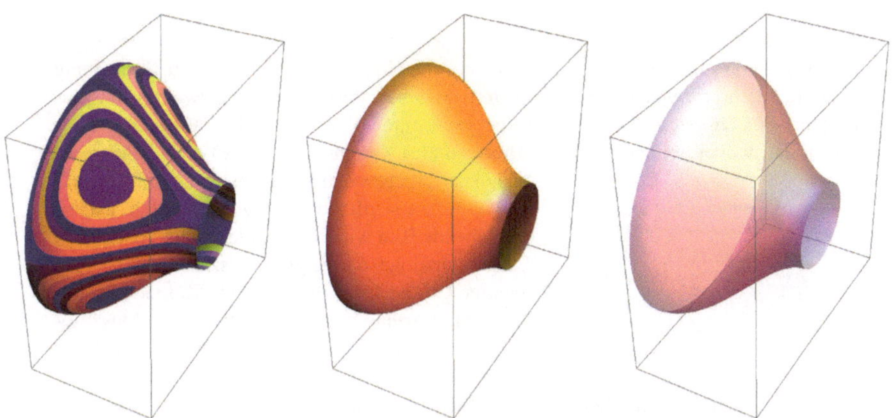

Abb. 4.2 Wirkung der Optionen xyzMesh, GoldPlated und SoapBubble bei sorPlot3D

4.1.3 Wie schreibe ich eine Demonstration?

Mit *Demonstrations* bezeichnet WRI Manipulate-basierte Anwendungen in einem einheitlichen Format, die jeder Mathematica-Nutzer unter seinem Namen im *Wolfram Demonstrations Project*, siehe Kap. 4.3.1 auf S. 235 ins Netz stellen kann. Dieses Kapitel beschreibt an einem Beispiel, wie eine Demonstration erstellt und bei Wolfram eingereicht wird.

In einem Mathematica-Kurs mit Studenten der Nachrichtentechnik hatten wir die Idee, als Anwendung von Parameterkurven, speziell Lissajous-Figuren, ein Oszilloskop zu schreiben. Es sollte im Aussehen an ein echtes Oszilloskop erinnern, und man sollte natürlich auch damit arbeiten können. Das bedeutet, es musste einen Signalgenerator enthalten. Da heutzutage fast jeder Computer Sound hat, wollten wir auch die verschiedenen Signalformen akustisch erfahrbar machen. Falls Sie mit der Materie nicht vertraut sind, finden Sie weiter unten im Kasten einen Auszug aus Wikipedia.

Wir hatten nicht von Anfang an vor, eine Demonstration daraus zu machen, es war zunächst eine normale Übungsaufgabe. Da das Ergebnis mir gelungen erschien, habe ich es eingereicht, und die Autoren können nun jedem, den es interessiert, ihr Werk vorführen [40]. Ich zeige zuerst, wie die Anwendung entstand und wie sie funktioniert, und danach, wie daraus eine regelkonforme Demonstration gemacht wurde. Wer sich nicht für dieses spezielle Projekt interessiert und nur wissen will, wie man eine Demonstration in das *Wolfram Demonstrations Project* bekommt, kann gleich zum Kap. 4.1.3.2 *Die Demonstration Virtual Oscilloscope* auf S. 130 vorblättern.

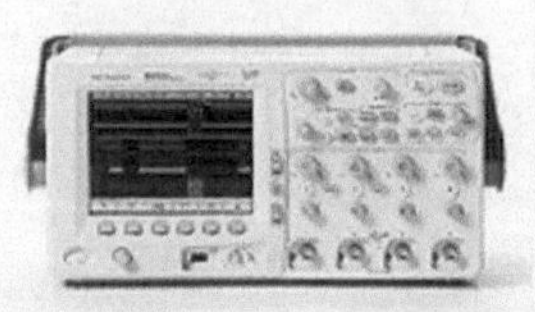

Wikipedia: Ein Oszilloskop ist ein elektronisches Messgerät zur optischen Darstellung einer oder mehrerer Spannungen und deren zeitlichen Verlauf in einem zweidimensionalen Koordinatensystem. Das Oszilloskop stellt einen Verlaufsgraphen auf einem Bildschirm dar, wobei üblicherweise die (horizontale) X-Achse (Abszisse) die Zeitachse ist und die anzuzeigenden Spannungen auf der (vertikalen) Y-Achse (Ordinate) abgebildet werden. Das so entstehende Bild wird als Oszillogramm bezeichnet. Es gibt analoge und digitale Oszilloskope, wobei analoge Geräte ausschließlich eine Kathodenstrahlröhre zur Anzeige benutzen (Kathodenstrahloszilloskop). Mit einem Oszilloskop kann man nicht nur die Größe einer Gleich- oder Wechselspannung bestimmen, sondern vor allem ihren zeitlichen Verlauf (die „Form" der Spannung) betrachten. Meistens werden die zu messenden Spannungen über BNC-Buchsen auf der Frontseite unter Verwendung eines Tastkopfes (auch Sonden genannt) angeschlossen. Die meisten Oszilloskope besitzen einen Eingang für die X-Ablenkung, wodurch nicht nur zeitabhängige Funktionen dargestellt werden können (t-Y-Darstellung), sondern auch X-Y-Darstellungen (wie etwa Lissajous-Figuren oder Kennlinien).

4.1.3.1 Das Projekt *Virtual Oscilloscope*

Funktionalität und Aussehen: Folgende Eigenschaften waren gewünscht: Man sollte für die x- und y-Komponenten Schwingungsform, Frequenz, Amplitude und Phase unabhängig einstellen können. Was man eingestellt hat, sieht man nochmal als Grafiken x(t) und y(t). Das wäre der xy-Betrieb des Oszilloskops. Der „normale" Betrieb ist durch die Wahl der Sägezahnspannung für die x-Komponente gegeben. Die farbliche Gestaltung sollte an die frühen Geräte mit grüner Kathodenstrahlröhre angelehnt sein. Bei einem derartigen Gerät läuft der Strahl normalerweise, d.h. für Frequenzen ab etwa 20 Hz, so schnell über den Schirm, dass das Auge die Bewegung nicht wahrnimmt. Das war auch erwünscht, man setzte manchmal sogar absichtlich Kathodenstrahlröhren mit besonders langer Nachleuchtdauer ein. Bei unserer Applikation soll man die Kurve verfolgen können, indem man einen Regler *fraction of cycle* betätigt. Der Bereich umfasst immer genau einen Umlauf. Die gewählten Frequenzen und Schwingungsformen sollten auch akustisch umgesetzt werden, und zwar so dass der entsprechende Ton auf Knopfdruck für einen kurzen Moment ertönt. So soll der Benutzer den Unterschied zwischen den verschiedenen Schwingungsformen erfahren können und auch spielend lernen, dass man Frequenz und Amplitude hören kann, nicht aber die Phase.

Ich beginne mit dem Ergebnis. So sah es aus.

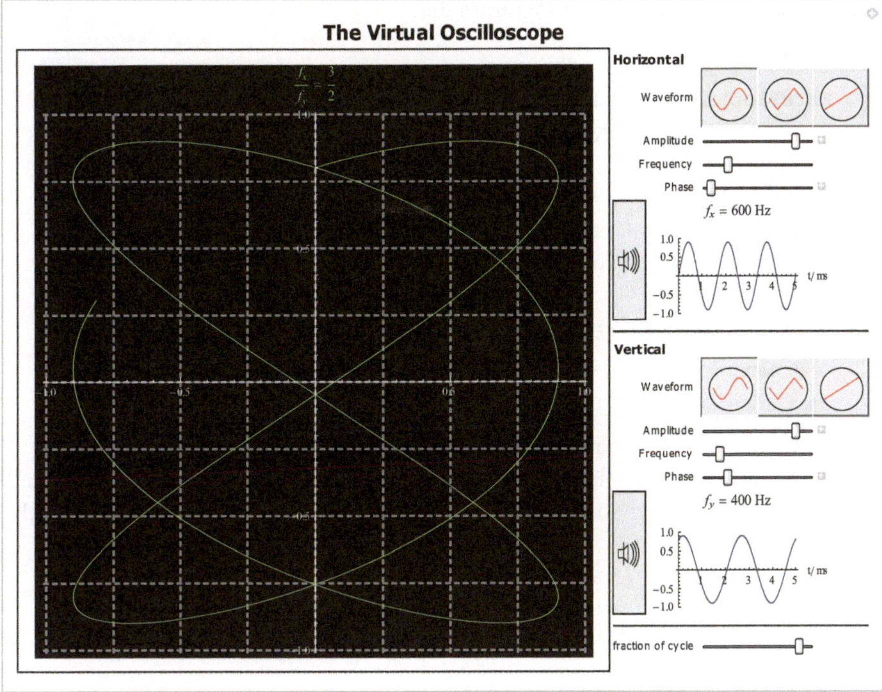

Abb. 4.3 Das virtuelle Oszilloskop

Sie sehen in Abb. 4.3, dass der Regler *fraction of cycle* kurz vor seiner Endstellung steht und daher die Kurve fast geschlossen ist. Die möglichen Frequenzen liegen zwischen 200 und 2400 Hz und sind auf ganzzahlige Vielfache von 200 Hz eingeschränkt. Damit wurde erreicht, dass ein Zyklus nicht beliebig lang werden kann, was den Bildschirm mit einer endlos langen grünen Kurve ausfüllen würde, die keiner versteht. Bei der aktuellen Einstellung ist, wie oben nochmal eingeblendet, das Frequenzverhältnis 3/2. Der Fachmann hätte das auch durch Abzählen der horizontalen und vertikalen Maxima gesehen. Nun sehen Sie noch Lautsprechersymbole links neben den Grafiken der Zeitfunktionen. Wenn man einen Knopf drückt, ertönt für etwa 2 s die entsprechende Schwingung aus dem Soundsystem des PCs. Es hat sich herausgestellt, dass es besser ist, den Ton an- und abschwellen zu lassen, um ein Einschaltknacken zu vermeiden. Es ist interessant, die unterschiedlichen Wellenformen anzuhören. Was man in Abb. 4.3 nicht sieht: Die Knöpfe für die Schwingungsform haben Tooltips, wenn man mit der Maus darüber verharrt, erscheint der Name der Schwingungsform.

Implementierung: Bei der Menge der Funktionalität und auch weil z. B. manche Grafiken wiederholt auftreten, ist klar, dass Einiges aus Manipulate ausgelagert werden sollte. Beginnen wir mit den Funktionen, die die Bildtitel (plot label) machen. Die erste übertitelt die Zeitfunktionen, die zweite stellt das grüne Frequenzverhältnis über dem Oszillogramm dar.

- **Plotlabel**

```
In[1]:= makePlotlabel[text1_, zahl_, text2_] :=
        text1 <> " = " <> ToString[zahl] <> text2

In[2]:= makePlotlabel[frequencyRatio_] :=
        Style[
          ToString[TraditionalForm["f_x" / "f_y"]] <>
          " = " <>
          ToString[TraditionalForm[frequencyRatio]],
          Green
        ]
```

Zur Erinnerung: Das Zeichen <> ist die Kurzform von *StringJoin*.

Das Lautsprechersymbol hätte man sicher mit einem Malprogramm erstellen und laden können. Es ist aber so einfach, dass man es ebenso leicht mit einigen Grafikprimitiven erzeugt.

- **speakerIcon**

```
In[3]:= speakerIcon = Show[
          Graphics[
            {Black,
             Line[
               {{-1, 0.75}, {0, 0.75}, {0.8, 1.55}, {0.8, -1.55},
                {0, -0.75}, {-1, -0.75}, {-1, 0.75}}
             ],
             Line[{{0, -2}, {0, 2}}],
             Circle[{-1.2, 0}, 3, {-Pi / 5, Pi / 5}],
             Circle[{-1.2, 0}, 3.5, {-Pi / 5, Pi / 5}],
             Circle[{-1.2, 0}, 4, {-Pi / 5, Pi / 5}]
            }],
          ImageSize -> 20
        ];
```

Das ganze Bild wird 20 Punkte breit gemacht, die Buttons passen sich später an die Größe an. Nun kommt das Schwierigste, die Wahl der gewünschten Funktion. Dazu wird in Manipulate ein Steuerelement der Form {f, {f1 → label1, f2 → label2,...}} verwendet, das bei der vorliegenden Anzahl von drei Funktionen eine *SetterBar* erzeugt. Zwei Dinge sind zu tun: Erstens, Dreieck und Sägezahn als 2π-periodische Funktionen definieren (Sinus gibt es ja schon), und zweitens, die entsprechenden Label (Etiketten) herstellen. Sie sollen Plots der jeweiligen Funktionen sein und dazu auch noch Tooltips besitzen. Dazu brauchen wir erst einmal eine Hilfsfunktion.

■ **Buttons for the waveforms with tooltips**

```
In[4]:= makeTooltip[{f_, fString_}] :=
      Tooltip[
       Show[
        {
         Graphics[
          {LightGray, Disk[{0, 0}, 4], Black, Circle[{0, 0}, 4]}
          ],
         Plot[2 f[x], {x, -Pi, Pi}, Axes → None, PlotStyle → Red]
         },
        ImageSize → 40, PlotRange → {{-4, 4}, {-4, 4}},
        PlotRangePadding → {.2, .2}
        ], fString
       ]
```

Sie bekommt eine Funktion und einen String und erstellt daraus eine Grafik, die den String als Tooltip besitzt. Die Grafik besteht aus einer hellgrauen Kreisscheibe mit schwarzem Rand, in der Mitte der Graph der übergebenen Funktion, ohne Achsen und in Rot.

Damit kann es losgehen. Als erstes werden die Funktionen definiert.

```
In[5]:= auxTriangle[x_] := { 1 - 2 x / Pi    0 ≤ x < Pi
                             -3 + 2 x / Pi  Pi ≤ x < 2 Pi ;
       triangle[x_] := auxTriangle[Mod[x - Pi / 2, 2 Pi]];
       sawtooth[x_] := Mod[x + Pi, 2 Pi] / Pi - 1;
```

Die Funktion *auxTriangle* wird stückweise auf den Intervallen $[0, \pi]$ und $[\pi, 2\pi]$ definiert und mit *Mod* periodisch fortgesetzt. Dasselbe Verfahren, angewandt auf die Funktion $y(x) = x+\pi$, ergibt den Sägezahn. Nun werden die Funktionen, die in der SetterBar zur Auswahl stehen sollen, und die Namen für die Tooltips in eine Liste geschrieben.

```
functionsAndNames =
   {{Sin, "Sine"},
    {triangle, "Triangle"},
    {sawtooth, "Sawtooth"}};
```

Dank der vorher definierten Funktion *makeTooltip* ist der Rest nun einfach.

```
tooltips = makeTooltip /@ functionsAndNames;
functions = First@Transpose@functionsAndNames;
list2Rule = Apply[Rule, #] &;
functionsWithTooltips = list2Rule /@ Transpose[{functions, tooltips}];
```

Die Tooltips werden erzeugt, indem man *makeTooltip* per Map-Operator auf jedes Element der Liste *functionsAndNames* anwendet. Für den Einsatz in Manipulate wird eine Liste von Elementen der Form *function*→*tooltip* benötigt (der Pfeil ist die Kurzform von *Rule*). Da diese Elemente im Endeffekt Funktionen mit Labeln mit Tooltips erzeugen, nenne ich sie *FunctionsWithTooltips*. Das geht auf elegante Weise, indem ich eine Funktion *list2Rule* definiere, die aus *List*[*function, tooltip*] *Rule*[*function, tooltip*] macht. Nun stelle ich mit Transpose[{functions,tooltips}] eine Liste von Elementen der Form List[*function, tooltip*] her und wende mit dem Map-Operator /@ die Funktion *list2Rule* auf jedes Element an.

Somit sind die benötigten Elemente bereitgestellt. Die eigentliche Applikation, die ja nur aus Manipulate besteht, kann damit nun relativ übersichtlich geschrieben werden. Nach der Definition der Grundfrequenz f_0, einer kleinen Zahl ε und einer Liste a mit Werten für die Gitterlinien kommt der Befehl *ParametricPlot*, der die Grafik erzeugt.

```
In[13]:= Manipulate[
        f0 = 200;
        a = Range[-1, 1, 0.25];
        ε = 10^-5;
        ParametricPlot[
          {ax fx[ωx t + φx], ay fy[ωy t + φy]},
          {t, 0, LCM[1 / ωx, 1 / ωy] 2 Pi tmax},
          PlotRange → {{-1.01, 1.01}, {-1.01, 1.01}},
          PlotStyle → Green, Background → Black,
          PlotLabel → makePlotlabel[ωx / ωy],
          AxesStyle → White, GridLines → {a, a},
          GridLinesStyle → Dashed, ImageSize → 500
        ],
```

Es ist immer wieder erstaunlich, wie variabel die Plot-Funktionen sind. Hier wurde dem Plot mit wenigen Zeilen das Aussehen einer Kathodenstrahlröhre verliehen. Man sieht an der Farbe der Symbole, dass die Funktionen, die Frequenzen, Phasen und Amplituden Parameter sind, die von Manipulate gesteuert werden. Die Obergrenze für den Plot-Parameter t ist der Ausdruck $2\pi*$LCM[1/ωx,1/ωy]*tmax. Die Funktion LCM ist eine der wenigen Ausnahmen von der Regel, Funktionsnamen in Mathematica immer voll auszuschreiben. Der Name steht für *Least Common Multiple*, also das kleinste gemeinsame Vielfache. Die zur Kreisfrequenz ω gehörige Periodendauer ist T=2π/ω. Da die Periodendauer des parametrischen Plots das kleinste gemeinsame Vielfache der Periodendauern der Komponentenfunktionen ist, bekommt man $2\pi*$LCM[1/ωx,1/ωy]. Der Parameter *tmax* wird vom Slider *fraction of cycle* geliefert und geht eigentlich von 0 bis 1. Da aber bei *tmax*=0 ein leerer Wertebereich entsteht, der beim Plotten zu einer Fehlermeldung führen würde, ist statt 0 die kleine Zahl ε genommen worden.

Der PlotRange ist fest vorgegeben, damit bei Änderung der Amplituden die Grafik unverändert bleibt. Bei der Default-Einstellung *Automatic* würde der Bereich sich an die Funktion anpassen, was sicher seltsam aussieht.

Nun kommen die Steuerelemente und Optionen. Zu den Steuerelementen zählen auch „passive" wie Texte und Begrenzungslinien.

```
Style["Horizontal", 12, Bold, TextAlignment → Center],
{{ fx, Sin, "Waveform"}, functionsWithTooltips},
{{ax, 0.9, "Amplitude"}, 0, 1, ImageSize → Small},
{{ωx, 3, "Frequency"}, 1, 12, 1, ImageSize → Small},
{{ϕx, 0, "Phase"}, 0, 2 Pi, ImageSize → Small},
Dynamic[
 TableForm[
  {{Button[speakerIcon, EmitSound@Play[Sin[Pi t] fx[f0 ωx 2 Pi t], {t, 0, 1}]],
    Plot[
     ax fx[ωx 2 Pi t / 5 + ϕx], {t, 0, 5},
     PlotRange → {-1, 1},
     PlotLabel → makePlotlabel["fx", ωx f0, " Hz"],
     AxesLabel → {"t/ms", ""}, ImageSize → 160
    ]}}
 ]
],
Delimiter,
```

Mit diesem Code wird der Bereich „Horizontal" in Abb. 4.3 auf S. 125 erzeugt. Die erste Zeile erzeugt den Schriftzug, in 12-Punkt-Schrift, fett und zentriert. Die nächste Zeile macht die drei Auswahlknöpfe für die Schwingungsform, die Einzelheiten wurden bereits besprochen. In den drei folgenden Zeilen werden die Schieberegler für Amplitude, Frequenz und Phase angelegt. Eine explizite Angabe *ControlType → Slider* ist nicht nötig, das wird automatisch so entschieden aufgrund der zwei Zahlen nach dem ersten Parameter, vergl. Kap. 3.6.6 *Manipulate* auf S. 102. Die Option *ImageSize → Small* bewirkt kleine, platzsparende Slider. Im folgenden Befehl, der mit *Dynamic* beginnt, wird ein Button zur akustischen Wiedergabe der gewählten Schwingung mit der visuellen Darstellung gruppiert. Dynamic ist erforderlich, damit sich die Grafik aktualisiert, wenn man eine Einstellung ändert. Die Gruppierung mit *TableForm* bewirkt, dass der Button die gleiche Höhe annimmt wie der Plot. Der Button enthält als Bild das zuvor geschaffene speakerIcon, und auf Knopfdruck wird *EmitSound* ausgeführt, das den standardmäßigen Player des mit *Play* erzeugten Soundobjekts unterdrückt und den Sound direkt abspielt. Abspieldauer ist 1 s, und der wiederzugebenden Funktion ist noch als Amplitude Sin[πt] mitgegeben, was ein An- und Abschwellen während des Wiedergabezeitraums bewirkt. Am Schluss macht *Delimiter* noch einen gefälligen Trennstrich vor der nächten Sektion „Vertical", die mehr oder weniger identisch aufgebaut ist.

Danach kommt noch der Schieberegler *fraction of cycle*, mit dem die Kurve verfolgt werden kann, sowie die Optionen.

```
{{tmax, 1, "fraction of cycle"}, ε, 1, ControlType → Slider, ImageSize → Small},
ControlPlacement → Right,
FrameLabel → {{"", ""}, {"", Style["The Virtual Oscilloscope", 18, Bold]}},
SaveDefinitions → True
]
```

Davon bewirkt *ControlPlacement→Right*, dass die Steuerelemente rechts erscheinen, FrameLabel macht den Titel, und *SaveDefinitions→True* sorgt dafür, dass nach dem Verlassen von Mathematica und erneutem Laden des Notebooks, ohne dass die vorher außerhalb von Manipulate definierten Symbole mit shift-return eingegeben werden müssen, sofort alles wieder funktioniert.

4.1.3.2 Die Demonstration *Virtual Oscilloscope*

Diese kleine Applikation schien mir gut für das *Wolfram Demonstrations Project* geeignet. Ich hatte bald heraus, wie man eine solche *Demonstration* anlegt: Man klickt einfach auf *File→New→Demonstration*. Dann erscheint folgendes Fenster.

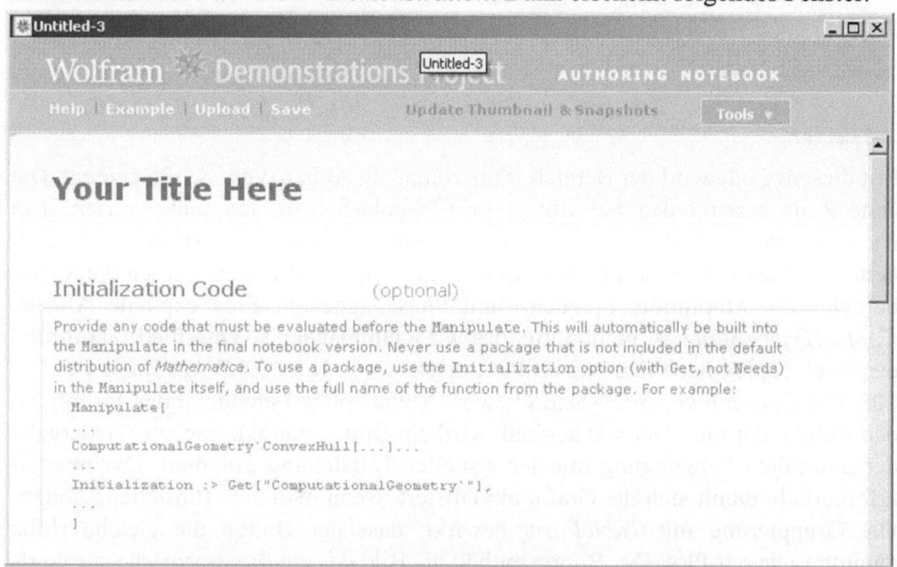

Abb. 4.4 Template für einen Beitrag zum Wolfram Demonstrations Project

Es ist ein auf bestimmte Art vorformatiertes Notebook, ein Template. Eigentlich ist alles mehr oder weniger selbsterklärend, so dachte ich wenigstens. Die nötigen Abschnitte sind bereits angelegt, und in Textzellen wird erklärt, was dort hineingehört:

Initialization Code: optionaler Code, der vor Manipulate ausgeführt werden muss. Zellen, die man dort anlegt, werden automatisch *Initialization Cells*. Das sind Zellen, die automatisch beim Laden des Notebooks ausgeführt werden.

Manipulate: die eigentliche Anwendung.

Caption: eine kurze Beschreibung, was genau die Anwendung leistet.

Thumbnail: eine Kopie der Ausgabezelle von Manipulate, die in verkleinerter Form in der Übersicht des *Wolfram Demonstrations Projects* erscheinen soll.

Snapshots: mindestens drei Kopien der Ausgabezelle von Manipulate in verschiedenen Zuständen, die die Möglichkeiten der Demonstration illustrieren.

Details: eine ausführlichere Beschreibung des Ganzen als in *Caption*.

Control Suggestions: Hier ist nur anzukreuzen, was der Benutzer alles ausprobieren sollte.

Search Terms: einige Stichworte zum Thema, Synonyme nicht vergessen.

Related Links: Hyperlinks (mit aussagefähigem Text) zu weiterführenden Seiten.

Authoring Information: Wer hat es geschrieben, wem ist zu danken usw.

Klickt man im in Abb. 4.4 gezeigten Fenster auf Help, so bekommt man auch noch weitere detaillierte Hinweise und Richtlinien. Etwa, dass man bevor man etwas schreibt, suchen sollte, ob es so etwas Ähnliches schon gibt, dass der Titel aussagekräftig sein sollte, dass das Fenster beim Ändern der Einstellungen seine Größe behalten sollte, dass man alles zum Schluss nochmals sorgfältig testen sollte, besonders auch das Autorun-Feature usw. Eben die üblichen Anfängerfehler.

Ich habe die Felder dann gleich ausgefüllt und die Demonstration abgeschickt. Das geht über den Button *Upload* bei *demonstrations.wolfram.com/participate*. Es erfolgt eine automatische Verarbeitung, und wenn alles in Ordnung ist, wohl auch eine automatische Veröffentlichung. Leider war bei unserer Demonstration nicht alles in Ordnung. Ich hatte bei den vielen Hinweisen, die mir alle mehr oder weniger selbstverständlich erschienen, eine winzige Kleinigkeit übersehen: die Größenvorgabe. Damit die Anwendungen auf Bildschirmen jeder Auflösung brauchbar sind, ist eine minimale und eine maximale Fenstergröße vorgeschrieben. Unter *Testing Your Demonstration* steht der Punkt:

The Demonstration's screen size, including its controls, should not change as controls are manipulated. It should be larger than the white area of the Test Image Size palette (in the Tools menu), but smaller than the greenish area. Consider setting an ImageSize option or using a Pane construct to control the size of your Demonstration.

Den ersten Satz hatte ich ja noch gelesen, leider nicht mehr das Folgende. Die so eingesparten Sekunden kosteten mich im Endeffekt einige Stunden an zusätzlicher

Arbeit. Ich hätte die *Test Image Size*-Palette einsetzen sollen. Nun mache ich es wenigstens einmal für Sie. Sie findet sich unter Tools.

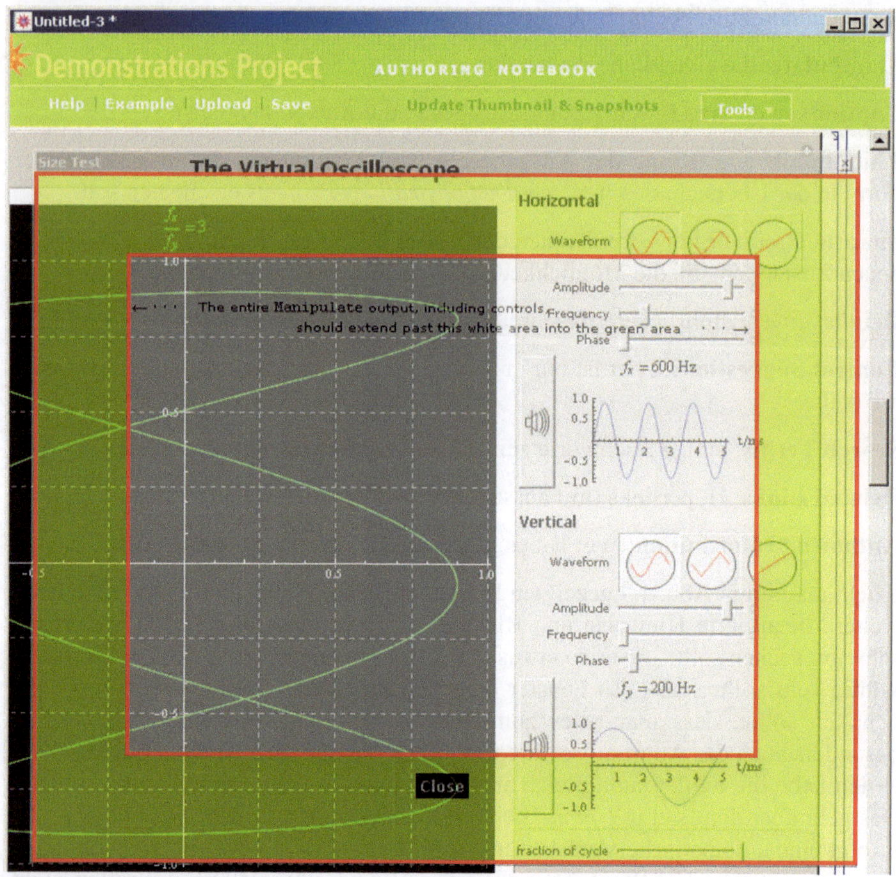

Abb. 4.5 Das Tool *Test Image Size* zeigt, diese Demonstration ist zu groß

Es erscheint ein neues, halb transparentes Fenster, das im Wesentlichen aus einem grünen Rahmen besteht. Man kann es bewegen, und es sollte so sein, dass der Rand der eigenen Demonstration in diesen Toleranzbereich passt. Es ist leider etwas schlecht zu erkennen, vielleicht weil es in demselben Grün wie das Demonstration-Template gehalten ist. Ich habe zur Verdeutlichung noch rote Rahmen hinzugefügt. Wie Sie sehen, war unsere Demonstration viel zu groß.

Bei einer Störung der automatischen Verarbeitungskette wird ein Mensch eingeschaltet. Manchmal beginnt damit eine Kette von Verwicklungen. Es meldete sich Jeff Bryant mit einem entsprechenden Hinweis auf den Fehler. Er war so hilfsbereit, auch gleich einen Lösungsvorschlag zu unterbreiten, den er beigefügt hatte. Dieser bestand in der Hauptsache darin, den Plot kleiner zu machen und die doppelten Einstellmöglichkeiten für x und y durch eine einzige umschaltbare Palette zu ersetzen. Das hat mir gefallen, ich habe es auch gleich akzeptiert. Danach erst bemerkte ich, dass sich beim Umschreiben durch Mr. Bryant ein kleiner Fehler eingeschlichen hatte, den ich korrigierte. Er bestand in einer Bereichsüberschreitung des Sliders *fraction of cycle*. Ich schickte die korrigierte Version hinterher. In der Zwischenzeit hatte Mr. Bryant den Fehler selbst bemerkt und hatte eine andere korrigierte Version geschickt, die mir aber nicht so gut gefiel. Das alles war kompliziert, auch wegen der Zeitverschiebung zwischen Deutschland und Illinois, zudem hatten sich unsere Mails gekreuzt. Wir einigten uns aber am Ende. Als Erinnerung ist der Thumbnail der fehlerhaften Version zurückgeblieben. Sie können ihn unter [40] ansehen. Der Slider hat rechts einen roten Fleck. Das weist auf einen unzulässig hohen Wert der Variablen hin. Die eigentliche Applikation hat diesen Fehler aber nicht mehr.

Fazit: Man sollte alles genau durchlesen, auch wenn man zu wissen glaubt, was noch kommt.

4.2 Beispiele nach Themen

In diesem Kapitel werden möglichst verschiedene Themen aus den unterschiedlichsten Gebieten behandelt, und es kommt eine breite Palette von Methoden zur Anwendung. Die Beispiele sind unterschiedlich in Umfang und Schwierigkeitsgrad. Irgendein Ordnungsprinzip wollte ich dieser Sammlung aufsetzen, darum habe ich versucht, sie von leicht nach schwer zu ordnen. Mir ist klar, dass nicht jeder die von mir gewählte Reihenfolge auch für sich so empfindet. Es hängt vom Vorwissen, von der Denkweise und der Tagesform ab, als wie schwierig etwas angesehen wird. Letztendlich ist es wie mit der inzwischen glücklicherweise wieder aus den Wettervorhersagen verschwundenen „empfundenen Temperatur": sie war auch nur bedingt konsensfähig. Aber eine grobe Orientierung erhält man allemal.

Da die Themen nicht im Inhaltsverzeichnis erscheinen, eine kurze Übersicht:

- Im Kap. 4.2.1 *Elementargeometrie: Leiter an der Wand* auf S. 134 wird die analytische Lösung einer algebraischen Gleichung vierten Grades einmal per Hand und einmal mit Mathematica erstellt.
- Das Kap. 4.2.2 *Zeichenketten: Extraktion von Zahlen aus einem String* auf S. 136 befasst sich mit dem Unterschied zwischen einer Zahl und einer Zeichenkette. Beide sehen gleich aus, sind aber grundverschiedene Objekte. Einige Funktionen zur Analyse und Manipulation von Zeichenketten kommen zum Einsatz.
- Im Kap. 4.2.3 *Kombinatorik: Wahrscheinlichkeit gleicher Geburtstage* auf S. 138 wird ein stochastischer Prozess analytisch und per Computersimulation untersucht.
- Kap. 4.2.4 *Elektrotechnik: Komplexe Impedanz* auf S. 142 illustriert den Umgang mit algebraischen Gleichungen, in denen reelle und komplexe Größen gemeinsam auftreten. Es wird exemplarisch gezeigt, wie man eine Variablentransformation zur Vereinfachung der Ergebnisse mit Mathematica findet.

- Das Kap. 4.2.5 *Analysis: Durchhang einer Hochspannungsleitung* auf S. 153 ist
  ein Beispiel der technischen Mechanik. Mit Hyperbelfunktionen, Integration und
  Taylorreihen kommen klassische Themen der Ingenieursmathematik zum Einsatz.
- Das Kap. 4.2.6 *Fahrzeugsimulation: DGLs und Data Mining* auf S. 160, ebenfalls technische Mechanik, zeigt, wie man aus dem Ausrollverhalten eines Fahr-
  zeugs Luftwiderstands- und Rollwiderstandsbeiwerte ermitteln kann, und wie
  mit Mathematica Excel-Tabellen von Messwerten eingelesen und kritisch analysiert werden, so dass am Ende ein systematischer Fehler aufgedeckt wird.
- Im Kap. 4.2.7 *Parameterkurven: Zykloiden* auf S. 172 wird eine interaktive, auf
  Manipulate basierende Anwendung erstellt, die die im Maschinenbau und
  anderswo wichtigen Rollkurven sinnfällig erfahrbar macht.
- Das Kap. 4.2.8 *Brachistochronen: Numerisches Minimieren* auf S. 181 behan-
  delt ein altes Thema aus der Mechanik mit modernen Methoden: numerisches
  Minimieren, Approximation von Kurven durch Funktionenreihen und Spline-
  Funktionen. Auch hier wird eine interaktive Anwendung vorgestellt.
- Kap. 4.2.9 *Menügesteuerte Fenster* auf S. 191 stammt aus dem Bereich Fenster-
  programmierung/Benutzeroberfläche.
- Im Kap. 4.2.10 *Spieltheorie: Nash-Gleichgewicht* auf S. 199 erfahren Sie etwas
  über Spieltheorie, und wie man es programmtechnisch löst, in einen laufenden
  Vorgang interaktiv eingreifen zu können.
- Im Kap. 4.2.11 *Chaostheorie: Newton-Fraktale* auf S. 208 lernen Sie etwas über
  Fraktale Geometrie und wissenschaftliche Visualisierung. Es werden anspruchs-
  volle Programme zur Erzeugung und Darstellung von Fraktalen entwickelt.

4.2.1 Elementargeometrie: Leiter an der Wand

Diese Aufgabe kann man zwar schon Schülern der 10. Klasse stellen, weil nur Geometrie und elementare Algebra benötigt werden. Da sie sich aber nicht nach
„Schema F" lösen lässt, schaffen es nur die „Erleuchteten".

Ich werde zunächst die manuelle Musterlösung vorstellen und danach zeigen,
wie es mit Mathematica geht. Hier erst mal die Aufgabe:

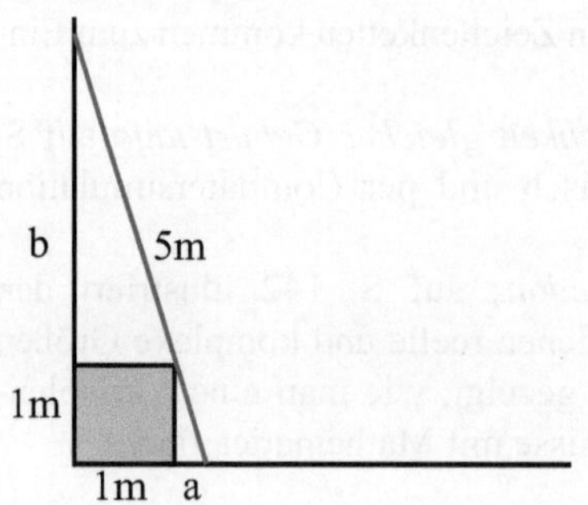

*Direkt an einer Hauswand steht eine
quaderförmige Holzkiste, 1 m tief und
1 m hoch, die Breite ist nicht wichtig.
Eine 5 m lange Leiter ist über dieser
Kiste an die Hauswand gelehnt. In
welcher Höhe berührt die Leiter die
Wand?*

Lösung: Die Maßeinheit Meter gelte als vereinbart, wir rechnen nur mit Zahlen. Aus der Ähnlichkeit der beiden kleinen Dreiecke folgt, dass die bezeichneten Katheten a und b zueinander inverse Längen besitzen. Mit $b = \frac{1}{a}$ ist die gesuchte Höhe $h = 1 + \frac{1}{a}$. Der Satz des Pythagoras[53], auf das große Dreieck angewandt, liefert eine Bestimmungsgleichung für a: $(1+a)^2 + \left(1 + \frac{1}{a}\right)^2 = 25$. Da offenbar $a > 0$ ist, kann man diese Gleichung mit a^2 multiplizieren, ohne dass sich die Lösungsmenge ändert: $a^4 + 2a^3 - 23a^2 + 2a + 1 = 0$. Zur Bestimmung der Nullstellen eines solchen Polynoms 4. Grades gibt es die so genannten Cardanischen Formeln, recht umfangreich mit vielen Fallunterscheidungen. Da macht man es lieber numerisch, oder aber man hat eine Idee. Da die Koeffizienten von a^0 und a^4 beide 1 sind, könnte es eine Zerlegung des Polynoms P(a) der Form $(a^2 + ua + 1)(a^2 + va + 1)$ geben. Ausmultiplizieren und Koeffizientenvergleich liefern $a^4 + 2a^3 - 23a^2 + 2a + 1 = (a^2 + (1 + \sqrt{26})a + 1)(a^2 + (1 - \sqrt{26})a + 1)$. Mit dieser Identität sind die Nullstellen schnell gefunden, denn das Ganze ist ja Null, sobald einer der Faktoren Null ist. Die p-q Formel liefert zwei mal zwei Lösungen:

$$a_1 = \frac{1}{2}(-1 + \sqrt{26} - \sqrt{23 - 2\sqrt{26}}), \quad a_2 = \frac{1}{2}(-1 + \sqrt{26} + \sqrt{23 - 2\sqrt{26}}),$$

$$a_3 = \frac{1}{2}(-1 - \sqrt{26} - \sqrt{23 + 2\sqrt{26}}), \quad a_4 = \frac{1}{2}(-1 - \sqrt{26} + \sqrt{23 + 2\sqrt{26}}).$$

Da nur positive Werte in Frage kommen, entfallen a_3 und a_4. Die Lösungen a_1 und a_2 geben die Symmetrie des Problems wieder, man kann die Leiter ja auch flach anlegen (selbst wenn niemand weiß, warum man das tun sollte), und folglich bestätigt man die Identität $a_1 a_2 = 1$. Ach ja, für die praktisch Interessierten hier noch die ungefähren Werte: $a_2 \approx 0,260518$ und $h \approx 4,8385$.

Die Tatsache, dass es zwei Lösungen zu geben scheint, ist der Symmetrie des Problems geschuldet. Man kann die Leiter auch ziemlich flach anlegen, was einer Vertauschung von a und b entspricht.

---

[53] Zur Erinnerung: Im rechtwinkligen Dreieck ist die Summe der Kathetenquadrate gleich dem Hypothenusenquadrat.

Ich habe Ihnen diese wunderschöne Lösung zeigen wollen, um Ihnen gleichzeitig zu sagen: Mit Mathematica geht es natürlich auch. Der Unterschied ist, Sie brauchen keinerlei kluge Ideen zu haben, geben Sie einfach die Gleichungen ein und fertig.

```
In[1]:= eq1 = b / 1 == 1 / a;
```

```
In[2]:= eq2 = (a + 1) ^2 + (b + 1) ^2 == 5^2;
```

```
In[3]:= Solve[{eq1, eq2}, {a, b}] // Simplify
```

$$\text{Out[3]= } \left\{\left\{b \to \frac{1}{2}\left(-1+\sqrt{26}-\sqrt{23-2\sqrt{26}}\right), a \to \frac{1}{2}\left(-1+\sqrt{26}+\sqrt{23-2\sqrt{26}}\right)\right\},\right.$$
$$\left\{b \to \frac{1}{2}\left(-1+\sqrt{26}+\sqrt{23-2\sqrt{26}}\right), a \to \frac{1}{2}\left(-1+\sqrt{26}-\sqrt{23-2\sqrt{26}}\right)\right\},$$
$$\left\{b \to \frac{1}{2}\left(-1-\sqrt{26}-\sqrt{23+2\sqrt{26}}\right), a \to \frac{1}{2}\left(-1-\sqrt{26}+\sqrt{23+2\sqrt{26}}\right)\right\},$$
$$\left.\left\{b \to \frac{1}{2}\left(-1-\sqrt{26}+\sqrt{23+2\sqrt{26}}\right), a \to \frac{1}{2}\left(-1-\sqrt{26}-\sqrt{23+2\sqrt{26}}\right)\right\}\right\}$$

Heißt das nun, die Mathe-Hasser hatten von Anfang an Recht? Mathematiker sind zuweilen etwas seltsame Menschen, die gut rechnen können, aber man braucht sie eigentlich nicht, wenn man einen Rechner hat? Nein, natürlich nicht. Diese Leute haben Mathematik mit Rechnen verwechselt. Mathematik ist Denken, Rechnen ist Technik. Mathematica kann uns das Denken nicht abnehmen, uns aber sehr wohl beim Rechnen helfen.

4.2.2 Zeichenketten: Extraktion von Zahlen aus einem String

Mathematica hat für sehr viele Aufgaben eine fertige Lösung parat. Aber manchmal, wenn die Aufgabe zu speziell ist, gibt es nichts und man muss sich etwas basteln.

Ich suche eine Funktion, die aus einem Dateinamen, in den zwei Zahlen hinein kodiert sind, diese Zahlen und den Stammnamen extrahiert. Beispiel: Aus „Rose266x430.raw" soll der Name „Rose" und die Liste {266, 430} entstehen. Der Hintergrund ist, dass es sich bei der Zeichenkette um den Dateinamen eines Bildes im Raw-Format handelt. Da das Raw-Format keinen Header hat, wurde die Bildgröße auf diese Weise in den Namen hinein kodiert. Das ist zwar nicht sehr elegant, aber immer noch besser, als diese Information an anderer Stelle zu verwalten. Das Raw-Format ist begreiflicherweise nicht sehr verbreitet.

Wie gehe ich vor? Ich schaue mir als erstes an, welche Funktionen es für Zeichenketten (Strings) gibt. Die finde ich, indem ich im Help-Browser links unten den *Function Navigator* anklicke. Von der ersten Auswahl scheint mir *Core Language* als der wahrscheinlichste Ort. Ich öffne es durch Klick auf das kleine Dreieck, und tatsächlich gibt es ein Unterkapitel *String Manipulation*. Dies enthält nun allerhand Interessantes. Ich probiere, ob vielleicht die Funktion *ToExpression* direkt das Gewünschte leistet. Das ist leider nicht der Fall (ToExpression interpretiert

Rose266x430.raw als Skalarprodukt der Symbole *Rose266x430* und *raw*. Viel Hoffnung hatte ich sowieso nicht, dass es eine fertige Funktion für eine so spezielle Aufgabe geben würde. Also muss ich etwas programmieren. Erstmal muss ein Plan her:

1. Aus der Zeichenkette eine Liste von Zeichen machen.
2. Indizes der ersten und der letzten Ziffer suchen.
3. Mit diesen Positionen die Substrings basicName und sizeString erzeugen.
4. Den sizeString an der Stelle, wo das x ist, aufteilen.
5. In eine Liste von zwei Zahlen verwandeln.
6. basicName und die zwei Zahlen zurückgeben.

Das müsste eigentlich klappen. Nun noch fix eine Funktion schreiben. Ich gebe die fertige Funktion an und erkläre sie danach.

Wir machen ein Experiment. Versuchen Sie den Code zu verstehen, ohne die Erklärung darunter zu lesen. Eigentlich sollte das gehen, wenn Sie schon etwas Erfahrung im Programmieren haben.

```
getBasicNameAndSize[fullname_] :=
 Block[
   {charlist, iFirstDigit, iLastDigit, i, basicName, sizeString, size},
   charlist = Characters[fullname];
   For[i = 1, i ≤ Length[charlist], i++,
    If[DigitQ[charlist[[i]]], iLastDigit = i]
   ];
   For[i = Length[charlist], i ≥ 1, i--,
    If[DigitQ[charlist[[i]]], iFirstDigit = i]
   ];
   basicName = Take[charlist, iFirstDigit - 1] // StringJoin;
   sizeString = Take[charlist, {iFirstDigit, iLastDigit}] // StringJoin;
   size = StringSplit[sizeString, "x"] // ToExpression;
   {basicName, size}
 ]
```

Und so funktioniert die Funktion: Voraussetzung ist, dass der übergebene String *fullname* exakt so aufgebaut ist, wie oben beschrieben, es werden keinerlei Plausibilitätsprüfungen durchgeführt.

Characters[fullname] macht aus dem String eine Liste von Zeichen. Die beiden For-Schleifen durchlaufen die Liste einmal vorwärts, einmal rückwärts und ermitteln mit Hilfe der booleschen Funktion *DigitQ* die erste und die letzte Ziffer des Mittelteils, den ich hier *sizeString* genannt habe. Dann werden mit Take die Teillisten, deren Zeichen den *basicName* und den *sizeString* bilden, extrahiert und mit der Funktion *StringJoin* wieder in Strings verwandelt.

Anschließend wird der *sizeString* mit der Funktion *StringSplit* in eine Liste aus Teilstrings umgewandelt, wobei das Zeichen "x" der Feldtrenner ist. In diesen Listen stehen nun zwei Strings, die zwar wie Zahlen aussehen, aber immer noch Strings sind. Erst die Funktion *ToExpression* macht daraus die Liste *size*, die zwei ganze Zahlen enthält. Die Liste {*basicName*, *size*} wird zurückgegeben. Kleiner Test:

```
getBasicNameAndSize["dahlie98x80.raw"]
```

```
{dahlie, {98, 80}}
```

Und wie kommt man auf diese Lösung, wird oft gefragt. Natürlich spielt Erfahrung eine große Rolle. Man informiert sich erst einmal, welche Funktionen es im Umfeld der Aufgabe gibt, hier also über die String-Funktionen. Dann überlegt man sich einen Ablauf, der mit diesen Funktionen zum Ziel führt. Im Allgemeinen ist die Lösung nicht eindeutig. Ich vermute, dass man die Stellen, an denen die Strings zu trennen sind, auch eleganter, soll heißen ohne die For-Schleifen, finden kann. Manchmal ist es aber nicht effektiv, bei derart einfachen Funktionen zu viel Zeit zu investieren.

4.2.3 Kombinatorik: Wahrscheinlichkeit gleicher Geburtstage

Dieses Kapitel behandelt die Wahrscheinlichkeit, die Gesetzmäßigkeit des Zufalls. Bei der hier vorgestellten Aufgabe, die auch als Geburtstagsparadoxon [39] bekannt ist, verschätzen sich gerade Fachleute regelmäßig gewaltig. Die Bedeutung des Wortes Wahrscheinlichkeit ist in der Mathematik eine andere als in der Umgangssprache. Wenn bei Günter Jauch der Telefonjoker angibt, dass seine Antwort zu 90% richtig sei, heißt das meist nicht viel. Woher soll diese Zahl auch kommen? Sie drückt bestenfalls die Stärke eines Gefühls auf einer Skala von 1 bis 100 aus.

In der Mathematik ist der Begriff exakt definiert. Bei einem idealen Würfel etwa ist die Wahrscheinlichkeit, eine bestimmte Zahl von 1 bis 6 zu würfeln, für jede der sechs Zahlen 1/6. Das bedeutet, wenn ich sehr oft würfle (eigentlich unendlich oft), wird genau 1/6 aller Würfe auf jede der 6 Zahlen entfallen. Würfle ich hingegen nur sechs Mal, erwartet keiner, dass jede Zahl genau ein Mal kommt. Behauptete oder berechnete Wahrscheinlichkeiten lassen sich nur mit einer großen Zahl von Versuchen verifizieren. Trotzdem ist der Begriff auch bei nur einem einzigen Versuch nicht sinnlos. Wenn ich z.B. um 100 € wette, dass ich die sechs Lottozahlen der nächsten Ziehung korrekt vorhersage, kann ich das Geld getrost auf der Stelle vergessen: Erst bei 13983816 Versuchen (also nach 267633 Jahren, wenn ich einen Versuch pro Woche mache) ist die Wahrscheinlichkeit, dass es einmal klappt, 50%. Wie habe ich das berechnet?

> Die Wahrscheinlichkeit für ein Ereignis, das von einer abzählbaren Anzahl von Fällen abhängt, ist das Verhältnis der Zahl der für das Ereignis günstigen Fälle zur Zahl aller Fälle. Eine Wahrscheinlichkeit von 0 bedeutet, dass das Ereignis unmöglich ist, bei 1 tritt es mit Gewissheit ein. Die Wahrscheinlichkeit, dass mehrere voneinander unabhängige Ereignisse zusammen eintreten, ist das Produkt der Einzelwahrscheinlichkeiten.

Man muss also die Anzahl aller möglichen Tipps, also alle Sätze von 6 aus 49 Zahlen kennen. Die berechnet man so: Wenn der Reihe nach sechs Zahlen gezogen wer-

den, hat man bei der ersten Zahl 49 Möglichkeiten, bei der zweiten 48 usw., es gibt
also 49*48*47*46*45*44 verschiedene Serien. Da es nicht auf die Reihenfolge
ankommt, sondern nur darauf, welche Zahlen drin sind, muss man noch durch die
Anzahl aller Vertauschungen der sechs gezogenen Zahlen, nämlich 6 Fakultät, teilen.

```
In[1]:= 49 * 48 * 47 * 46 * 45 * 44 / (1 * 2 * 3 * 4 * 5 * 6)
```

```
Out[1]= 13 983 816
```

Da man so die Koeffizienten der so genannten Binominalverteilung berechnet, gibt
es dafür auch einen fertigen Mathematica Befehl.

```
In[2]:= Binomial[49, 6]
```

```
Out[2]= 13 983 816
```

Man muss im Mittel so viele Versuche machen, um einmal Erfolg zu haben.[54] Mit
diesem einfachen Beispiel wollte ich nur ein paar altbekannte Grundtatsachen der
Stochastik illustrieren, nun zum eigentlichen Problem.

4.2.3.1 Das Geburtstagsparadoxon

Angenommen, wir haben eine Gruppe von sagen wir 70 zufällig zusammengetrof-
fenen Personen. Wie groß ist die Wahrscheinlichkeit, dass mindestens zwei von
ihnen am selben Tag Geburtstag haben?

Wer die Aufgabe nicht kennt, wird vielleicht denken, ein Jahr hat 365 Tage, es
ist also gut möglich, davon 70 verschiedene auf die Personen zu verteilen, und es
sind immer noch genug Tage übrig. Man schätzt grob, dass die Wahrscheinlichkeit
deutlich kleiner als 50% ist. In Wahrheit liegt sie aber **über 99.9%**.

Warum ist das so? Der Mensch neigt dazu, sich schnell ein einfaches Bild von
Dingen zu machen, die er nicht ganz versteht. Das ist solange gut und richtig, wie
die Vereinfachung im Weglassen des Unwesentlichen besteht. Bei funktionalen
Abhängigkeiten wird es schon kritischer. Man nimmt schnell mal an, dass Abhängigkeiten linear seien, nach dem Motto, 3 Bauarbeiter trinken in einer Stunde 9 Fla-
schen Bier, wie viel trinken 12 Bauarbeiter in 8 Stunden? Schon bei den Bauarbeitern stimmt der lineare Ansatz nicht, und wenn man statt Bauarbeitern und
Bierflaschen Softwareentwickler und Code nimmt, stimmt er erst recht nicht. Und
natürlich stimmt er auch beim Geburtstagsparadoxon nicht.

Wir schauen uns den Sachverhalt etwas genauer an, und leiten eine Formel für
die gesuchte Wahrscheinlichkeit w als Funktion der Gruppenstärke n her. Dabei
machen wir zwei vereinfachende Annahmen:

1. Jedes Jahr hat 365 Tage.

---

[54] Etwas anders liegen die Verhältnisse, wenn man nicht Woche für Woche neu rät, sondern die
genannte Zahl von Tipps auf einmal abgibt, und zwar so, dass jede Möglichkeit vorkommt. Dann
ist die Wahrscheinlichkeit 1.

2. An jedem Tag des Jahres werden gleich viele Kinder geboren.

Beides stimmt nicht ganz genau, aber mit diesen Prämissen wird die Aufgabe relativ einfach berechenbar. Es ist am einfachsten, mit der komplementären Wahrscheinlichkeit 1-w zu beginnen, der Wahrscheinlichkeit, dass keine zwei Gruppenmitglieder am selben Tag Geburtstag haben. Diese ist bei einem Gruppenmitglied $1 - w = 365/365 = 1$. Kommt eine zweite Person dazu, so wird daraus $1 - w = \dfrac{365}{365} \cdot \dfrac{364}{365} = 1$, da ja nun nur noch 364 von 365 Tagen als Geburtstage ohne Kollision zur Verfügung stehen. Da die Geburtstage der Personen unabhängig voneinander sein sollen, ist das Produkt der Wahrscheinlichkeiten für einen kollisionsfreien Geburtstag der ersten, zweiten usw. Person zu nehmen. Damit erhält man

$$1 - w = \prod_{k=1}^{n-1} \frac{365-k}{365} \Leftrightarrow w = 1 - \prod_{k=1}^{n-1} \frac{365-k}{365} \qquad (4.2)$$

Mit dieser Formel kann man nun die am Anfang des Kapitels behauptete hohe Wahrscheinlichkeit im Fall von 70 Personen verifizieren.

```
In[1]:= wAnalytisch[n_] := 1 - Product[(365 - i)/365, {i, n - 1}]

In[2]:= wAnalytisch[70] // N

Out[2]= 0.99916
```

Etwas Unbehagen bleibt aber noch. Stimmt das wirklich? Vielleicht hat sich ja ein Denkfehler eingeschlichen. Nicht umsonst wird das Wort „theoretisch" im Volksmund meist so benutzt, dass der beschriebene Sachverhalt „praktisch" gerade anders herum ist. Aber auch in den Wissenschaften (die Mathematik ist hier eine Ausnahme) gibt es keine ewigen Wahrheiten. Das Wesen jeder wissenschaftlichen Aussage ist gerade deren Falsifizierbarkeit. Das heißt, das Experiment entscheidet. Wenn ich die errechnete Gesetzmäßigkeit Gleichung (4.2) experimentell nachprüfen wollte, müsste ich für jede Gruppenstärke mindestens 100 verschiedene Gruppen auf gleiche Geburtstage untersuchen. Das ist viel Arbeit. Zum Glück kann man statt des realen Experiments auch ein Computerexperiment durchführen.

4.2.3.2 Computersimulation

Die Nachbildung einer realen Situation durch ein Computermodell dient in der Regel nicht dazu, theoretische Berechnungen zu untermauern; das ist eher die Ausnahme. Normalerweise macht man eine Computersimulation dann, wenn keine analytische Lösung zu bekommen ist. Damit die in der Simulation gewonnenen Aussagen auf die Praxis anwendbar sind, muss man den realen Vorgang hinreichend genau modellieren. Das bedeutet, das Wesentliche in geeigneten mathematischen Objekten abzubilden und das Unwesentliche wegzulassen. Das ist hier nicht schwierig: Man muss nur n zufällige Geburtstage erzeugen und den Datensatz auf gleiche Geburtstage prüfen. Das macht man mit jeder Zahl n so oft, dass das Verhältnis der Anzahl der Datensätze, die gleiche Geburtstage enthalten, zur Gesamtzahl der Datensätze innerhalb der gewünschten Genauigkeit reproduzierbar ist. Hier kommt es nicht so sehr auf hohe Genauigkeit an, weil das Computerexperiment ja nicht nur für eine Zahl n, sondern für alle Zahlen von 0-80 durchgeführt wird. Natürlich muss man keine realen Daten wie „3. Januar" erzeugen, es genügt, wenn man jedes Datum durch eine Zahl zwischen 1 und 365 repräsentiert. Der Code dazu:

```
enthältDoppelteElemente[l_] := Length[l] ≠ Length[Union[l]]

zufallsgeburtstag[] := RandomInteger[{1, 365}]

wSimuliert[n_, anzahlExperimnente_] :=
 Module[{treffer, geburtstagstabelle, k},
  treffer = 0;
  For[k = 1, k ≤ anzahlExperimnente,
   geburtstagstabelle = Table[zufallsgeburtstag[], {i, n}];
   If[enthältDoppelteElemente[geburtstagstabelle], treffer++];
   k++
  ];
  treffer / anzahlExperimnente // N
 ]
```

Damit wird jetzt die theoretisch berechnete Wahrscheinlichkeit *wAnalytisch* mit der Wahrscheinlichkeit *wSimuliert* verglichen. Ich wähle als Anzahl der Versuche pro Wert 200. Das genügt sicher, um zu sehen, ob die Formel prinzipiell stimmt.

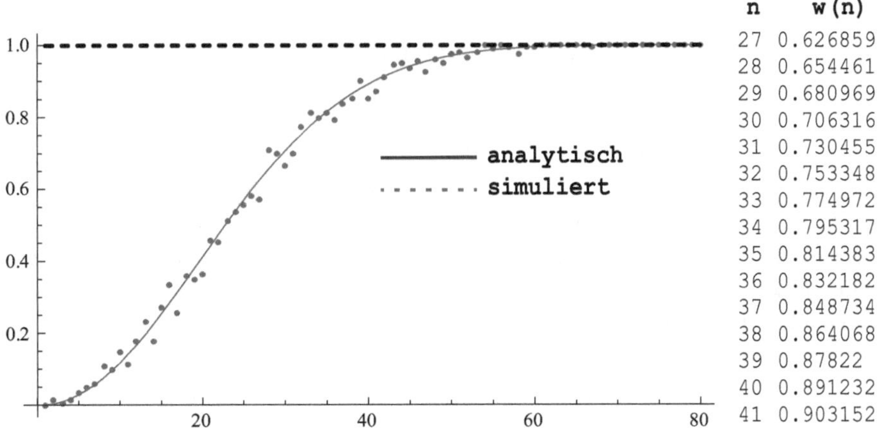

n	w(n)
27	0.626859
28	0.654461
29	0.680969
30	0.706316
31	0.730455
32	0.753348
33	0.774972
34	0.795317
35	0.814383
36	0.832182
37	0.848734
38	0.864068
39	0.87822
40	0.891232
41	0.903152

Abb. 4.6 Wahrscheinlichkeit gleicher Geburtstage, analytisch und computersimuliert

Das prinzipielle Verhalten, rasches Ansteigen und asymptotisches Streben gegen 1, ist zu erkennen. Zwar ist die Übereinstimmung nicht sehr gut. Man erkennt aber, dass die infolge der geringen Probengröße deutlich sichtbaren Abweichungen gleichmäßig um den theoretischen Verlauf gestreut sind.

Auch wenn ich es gerechnet und verstanden habe: Ich finde es immer noch erstaunlich (aber nicht paradox), dass bereits bei 25 Personen die Wahrscheinlichkeit über 50% liegt und für 57 Personen bereits über 99%.

4.2.4 Elektrotechnik: Komplexe Impedanz

Zum Verständnis dieses Kapitels ist eine gewisse Vertrautheit mit den komplexen Zahlen erforderlich. Ich verwende hier, anders als sonst in der Mathematik, das in der Elektrotechnik übliche Symbol j für die imaginäre Einheit.

4.2.4.1 Einführung

In der Wechselstromtechnik, aber auch auf anderen Gebieten, die harmonische Schwingungen zum Gegenstand haben[55], benutzt man gern komplexe Zahlen. Zwar sind die eigentlichen Messgrößen Spannung U und Strom I durch eine reelle Funktion der Zeit vollständig beschrieben. Jedoch rechnet sich mit komplexen Zahlen vieles wesentlich einfacher. Tatsächlich kann man die Methoden zur Analyse und Synthese linearer Netzwerke, die aus der Gleichstromtechnik bekannt sind, nahezu 1:1 übernehmen. Und das, obwohl der Zusammenhang zwischen Strom und Spannung bei einer Kapazität C oder einer Induktivität L viel komplizierter ist als bei einem Ohmschen Widerstand R. Hier gilt nämlich

$$U(t) = L\dot{I}(t) \text{ und} \tag{4.3}$$

$$U(t) = \frac{1}{C} \int I(t)dt. \tag{4.4}$$

Zur Analyse eines Netzwerks aus Induktivitäten, Kapazitäten und Ohmschen Widerständen ist also ein System von Integro-Differentialgleichungen zu lösen. Viel einfacher wird es allerdings, wenn der Strom eine *harmonische* Funktion der Zeit ist, also von der Form

$$I(t) = \hat{I}\cos(\omega t + \varphi). \tag{4.5}$$

---

[55] Z.B. auch in der Wellenoptik

Hier bedeuten $\hat{I}$, ω und φ Scheitelwert, Kreisfrequenz und Phase der Schwingung. Damit ergibt sich z.B. die Spannung an der Induktivität zu

$$U_L(t) = -\omega L\hat{I}\sin(\omega t + \varphi) = -\omega L\hat{I}\cos\left(\omega t + \varphi - \frac{\pi}{2}\right), \qquad (4.6)$$

also eine harmonische Schwingung mit derselben Frequenz. Nun kommt der Trick: Man erfindet bei den harmonischen Schwingungen einfach einen Imaginärteil dazu, indem man die Ersetzung

$$\cos(\omega t + \varphi) \rightarrow e^{j(\omega t + \varphi)} \qquad (4.7)$$

durchführt. Wegen der Eulerschen Formel

$$e^{jx} = \cos(x) + j\sin(x) \qquad (4.8)$$

ist der Realteil gerade die physikalische Größe, und der Imaginärteil stört nicht weiter und kann bei der Interpretation ignoriert werden. Das führt zu der komplexen Darstellung von Gleichung (4.6)

$$U_L(t) = -\omega L\hat{I}e^{j\left(\omega t + \varphi - \frac{\pi}{2}\right)} = j\omega L\hat{I}e^{j(\omega t + \varphi)}. \qquad (4.9)$$

Mit $I_L(t) = \hat{I}e^{j(\omega t + \varphi)}$ ergibt sich

$$\frac{U_L(t)}{I_L(t)} = j\omega L \ . \qquad (4.10)$$

In der komplexen Schreibweise ist das Verhältnis von U/I bei einer Induktivität und sinusförmigem Wechselstrom der Kreisfrequenz ω einfach die konstante imaginäre Größe $j\omega L$. Diese wird darum, in Analogie zum Ohmschen Gesetz, als Wechselstromwiderstand oder Impedanz einer Induktivität bezeichnet. Die Impedanz wird üblicherweise mit dem Symbol Z bezeichnet, also

$$Z_L = j\omega L. \qquad (4.11)$$

Eine analoge Rechnung führt zur Impedanz einer Kapazität:

$$Z_C = \frac{1}{j\omega C}.$$

(4.12)

Mit diesen beiden Ausdrücken kann man die Verhältnisse in Netzwerken aus Kapazitäten, Induktivitäten und Ohmschen Widerständen, die mit sinusförmigem Wechselstrom gespeist werden, genauso einfach berechnen wie bei Gleichstrom. Und damit zur Aufgabe.

4.2.4.2 Aufgabenstellung

Diese Aufgabe ist eine Miniatur unter den Übungsaufgaben der Elektrotechnik. So einfach sie klingt, die Berechnungen sind, per Hand durchgeführt, umfangreicher als man im ersten Moment vermutet.

1. Finde alle Zweipole, die man durch kombinierte Reihen- und Parallelschaltung aus einem Widerstand R, einer Induktivität L und einer Kapazität C bilden kann.
2. Berechne für jede Variante die komplexe Impedanz Z.
3. Berechne für jede Variante die Kreisfrequenz ω_0, für die Z rein reell ist, und gib an, welche Bedingung R, L und C erfüllen müssen, damit eine solche Kreisfrequenz existiert. Gib den Wert der Impedanz bei ω_0 an.

Aufgabenteil 1 löst man natürlich mit Bleistift und Papier. Es gibt die unten abgebildeten sechs Varianten, dazu kämen noch zwei triviale die nur aus Reihen- bzw. Parallelschaltung bestehen, darum wurde die Aufgabe so gestellt, dass sie ausgeschlossen sind.

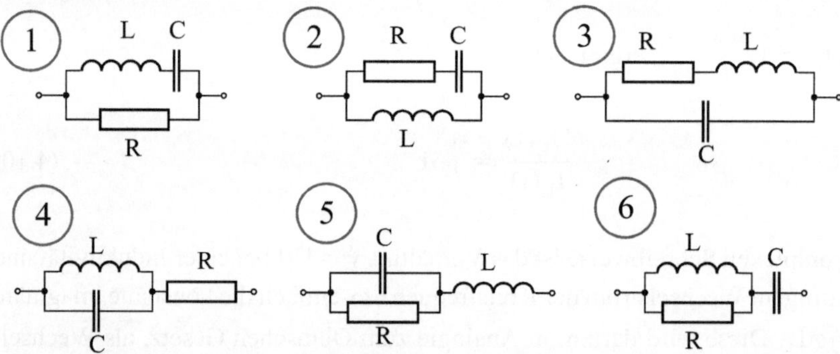

Abb. 4.7 Sechs Varianten eines Zweipols aus R, L und C

Von diesen sechsen sind 1 und 4 Sonderfälle, für Fall 4 existiert sogar keine Lösung, doch davon später.

4.2.4.3 Lösungsweg

Weiter geht es mit Mathematica. Als Erstes schreibe ich eine Funktion zur Parallelschaltung zweier Widerstände und definiere die Symbole für die Impedanzen.

```
In[1]:= parallel[a_, b_] := a b / (a + b)
```

```
In[2]:= Protect[R, L, ω];
```

```
In[3]:= ZR = R;
        ZL = I ω L;
        ZC = 1 / (I ω C);
```

Im Sinne einer einheitlichen Notation habe ich noch das Symbol ZR für die Impedanz des Ohmschen Widerstands hinzugenommen. Ich fange mit Variante 5 an.

```
In[10]:= impedanz = ZL + parallel[ZR, ZC]
```

$$\text{Out[10]}= -\frac{i\,R}{C\left(R - \frac{i}{C\,\omega}\right)\omega} + i\,L\,\omega$$

Damit der Ausdruck rein reell wird, muss der Imaginärteil verschwinden. Das sollte eigentlich ganz einfach gehen.

```
In[11]:= Solve[Im[impedanz] == 0, ω]
```

InverseFunction::ifun :
   Inverse functions are being used. Values may be lost for multivalued inverses. ≫

InverseFunction::ifun :
   Inverse functions are being used. Values may be lost for multivalued inverses. ≫

General::stop :
   Further output of InverseFunction::ifun will be suppressed during this calculation. ≫

Solve::tdep :
   The equations appear to involve the variables to be solved for in an essentially
     non−algebraic way. ≫

$$\text{Out[11]}= \text{Solve}\left[-\text{Re}\left[\frac{R}{C\left(R - \frac{i}{C\,\omega}\right)\omega}\right] + \text{Re}[L\,\omega] == 0, \omega\right]$$

Nanu, nur Fehlermeldungen. Was ist hier schief gelaufen? Man sieht es eigentlich schon an der Ausgabe. Das, was Mathematica für den Imaginärteil hält, ist möglicherweise richtig, aber unbrauchbar. Das liegt daran, dass Mathematica nicht weiß, was wir wissen: R, L, C und ω sind positive Größen. Um Mathematica das mitzuteilen, gibt es den Befehl *ComplexExpand*, der annimmt, dass alle auftretenden Variablen reell und positiv sind. Probieren wir es einmal aus.

In[13]:= `ComplexExpand[impedanz]`

$$\text{Out[13]= } \frac{R}{C^2 \left(R^2 + \frac{1}{c^2\,\omega^2}\right)\omega^2} + i\left(-\frac{R^2}{C\left(R^2 + \frac{1}{c^2\,\omega^2}\right)\omega} + L\,\omega\right)$$

Das ist die so genannte arithmetische Form von Z, also Re(z)+j Im(z). Ich könnte jetzt den Imaginärteil mit der Maus kopieren. Das gefällt mir aber nicht, weil ich ein Notebook schreiben will, das ohne weitere Interaktionen durchläuft. Man kann den Imaginärteil auch direkt mit *ComplexExpand* bekommen.

In[14]:= `ComplexExpand[Im@impedanz]`

$$\text{Out[14]= } -\frac{R^2}{C\left(R^2 + \frac{1}{c^2\,\omega^2}\right)\omega} + L\,\omega$$

Damit ist die Gleichung Imaginärteil = 0 schnell gelöst.

In[15]:= `Solve[ComplexExpand@Im[impedanz] == 0, ω]`

```
Solve::verif :
  Potential solution {ω → 0} (possibly discarded by verifier) should be checked by hand.
    May require use of limits. ≫
```

$$\text{Out[15]= } \left\{\left\{\omega \to -\frac{\sqrt{-L + C\,R^2}}{C\,\sqrt{L}\,R}\right\}, \left\{\omega \to \frac{\sqrt{-L + C\,R^2}}{C\,\sqrt{L}\,R}\right\}\right\}$$

Es gibt mindestens zwei Lösungen. Da reale Frequenzen[56] aber nicht negativ sein können[57], kommt nur die zweite Lösung in Frage. Nun ist noch zu beantworten, unter welchen Umständen eine Lösung existiert. Das sieht man in diesem Falle dem Ausdruck direkt an, $CR^2 \geq L$ muss gelten, damit das Argument der Wurzelfunktion nicht negativ wird (ω_0 wäre dann nicht mehr reell). Kann man das auch irgendwie durch Mathematica ausdrücken lassen?

Ja, mit dem Befehl *Reduce* schlägt man zwei Fliegen mit einer Klappe. Reduce formt einen beliebigen logischen Ausdruck in eine vollständig äquivalente Form um und löst Ausdrücke nach den gewünschten Variablen auf, falls das möglich ist. Wir

---

[56] Ich schreibe hier und im Folgenden der Kürze halber „Frequenz", auch wenn es sich um Kreisfrequenzen handelt.

[57] Terme mit negativen Frequenzen gibt es zwar als mathematische Objekte bei der komplexen Form von Fourierreihen, hier geht es aber um reale Vorgänge.

müssen Reduce allerdings unsere Randbedingung, dass alle Größen positiv sind, explizit mitteilen.

```
In[16]:= alleWertePositiv = ω > 0 && L > 0 && R > 0 && C > 0;
        bedingungImpedanzReell =
         Reduce[alleWertePositiv && Im[impedanz] == 0, ω]
```

$$\text{Out[17]}= \; R > 0 \;\&\&\; L > 0 \;\&\&\; C > \frac{L}{R^2} \;\&\&\; \omega == \sqrt{\frac{-L + C\,R^2}{C^2\,L\,R^2}}$$

Damit liefert Reduce eine eindeutige Lösung für die gesuchte Frequenz ω_0 und dazu gleich noch die Bedingung, unter der sie existiert.

Für den letzten Aufgabenteil, den Wert der Impedanz bei ω_0 zu bekommen, muss man ω_0 einfach in den Ausdruck für die Impedanz einsetzen. Wiederum haben wir die Situation, dass wir den Ausdruck für ω_0 zwar deutlich sehen, aber nicht explizit haben, wir haben ja nur den logischen Term. Wie bekommt man daraus den Ausdruck für ω_0? Dazu sehen wir uns die Struktur des logischen Ausdrucks an. Es sind einige logische Ausdrücke, die mit *And* (Kurzform &&) verknüpft sind. Daraus mache ich mit dem Apply-Operator (Kurzform @@) eine Liste von logischen Ausdrücken, indem ich den Head *And* durch den Head *List* ersetze. Dann erstelle ich mit *Select* eine Teilliste, die nur die Elemente mit Gleichheitsabfragen enthält. Die Auswahl leistet die namenlose Funktion **Head[#]==Equal&**, die bei Ausdrücken mit dem Head *Equal* True zurückgibt. Im dritten Schritt wird die Gleichheitsabfrage ω **== expr_** (also alles von der Form ω == ...) per Ersetzungsoperator in den Ausdruck *expr* verwandelt. Damit hat man eine Liste, die als einziges Element den gesuchten Ausdruck enthält. Dieser wird schließlich mit *First* extrahiert. So sieht der Code aus:

```
In[18]:= ω0 = First@
          Select[
           List @@ bedingungImpedanzReell,
           Head[#] == Equal &
          ] /. ω == expr_ → expr
```

Heraus kommt für dieses Beispiel

$$\text{Out[18]}= \; \sqrt{\frac{-L + C\,R^2}{C^2\,L\,R^2}}$$

Er ist leider etwas unübersichtlich, und vielleicht auch nicht der eleganteste Weg, ω_0 zu bekommen, mir ist nur in der Eile nichts Besseres eingefallen. Jedenfalls kann man damit nun ganz einfach den Wert der Impedanz berechnen lassen.

```
In[20]:= FullSimplify[impedanz /. ω -> ω0]
```

$$\text{Out[20]}= \; \frac{L}{C\,R}$$

Damit wäre im Prinzip das Problem gelöst, und ich könnte nun ein Skript schreiben, das zu jeder der sechs möglichen Impedanzen diese Prozedur durchführt. Vorher probiere ich allerdings noch eine Idee aus, wie man die gesuchte Frequenz alternativ noch kürzer angeben kann. Dazu muss ich kurz ausholen.

Eine Frequenz hat die Dimension 1/s, eine „inverse Zeit". Nun kann man aus je zwei der Einheiten Ω, H, F (Ohm, Henry und Farad) für die Bauelemente R, L, C einen Ausdruck mit der Dimension s herstellen. Diese Ausdrücke sind in der Elektrotechnik wohlbekannt als Zeitkonstanten τ. Es gibt die drei Zeitkonstanten

$$\tau_{RC} = RC, \; \tau_{RL} = R/L \text{ und } \tau_{LC} = \sqrt{LC}.$$ (4.13)

Es gibt berechtigte Hoffnung, dass die gefundenen Frequenzen, ausgedrückt durch diese drei Zeitkonstanten, eine einfachere Form haben werden, als wenn man sie durch R, L, C beschreibt. Wohlgemerkt, das ist nicht Teil der Aufgabe, sondern quasi die Kür. Ich führe es deswegen vor, weil derartige Substitutionen zur Vereinfachung von Termen allgemein nützlich sind und Mathematica sie leider nicht vollautomatisch machen kann.

4.2.4.4 Ersetzen von R, L, C durch Zeitkonstanten

Die erste Idee, die man haben könnte, wäre eine Mustersuche nach RC, und dieses durch τ_{RC} zu ersetzen, dasselbe sinngemäß mit den anderen beiden Zeitkonstanten. Das wäre zwar einfach, funktioniert aber nicht, weil immer irgendetwas mit R, L oder C übrigbleibt, und das ist nicht das Ziel. Was hingegen erst mal funktioniert, ist, die Gleichungen (4.13) nach R, L oder C aufzulösen und diese zu ersetzen. Dabei hängt das Ergebnis von der Zeitkonstante, dem Bauteil und der Reihenfolge der Ersetzung ab. Da ich keine Heuristik finden konnte, bin ich alle Möglichkeiten durchgegangen, habe die unbrauchbaren aussortiert und von den brauchbaren nur die besten genommen. Als erstes verschaffe ich mir alle Ersetzungsregeln.

```
eqs = {tauRC == R*C, tauRL == L/R, tauLC == Sqrt[L*C]};
vars = {R, L, C};
rules = Table[Solve[eqs[[i]], vars[[k]]], {i, 3}, {k, 3}] // Flatten
```

$$\left\{ R \to \frac{tauRC}{C}, \; C \to \frac{tauRC}{R}, \; R \to \frac{L}{tauRL}, \; L \to R\,tauRL, \; L \to \frac{tauLC^2}{C}, \; C \to \frac{tauLC^2}{L} \right\}$$

Hier werden drei Gleichungen nach drei Variablen aufgelöst. Da Solve seine Ergebnisse als Ersetzungsregel liefert, muss man nichts weiter tun. Von den eigentlich 9 Lösungsmengen sind 3 leer, daher gibt es insgesamt 6 Ersetzungsregeln.

Da später Paare von Regeln benötigt werden, die zwei der drei Variablen R, L oder C ersetzen, stelle ich erst einmal eine gewisse Ordnung her.

```
sortedRules = Partition[Sort@rules, 2]
```

$$\left\{\left\{C \to \frac{tauLC^2}{L}, C \to \frac{tauRC}{R}\right\}, \left\{L \to \frac{tauLC^2}{C}, L \to R\,tauRL\right\}, \left\{R \to \frac{tauRC}{C}, R \to \frac{L}{tauRL}\right\}\right\}$$

Sort sortiert nach den linken Seiten der Regel, also erst C, dann L, dann R. *Partition* teilt die Liste anschließend in Zweierlisten auf. Es hätte natürlich keinen Sinn, dieselbe Variable zweimal zu ersetzen, die zweite Regel käme nie zur Anwendung.

Daher stelle ich nun zunächst alle Tripel her, die je ein Element aus einer der drei Elemente vom *sortedRules* haben. Es sind $2^3 = 8$.

```
triples = Tuples@sortedRules
```

$$\left\{\left\{C \to \frac{tauLC^2}{L}, L \to \frac{tauLC^2}{C}, R \to \frac{tauRC}{C}\right\}, \left\{C \to \frac{tauLC^2}{L}, L \to \frac{tauLC^2}{C}, R \to \frac{L}{tauRL}\right\},\right.$$

$$\left\{C \to \frac{tauLC^2}{L}, L \to R\,tauRL, R \to \frac{tauRC}{C}\right\}, \left\{C \to \frac{tauLC^2}{L}, L \to R\,tauRL, R \to \frac{L}{tauRL}\right\},$$

$$\left\{C \to \frac{tauRC}{R}, L \to \frac{tauLC^2}{C}, R \to \frac{tauRC}{C}\right\}, \left\{C \to \frac{tauRC}{R}, L \to \frac{tauLC^2}{C}, R \to \frac{L}{tauRL}\right\},$$

$$\left.\left\{C \to \frac{tauRC}{R}, L \to R\,tauRL, R \to \frac{tauRC}{C}\right\}, \left\{C \to \frac{tauRC}{R}, L \to R\,tauRL, R \to \frac{L}{tauRL}\right\}\right\}$$

Da das Ergebnis der Ersetzung hier nicht nur von den Ersetzungsregeln, sondern auch von der Reihenfolge abhängen kann, muss ich noch alle Permutationen für jeden der Tripel bilden. Das geschieht, indem ich per Map-Operator den Befehl *Permutations* auf jedes Tripel wirken lasse. Da Permutations eine Liste von Listen liefert, entferne ich diesen zusätzlichen Level durch ein geeignetes *Flatten*. Nun sind alle denkbaren Ersetzungskombinationen für R, L, C in der Liste *permutatedTriples*. Tatsächlich darf man nur zwei von den dreien ersetzen, weil sonst etwas von den ersten Ersetzungen wieder rückgängig gemacht werden könnte. Das hat dann zur Folge, dass beim Mehrfachersetzen (Operatorkürzel //.) Zyklen entstehen. Ich entferne also die dritte Spalte dieser Liste. Von den 48 Elementen zeige ich nur die ersten.

```
tuples = Transpose@{permutatedTriples[[All, 1]], permutatedTriples[[All, 2]]}
```

$$\left\{\left\{C \to \frac{tauLC^2}{L}, L \to \frac{tauLC^2}{C}\right\}, \left\{C \to \frac{tauLC^2}{L}, R \to \frac{tauRC}{C}\right\}, \left\{L \to \frac{tauLC^2}{C}, C \to \frac{tauLC^2}{L}\right\},\right.$$

$$\left.\left\{L \to \frac{tauLC^2}{C}, R \to \frac{tauRC}{C}\right\}, \left\{R \to \frac{tauRC}{C}, C \to \frac{tauLC^2}{L}\right\}, \left\{R \to \frac{tauRC}{C}, L \to \frac{tauLC^2}{C}\right\},\right.$$

Nun kann die Funktion *RLC2tau* geschrieben werden. Den ersten Teil lasse ich weg, wir sind an der Stelle, an der die Liste *tuples* erstellt ist. Vorher wurde noch eine leere Liste *retval* geschaffen, die Symbole sind alle lokal usw. Nun kommt der Hauptteil.

```
Do[
  expr = x /. tuples[[i]];
  If[
   Intersection[{R, L, C}, Variables[expr]] == {},
   AppendTo[retval, SimplifyAssumingTauRealAndPositive@expr]
   ],
  {i, Length@tuples}
  ];
 Sort[Union@retval, LeafCount@#1 < LeafCount@#2 &]
 ]
```

Wir wenden jedes der Tupel von Ersetzungsregeln auf den übergebenen Ausdruck x an. Wenn keines der Symbole R, L, C mehr vorkommt (die Schnittmenge ist leer), war die Ersetzung erfolgreich und wir hängen den Ausdruck, nach entsprechender Vereinfachung mit der Funktion *SimplifyAssumingTauRealAndPositive*, an die Liste *retval* an. Am Schluss werden doppelte Einträge mit *Union* entfernt, und die Liste wird noch so sortiert, dass die „besten" Ausdrücke, das sind die mit der geringsten Anzahl an Unterausdrücken, am Anfang stehen. Dazu dient die Funktion *LeafCount*, die die Blätter des Ausdrucksbaums zählt. Tatsächlich benutzt auch der Befehl Simplify dieses Maß, um zu entscheiden, welche der intern berechneten Alternativen „einfacher" ist.

Werfen wir einen Blick auf die Ausgabe von RLC2tau. Ich übergebe einen der Ausdrücke für ω_0 und gebe die Liste der umgeschriebenen Ausdrücke wieder, zusammen mit dem LeafCount.

$$\text{ω0AlsFunktionVonTau} = \text{RLC2tau}\left[\sqrt{\frac{L - C\,R^2}{C\,L^2}}\,\right]$$

```
LeafCount /@ ω0AlsFunktionVonTau
```

$$\left\{\sqrt{\frac{1}{\text{tauLC}^2} - \frac{1}{\text{tauRL}^2}}, \; \frac{\sqrt{\text{tauLC}^2 - \text{tauRC}^2}}{\text{tauLC}^2}, \; \frac{\sqrt{-\text{tauRC} + \text{tauRL}}}{\sqrt{\text{tauRC}\,\text{tauRL}}}\right\}$$

```
{13, 17, 18}
```

Ich denke, der Übergang zu den Zeitkonstanten hat den Ausdruck vereinfacht, die Aktion war insofern erfolgreich. Zur Information: Der ursprüngliche Ausdruck hat einen LeafCount von 19. Man sieht hier auch, dass der LeafCount ein recht gutes Maß für die reale wie empfundene Komplexität eines Ausdrucks ist.

In der endgültigen Form werde ich nur noch den besten, oder wenn es mehrere Varianten mit gleichem LeafCount gibt, die besten Ausdrücke ausgeben.

4.2.4.5 Skript und Lösungen

Ich habe eine Funktion geschrieben, die die komplexe Impedanz bekommt, und dann alle Fragen beantwortet. Sie heißt *findeKritischeFrequenz*. Hier ist der Code.

Es beginnt mit ein paar lokalen Symbolen, und dann wird die Impedanz erst mal in der arithmetischen Form ausgegeben.

```
findeKritischeFrequenz[impedanz_] :=
 Module[
   {ω0, alleWertePositiv, bedingungImpedanzReell, bedingungKritischeFreqı
    ω0AlsFunktionVonTau, maxLeafCount, ω0Formen, kritischeImpedanz},
   alleWertePositiv = ω > 0 && L > 0 && R > 0 && C > 0;
   Print["Impedanz: ", ComplexExpand@impedanz];
```

Dann wird die Bedingung dafür, dass die Impedanz reell ist, berechnet. Im Falle dass das nicht möglich ist (False), wird abgebrochen.

```
   Print["Impedanz: ", ComplexExpand@impedanz];
   bedingungImpedanzReell =
    Reduce[alleWertePositiv && Im[impedanz] == 0, ω];
   If[
    bedingungImpedanzReell == False,
    Print["keine kritische Frequenz gefunden"]; Return[]
   ];
```

Aus dieser Bedingung wird ω_0 extrahiert, und auch die Bedingung für die Existenz von ω_0. Letztere bekommt man einfach als Mengendifferenz aller Bedingungen abzüglich der schon bekannten. Die mit *And* verknüpften logischen Ausdrücke müssen dazu, wie schon gehabt, in Listenelemente verwandelt werden.

```
   ω0 = First@
     Select[
       List @@ bedingungImpedanzReell,
       Head[#] == Equal &
     ] /. ω == expr_ :> expr;
   bedingungKritischeFrequenz =
    Complement[
     List @@ bedingungImpedanzReell,
     List @@ (alleWertePositiv && ω == ω0)
    ];
```

Jetzt werden noch die alternativen Darstellungen für die kritische Frequenz generiert und nur die besten behalten. Außerdem wird die Impedanz an der Stelle ω_0 berechnet.

```
ω0AlsFunktionVonTau = RLC2tau[ω0];

maxLeafCount = LeafCount[ω0AlsFunktionVonTau[[1]]];

ω0Formen = Select[ω0AlsFunktionVonTau, LeafCount[#] == maxLeafCount &];

kritischeImpedanz = FullSimplify[impedanz /. ω -> ω0];
```

Zum Schluss werden die bereitgestellten Informationen, zusammen mit geeignetem Begleittext, ausgegeben. Das geht mit der Funktion *Print*. Ich zeige gleich die Ergebnisse. Fall 1:

```
impedanz = parallel[ZC + ZL, ZR];

findeKritischeFrequenz[impedanz]
```

$$\text{Impedanz}: -\frac{2\,L\,R}{C\left(R^2 + \left(-\frac{1}{C\,\omega} + L\,\omega\right)^2\right)} + \frac{R}{C^2\,\omega^2\left(R^2 + \left(-\frac{1}{C\,\omega} + L\,\omega\right)^2\right)} +$$

$$\frac{L^2\,R\,\omega^2}{R^2 + \left(-\frac{1}{C\,\omega} + L\,\omega\right)^2} + \mathbb{i}\left(-\frac{R^2}{C\,\omega\left(R^2 + \left(-\frac{1}{C\,\omega} + L\,\omega\right)^2\right)} + \frac{L\,R^2\,\omega}{R^2 + \left(-\frac{1}{C\,\omega} + L\,\omega\right)^2}\right)$$

$$\text{Kritische Frequenz } \omega 0 = \sqrt{\frac{1}{C\,L}} \quad \text{existiert immer.}$$

Kritische Frequenz $\omega 0$ als Funktion von tau:

$$(1) : \frac{1}{\text{tauLC}}$$

Impedanz bei $\omega = \omega 0$: 0

Dies ist der besonders einfache Fall, dass R parallel zu einem Reihenschwingkreis geschaltet ist. Dessen Impedanz ist bei der Resonanzfrequenz ω_0 Null. Nun kommt Fall 2.

```
impedanz = parallel[ZL, ZC + ZR];

findeKritischeFrequenz[impedanz]
```

$$\text{Impedanz}: \frac{L^2\,R\,\omega^2}{R^2 + \left(-\frac{1}{C\,\omega} + L\,\omega\right)^2} +$$

$$\mathbb{i}\left(\frac{L}{C^2\,\omega\left(R^2 + \left(-\frac{1}{C\,\omega} + L\,\omega\right)^2\right)} - \frac{L^2\,\omega}{C\left(R^2 + \left(-\frac{1}{C\,\omega} + L\,\omega\right)^2\right)} + \frac{L\,R^2\,\omega}{R^2 + \left(-\frac{1}{C\,\omega} + L\,\omega\right)^2}\right)$$

$$\text{Kritische Frequenz } \omega 0 = \sqrt{\frac{1}{C\,L - C^2\,R^2}} \quad \text{existiert falls } 0 < C < \frac{L}{R^2}$$

```
Kritische Frequenz ω0 als Funktion von tau:
```

$$(1)\ :\ \frac{1}{\sqrt{-\mathrm{tauRC}^2 + \mathrm{tauRC\ tauRL}}}$$

$$(2)\ :\ \frac{1}{\sqrt{\mathrm{tauLC}^2 - \mathrm{tauRC}^2}}$$

$$\text{Impedanz bei } \omega=\omega0:\ \frac{L}{C\,R}$$

Hier wurden offenbar zwei gleichwertige Darstellungen der kritischen Frequenz als Funktion der Zeitkonstanten gefunden.

Weitere Ausgaben zeige ich nicht, sondern fasse zusammen:

1. Alle Ausdrücke für die kritischen Frequenzen, soweit sie gefunden wurden, sind verschieden (bei Fall 4 gibt es keinen).
2. Die Impedanz bei der jeweiligen kritischen Frequenz ist immer, außer bei Fall 1 und Fall 4, $Z(\omega_0)=L/(RC)$.
3. Die Existenzbedingung für die kritische Frequenz ω_0 ist bei diesen Fällen entweder $R^2C/L<1$, oder $R^2C/L>1$.

Die erste Aussage hätte man erwartet, die zweite ist allerdings überraschend. Ein Grund dafür, und auch für Punkt 3, könnte sein, dass es nur wenige Möglichkeiten gibt, einen dimensionslosen Term aus den Einheiten Ω, F, H und s zu bilden.

4.2.5 Analysis: Durchhang einer Hochspannungsleitung

4.2.5.1 Das Problem

Eines Tages kam ein Student zu mir, der für seine Diplomarbeit Durchhang und Zugbelastung einer Freileitung berechnen wollte. Er hatte das Folgende gelesen.

Auszug aus VDE 0210 [36]:
Der Durchhang der Leiterseile ist mindestens so zu bemessen, dass weder bei -5° C und Zusatzlast (nach VDE), noch bei -20°C ohne Zusatzlast die zulässige Zugbelastbarkeit der Seile (Stahlquerschnitt) überschritten wird. Der größte Durchhang tritt auf bei hohen Außentemperaturen und hoher Belastung (Leitertemperatur 40°C oder 60°C). Für den größten Durchhang muss die Einhaltung des kleinsten, zulässigen Bodenabstands überprüft werden.

Also dann los, Herr Ingenieur. Die Freileitung sollte möglichst straff sein, damit sie nicht zu tief hängt oder im Wind hin und her schwingt, aber andererseits nicht so straff, dass sie an der Grenze ihre Zugbelastungsfähigkeit ist. Wie berechnet man das? Ich wusste nur, dass sie näherungsweise[58] die Form des Graphen von Kosinus Hyperbolikus annimmt, also

$$y(x) = \alpha \cosh\left(\frac{x}{\alpha}\right), \ \alpha > 0 \tag{4.14}$$

Mit dem Parameter α kann man den Durchhang einstellen. Das sieht etwa so aus:.

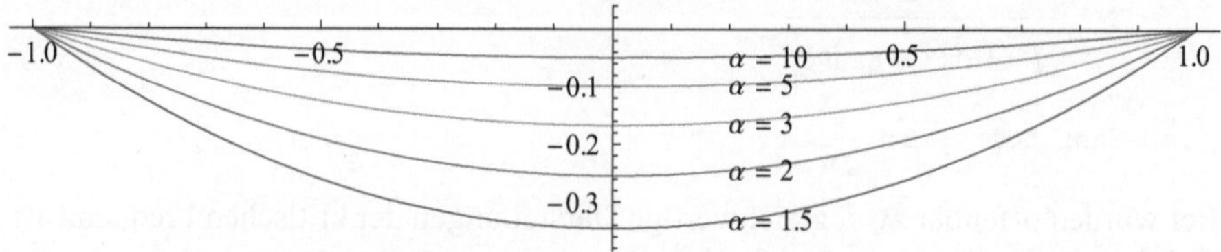

Abb. 4.8 Kettenlinien für verschiedene Parameter α

Ich habe der Einfachheit halber angenommen, dass die Seile bei $w = \pm 1$ einge-spannt sind. Jede andere Zahl wäre genau so gut, für die reale Berechnung muss man natürlich den halben Mastabstand wählen. Dargestellt ist $y(x) - y(w)$, auf der y-Achse sieht man also direkt den (negativen) Durchhang.

4.2.5.2 Durchhang oder Seillänge vorgeben

So elegant diese Darstellung mit dem Durchhangparameter α auch ist, sie hilft dem Praktiker wenig. Er will einen Durchhang (bei gegebenem Mastabstand) vorgeben, und daraus Seillänge und Zugspannung berechnen. Da sich die Seillänge wegen der Wärmeausdehnung mit der Betriebstemperatur ändert, will er auch aus der neuen Seillänge den neuen Durchhang und die neue Zugspannung berechnen. Er muss für die höchste und die niedrigste auftretende Temperatur die Einhaltung von maxima-lem Durchhang und maximaler Zugspannung sicherstellen. Wie geht das?

Wir suchen einen Zusammenhang zwischen dem Durchhangparameter α und der Seillänge. Die Bogenlänge s des Graphen einer Funktion y zwischen den Punkten x_1 und x_2 ist

$$s = \int_{x_1}^{x_2} \sqrt{1 + y'^2}\, dx. \tag{4.15}$$

Aus dieser allgemeinen Form berechne ich zunächst mit Mathematica die konkrete Bogenlänge für unsere Kettenlinie. Integriert wird in den Grenzen von -w bis w, und

---

[58] Bei Vernachlässigung der inneren Steife hängt ein Seil wie eine Kette, daher auch der Begriff Kettenlinie.

die Symmetrie von cosh ausgenutzt. Zum Glück hat das Integral eine analytische Lösung.

```
In[1]:= y[x_] := alpha Cosh[x / alpha]
```

```
In[2]:= seillänge = 2 *
          Integrate[
           Sqrt[1 + y'[x]^2], {x, 0, w},
           Assumptions → {alpha > 0, w > 0}
          ]
```

$$\text{Out[2]}= 2\,\text{alpha Sinh}\left[\frac{w}{\text{alpha}}\right]$$

Der Ausdruck für die Seillänge s lässt sich leider nicht nach α auflösen, weil es sich um eine transzendente (nichtalgebraische) Gleichung handelt. Lediglich für gegebene Werte von s und w kann man eine numerische Näherungslösung bekommen. Ist das schon das Ende?

Nein. Wenn man sich ohnehin mit einer Näherungslösung begnügen muss, kann man es ja auch anders machen. In der Praxis sind die Freileitungen relativ straff gespannt, sie sehen eher aus wie die Kurve mit $\alpha = 10$ in Abb. 4.8, und nicht wie die mit $\alpha = 2$. Das heißt, man braucht von der Funktion cosh(x) nur einen kleinen Bereich um den Nullpunkt herum. Es bietet sich daher eine Taylorreihenentwicklung an. Der Mathematica-Befehl dazu ist *Series*, allerdings liefert er die komplette Reihe mit Restglied. Will man das Restglied nicht dabeihaben, schickt man ein *Normal* hinterher. Ich entwickle die Bogenlänge in eine Taylorreihe.

■ **alpha aus der der Seillänge berechnen**

```
In[4]:= seillängeTaylor = Normal@Series[seillänge, {w, 0, 3}]
```

$$\text{Out[4]}= 2\,w + \frac{w^3}{3\,\text{alpha}^2}$$

Dieser Ausdruck lässt sich, da α positiv ist, eindeutig nach α auflösen:

```
In[5]:= Solve[s == seillängeTaylor, alpha]
```

$$\text{Out[5]}= \left\{\left\{\text{alpha} \to -\frac{w^{3/2}}{\sqrt{3\,s - 6\,w}}\right\}, \left\{\text{alpha} \to \frac{w^{3/2}}{\sqrt{3\,s - 6\,w}}\right\}\right\}$$

Im nächsten Schritt mache ich dasselbe mit dem Durchhang.

■ **alpha aus der dem Durchhang berechnen**

```
In[6]:= durchhangTaylor = Normal@Series[durchhang, {w, 0, 3}]
```

$$\text{Out[6]}= \frac{w^2}{2\,\text{alpha}}$$

In[7]:= **Solve[d == durchhangTaylor, alpha]**

Out[7]= $\left\{\left\{\text{alpha} \rightarrow \dfrac{w^2}{2\,d}\right\}\right\}$

Auch hier erhält man eine einfache Näherungsformel für den Parameter α.

Damit hat man zwei einfache Formeln, die es erlauben, die konkrete Kettenlinie, entweder von Mastabstand und Seillänge oder von Durchhang und Seillänge ausgehend, mit dem Taschenrechner zu berechnen.

Natürlich will man wissen, wie gut die Näherung ist. Dazu nehmen wir uns als Testbeispiel die von der Form her realistisch aussehende Kettenlinie aus Abb. 4.8 mit $\alpha = 10$. Für diese wird die exakte (im Rahmen der Rechengenauigkeit von Mathematica) Bogenlänge berechnet. Daraus wiederum errechne ich mit der eben hergeleiteten Näherungsformel den Parameter α, und vergleiche den Durchhang der Kettenlinie mit dem exakten Wert von α mit dem für den genäherten Wert. Mit der Vorbereitung

- **Wie genau ist die Taylorreihenentwicklung?**

In[8]:= **alphaExakt = 10.;**
   sExample = N@seillänge /. {w → 1, alpha → alphaExakt};

   alphaNäherung = $\sqrt{\dfrac{w^3}{3\,s - 6\,w}}$ /. {w → 1, s → sExample};

bekommt man den exakten und den genäherten Durchhang.

   durchhangExakt = y[w] - y[0] /. {w → 1, alpha → alphaExakt}
   durchhangNäherung = y[w] - y[0] /. {w → 1, alpha → alphaNäherung}

Out[11]= 0.0500417

Out[12]= 0.0500542

In[13]:= **relativerFehlerDurchhang = $\dfrac{\text{durchhangNäherung} - \text{durchhangExakt}}{\text{durchhangExakt}}$**

Out[13]= 0.000250445

Es zeigt sich, dass der relative Fehler bei diesem Beispiel von der Größenordnung 10^{-4} ist. Das ist bei weitem genau genug, geht es doch nur um Grenzwerte. Kommen wir nun zum Thema Zugspannung.

4.2.5.3 Zugspannung

Unter der Zugspannung versteht man die Zugkraft pro Flächeneinheit, der das Seil ausgesetzt ist. Die Zugkraft ist längs des Seils konstant, daher kann man sie sehr einfach ausrechnen. Betrachten wir folgendes Kräfteschema:

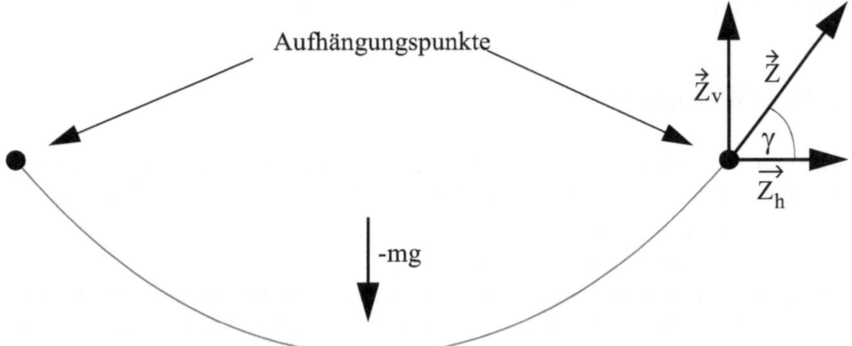

Abb. 4.9 Zerlegung der Zugkräfte an einem frei hängenden Seil

Ich habe nur die Kräfte der rechten Aufhängung skizziert, links sieht es spiegelbildlich genau so aus. Die Summe aller Kräfte ist Null. Links und rechts kompensieren sich die horizontalen Komponenten Z_h. Für die vertikalen Komponenten gilt $2Z_v =$ mg (das Gewicht des Seils). Da $Z_v = Z\sin(\gamma)$ und $\tan(\gamma) = y'(w)$, ergibt sich:

```
zv = Simplify[z Sin[ArcTan[y'[w]]], Assumptions → {w / alpha > 0}]
```

$$z\,\mathrm{Tanh}\left[\frac{w}{alpha}\right]$$

```
z /. First@Solve[zv == m g / 2, z]
```

$$\frac{1}{2}\,g\,m\,\mathrm{Coth}\left[\frac{w}{alpha}\right]$$

Die Zugkraft Z ist proportional zum Gewicht des Seils und dem Faktor $\coth(w/\alpha)$. Was dieser ausmacht, zeigt der Graph der Funktion Kotangens Hyperbolikus.

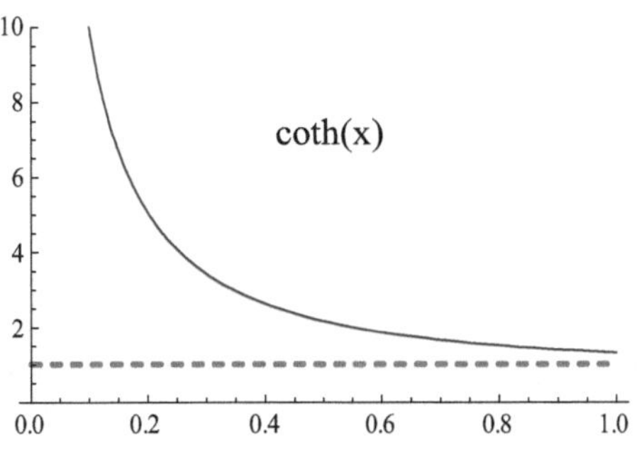

Die Funktion ist monoton fallend, strebt für große x gegen 1 und hat bei x=0 eine Polstelle.

Für ein straffes Seil geht w/α gegen Null. Das heißt, um einen Durchhang von Null zu erreichen, bräuchte man eine unendliche Zugkraft, es geht also gar nicht. Für ein lang herunter hängendes Seil kann w/α beliebig groß werden. Es ist plausibel, dass in diesem Grenzfall die Zugkraft ungefähr das halbe Seilgewicht ist. In dem schon mehrfach betrachteten Fall w=1 und α=10 ist der geometrische Zugkraftverstärkungsfaktor bereits größer als 10.

4.2.5.4 Realistisches Beispiel

Nachdem wir nun alles verstanden haben, können wir einen, zumindest von den Abmessungen und Kräften her praxisnahen Fall betrachten. In welchem Bereich variieren Durchhang und Zugkraft?

Ein typisches Leiterseil einer Hochspannungsleitung (110 kV) besteht aus einem siebenadrigen Stahlkern mit einer totalen Querschnittsfläche von $60\,mm^2$, der von einem Geflecht aus 30 Aluminiumadern mit einer Querschnittsfläche von $257\,mm^2$ ummantelt ist [37].

Ich gehe von ebenem Gelände aus und gebe mir einen Mastabstand von 150 m vor. Versuchsweise setze ich einen Durchhang von 1.5 m an. Meine Überlegung dabei ist, dass sich dann die verschiedenen Leitungen, auch bei beliebigen Bewegungen infolge Sturms, nie berühren können, denn sie haben, etwa beim so genannten Donaumast, einen Abstand von 3.6 m zueinander [38]. Beim gewählten Durchhang soll es sich um den Maximalwert handeln, der bei der maximalen Betriebstemperatur auftritt. Die maximale Betriebstemperatur habe ich auf 100°C festgelegt. Laut DIN sind 40°C oder 60°C zu berücksichtigen, man arbeitet heute aber sogar mit noch höheren Temperaturen, und ich will mal einen solchen Extremfall durchrechnen.

Zunächst schreibe ich alle benötigten Werte und Parameter in entsprechend benannte Symbole.

- **Grösste Länge bei 100 Grad C, Durchhang 1.5m vorgegeben**

```
In[20]:=  mastabstand = 150 m;
          durchhangMax = 1.5 m; (* vorgegeben *);
          querschnittStahl = 60 (10^-3 m)^2;
          querschnittAlu = 257 (10^-3 m)^2;
          dichteStahl = 7.85 kg / (10^-1 m)^3;
          dichteAlu = 2.7 kg / (10^-1 m)^3;
          g = 9.81 m s^-2;
          zugfestigkeitStahl = 510 kg m / (s^2 10^-6 m^2);
          wärmeausdehnungStahl = 10 * 10^-6 K^-1;
```

Sämtliche Größen sind mit ihren physikalischen Grundeinheiten kg, m, s und K versehen. Das Mitnehmen der Einheiten ergibt zusätzliche Sicherheit gegen Tipp- und

Denkfehler, wenn das Ergebnis von der richtigen Dimension ist, hat man höchstwahrscheinlich alles richtig gemacht.

Als erstes berechne ich das zum maximalen Durchhang gehörende α mit der entwickelten Näherungsformel.

```
In[29]:= aktuelleWerte = {w -> mastabstand / 2., d -> durchhangMax};
```

$$In[30]:= \texttt{alphaMin} = \frac{w^2}{2\,d} \ \texttt{/. aktuelleWerte}$$

```
Out[30]= 1875. m
```

Es ist der Minimalwert, weil zu einem kleinen Durchhang große α-Werte gehören und umgekehrt. Dann kommt die Seillänge.

```
In[32]:= seillängeMax = seillänge /. aktuelleWerte
```

```
Out[32]= 150.04 m
```

Bemerkenswert, dass sie nur 4 cm über dem Mastabstand liegt und dabei einen Durchhang von 1.5 m bewirkt. Welche Zugkraft ist wohl dazu nötig? Dazu muss man die Masse des Seils kennen.

```
In[33]:= volumenStahl = querschnittStahl * seillängeMax;
         volumenAlu = querschnittAlu * seillängeMax;
         masseStahl = volumenStahl * dichteStahl;
         masseAlu = volumenAlu * dichteAlu;
         masse = masseStahl + masseAlu
```

```
Out[37]= 174.782 kg
```

Damit kann man sofort die Zugkraft (s. Kap. 4.2.5.3 *Zugspannung* auf S. 157) berechnen.

$$In[38]:= \texttt{zugkraftMin} = \frac{1}{2}\,\texttt{g masse Coth}\left[\frac{w}{\texttt{alpha}}\right]\ \texttt{/. aktuelleWerte}$$

$$Out[38]= \frac{21\,444.\ \text{kg m}}{s^2}$$

```
In[39]:= (*belastungsfaktor*)
         zugSpannung = zugkraftMin / querschnittStahl;
         zugSpannung / zugfestigkeitStahl
```

```
Out[40]= 0.700785
```

Die Zugspannung liegt bereits bei 70% der Zugfestigkeit des Stahls, es gibt kaum
Sicherheitsreserven. Wie wird es erst im Winter sein? Ich berechne die Zugspannung bei -20°C.[59]

■ **was passiert bei Abkühlung auf -20 Grad C?**

In[41]:= `deltaT = -120 K;`

`seillängeMin = seillängeMax (1 + deltaT wärmeausdehnungStahl)`

Out[42]= 149.86 m

Hier braucht man gar nicht mehr weiter zu rechnen. Der Wert ist geringer als der
Mastabstand. Das bedeutet, das Seil zerreißt beim Abkühlen, bevor -20°C erreicht
sind.

So geht es also nicht. Um die Belastung zu verringern, muss ein größerer Durchhang angesetzt werden. Ich probiere es mit einem maximalen Durchhang (bei der
maximalen Betriebstemperatur von 100°C) von 5 m. Leider können sich jetzt theoretisch bei sehr wildem Sturm die verschiedenen Seile berühren.

Die Berechnung verläuft nach demselben Schema wie eben gezeigt, mit dem
Ergebnis, dass die minimale Zugkraft nun 6485 N beträgt, das entspricht einer Zugspannung von 21% der Zugfestigkeit des Stahlseils. Wie wird es sich bei Abkühlung
verhalten? Die maximale Länge bei 5 m Durchhang ist zu 150,445 m berechnet worden. Nach Abkühlung auf -20°C ist das Seil noch 150.264 m lang, und die Zugkraft
beträgt 8390 N, entsprechend 27% der Zugfestigkeit des Stahlseils. Das sind tolerable Werte, so funktioniert es.

Selbstverständlich ist das nur ein grobes Beispiel. Für die konkrete Konstruktion
müssen viele weitere Parameter berücksichtigt werden. Unerwähnt blieb auch, dass
das Seil sich durch die Zugkraft dehnt und somit nicht auf die hier berechnete Länge
vorgefertigt werden darf, sondern entsprechend kürzer. Weil es im Energiemarkt
um viel Geld geht, sind moderne Freileitungen inzwischen sehr weit entwickelt und
optimiert.

4.2.6 *Fahrzeugsimulation: DGLs und Data Mining*

Dieses Kapitel handelt von der nachträglichen Analyse einiger Daten, die aus einer
„Kleinen Studienarbeit" stammen. Es zeigt, wie man mit Mathematica einem
Datensatz wesentlich mehr Informationen entnehmen kann, als wenn man nur Mittelwerte und Standardabweichungen berechnet. Selbst Fehler bei der Datenerfassung werden aufgedeckt. Möglich wurde das dadurch, dass alle Arbeitsschritte vom
Importieren der Daten aus Excel-Tabellen über das Lösen von Differentialgleichungen (DGLs), das numerische Minimieren und Fitten bis zum Plotten einheitlich
unter einer Benutzeroberfläche stattfinden konnten. Lernen Sie die Methoden ken-

---

[59] Der andere in der VDE vorgeschriebene Wert, 0°C mit Schneelast, ist der kritischere [41].

nen. Hier geht es hauptsächlich darum, was warum gemacht wurde, das Wie ist meist klar. Darum ist hier nur ein kleiner Teil des Codes abgedruckt, Sie finden das vollständige Notebook auf dem Server des Springer-Verlags [49].

Worum geht es inhaltlich? Die Hochschule Merseburg beteiligt sich seit einigen Jahren regelmäßig am Shell Eco Marathon, ein Wettbewerb, bei dem es darum geht, in verschiedenen Kategorien energiegünstig zu fahren, z.B. mit einem Liter Treibstoff so weit wie möglich zu kommen [42], [43].

Um ein Fahrzeug zu optimieren, müssen u.a. Motor und Karosserie aufeinander abgestimmt werden. Am Anfang steht die Erfassung des Ist-Zustands. Das Fahrzeug ist zweckmäßig aufgebaut, sieht auch irgendwie windschnittig aus, aber viel mehr weiß man nicht. Der Ingenieur will Zahlen. Welche Werte haben Luftwiderstand und Rollreibung? Das sollte die Studienarbeit aus dem Jahr 2008 beantworten. Wie immer in den Ingenieurwissenschaften, muss man zur Berechnung die Parameter auf das Wesentliche reduzieren. Man braucht ein Bewegungsmodell, um die Messdaten zu interpretieren.

4.2.6.1 Bewegungsmodell

Es genügt für unseren Zweck, eine eindimensionale Bewegung zu betrachten. Das Fahrzeug wird als starr angesehen, so dass der Ort durch einen einzigen Referenzpunkt x(t) beschrieben werden kann. Als äußere Kräfte wirken der Luftwiderstand und die Rollreibung. Die Bewegung erfolgt in der Ebene, so dass es keine Hangabtriebskraft gibt. Der Luftwiderstand ist eine zum Quadrat der Strömungsgeschwindigkeit proportionale Kraft

$$F_L = -av_w^2 = \frac{1}{2}\rho_L A c_w v_w^2 . \tag{4.16}$$

In Gleichung (4.16) bedeutet ρ_L die Dichte der Luft, A die effektive Querschnittsfläche des umströmten Körpers, c_w den Luftwiderstandsbeiwert und v_w die Relativgeschwindigkeit zwischen Luft und Fahrzeug. Die Abkopplung von Querschnittsfläche und Dichte der Luft soll einen nur von der Formgebung abhängigen dimensionslosen Luftwiderstandsbeiwert definieren. Die Annahme $F \sim v^2$ gilt in Strenge nur, wenn die Umströmung laminar ist, was man aber praktisch nie hat, es gibt eigentlich immer Turbulenzen. Am besten gilt dieser Ansatz noch bei kleinen Geschwindigkeiten, wie sie in unserem Fall tatsächlich vorliegen.

Die Rollreibungskraft F_R ist proportional zur Normalkraft, der dimensionslose Proportionalitätsfaktor heißt Rollreibungsparameter μ_r. In der Ebene ist also

$$F_r = -b = -mg \cdot \mu_r \tag{4.17}$$

Das wirkt auf den ersten Blick paradox, denn es hieße ja, dass auch eine Reibungs-kraft wirkt, wenn das Fahrzeug gar nicht rollt. Außerdem muss die Kraft ja immer der Bewegungsrichtung entgegenwirken. Tatsächlich müsste man eigentlich $F_r = -b \cdot \mathrm{sign}(\dot{x})$ schreiben. Das führt aber wegen der Unstetigkeit der Signums-funktion zu mathematischen Komplikationen, darum tut man es nicht und ist sich stattdessen bewusst, dass die Lösung der damit aufgestellten Differentialgleichung nur für Vorwärtsbewegung gilt. Abgesehen von dieser Schwierigkeit hat sich die Annahme einer konstanten Rollreibungskraft gut bewährt. Sie entspricht dem Sach-verhalt, dass beim Abrollen stets kleine Materialmengen quasi planiert werden müs-sen und die dazu aufzuwendende Arbeit unabhängig davon ist, wie schnell das geschieht.

Die Bewegungsgleichung für x(t) wäre somit die Newtonsche Gleichung, mit den genannten Kräften. Wir brauchen aber nur die Differentialgleichung für die Fahrzeuggeschwindigkeit v zu lösen.

$$m\dot{v} = -\frac{1}{2}\rho_L A c_w v_w^2(t) - mg \cdot \mu_r. \tag{4.18}$$

Setzt man Windstille voraus, so ist die relative Windgeschwindigkeit v gerade die Fahrzeuggeschwindigkeit $\dot{x}$, und man erhält

$$m\dot{v} + \frac{1}{2}\rho_L A c_w v^2 = -mg \cdot \mu_r. \tag{4.19}$$

4.2.6.2 Lösung der Differentialgleichung in Spezialfällen

Es lagen Messdaten aus mehreren Rollversuchen vor. Bei einem Rollversuch wird das Fahrzeug auf eine Anfangsgeschwindigkeit von ca. 30 km/h gebracht, aus der es dann ausrollt. Während des Ausrollens werden die Fahrzeuggeschwindigkeit über dem Grund und die Windgeschwindigkeit relativ zum Fahrzeug etwa alle 1.2 s gemessen. Ist es möglich, aus diesen Daten Luftwiderstand und Rollreibung zu berechnen?

Ohne Wind: In der Annahme, dass die Messungen vernünftigerweise bei relativer Windstille gemacht wurden, begann ich mit Gleichung (4.19).

```
In[1]:= dgl = m x''[t] + a x'[t]^2 == - b;
```

- **allgemeine Lösung:**

```
In[2]:= sol = DSolve[dgl, x[t], t]
```

$$\text{Out[2]}= \left\{\left\{x[t] \rightarrow C[2] + \frac{m \, \text{Log}\left[\text{Cos}\left[\frac{\sqrt{a}\,\sqrt{b}\,(t - m\,C[1])}{m}\right]\right]}{a}\right\}\right\}$$

Für unseren Zweck brauche ich eine spezielle Lösung.

- **partikuläre Lösung:**

```
In[3]:= dglMitAnfangsbedingungen = {dgl, x[0] == 0, x'[0] == v0};
        partSol = DSolve[dglMitAnfangsbedingungen, x[t], t] // Quiet;
```

Die hier nicht dargestellte partikuläre Lösung besteht aus vier Teilen, von denen zwei Artefakte der unphysikalischen Rollreibungskraft sind. Ich wähle eine brauchbare aus.

```
allesPositiv = {a > 0, b > 0, m > 0, v0 > 0};
xt = FullSimplify[x[t] /. partSol[[3]], Assumptions → allesPositiv]
```

$$Out[6]=\quad \frac{m\left(-\frac{1}{2}\,\mathrm{Log}\left[\frac{b}{b+a\,v0^2}\right]+\mathrm{Log}\left[\mathrm{Sin}\left[\frac{\sqrt{a\,b}\,t}{m}+\mathrm{ArcCot}\left[\sqrt{\frac{a}{b}}\,v0\right]\right]\right]\right)}{a}$$

```
In[7]:= vt = FullSimplify[D[xt, t], Assumptions → allesPositiv]
```

$$Out[7]=\quad \frac{b\,\mathrm{Cot}\left[\frac{\sqrt{a\,b}\,t}{m}+\mathrm{ArcCot}\left[\sqrt{\frac{a}{b}}\,v0\right]\right]}{\sqrt{a\,b}}$$

Um zu sehen, ob diese Lösung plausibel aussieht, plotte ich Ort und Geschwindigkeit.

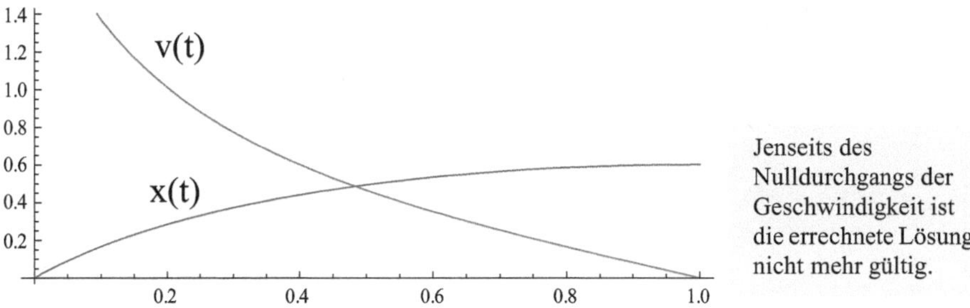

Jenseits des Nulldurchgangs der Geschwindigkeit ist die errechnete Lösung nicht mehr gültig.

Die Zahlen auf den Achsen sind in diesem Beispiel bedeutungslos, weil sämtliche Parameter frei erfunden sind, es geht hier nur um den prinzipiellen Verlauf. Die Geschwindigkeitsfunktion v(t) zeigt, dass bei höheren Geschwindigkeiten der zu v^2 proportionale Luftwiderstand noch eine Rolle spielt, bei niedrigen nicht mehr, da geht die Funktion in eine Gerade über, deren Anstieg allein vom Rollwiderstandsbeiwert bestimmt ist.

4.2.6.3 Anpassung der Daten

Nun müssen die gesuchten Reibungsparameter an die Messdaten angepasst werden. Ich lese sie aus einer Excel-Datei ein. Hier die ersten Zeilen.

```
excelfile = "Messwerte Rollversuch II.xls";
raw = Import[directory <> excelfile][[1]];
raw // TableForm
```

Out[13]//TableForm=
```
REALZEIT      Wind in m/s Drehzahl x16 1/min v in m/s t in s
13:01:06.90 10.55        3412.                5.3       0.
13:01:08.10 10.84        3315.                5.15      1.2
13:01:09.30 10.09        3172.                4.92      2.4
```

Nun versuche ich, die unbekannten Parameter für die Reibung, c_w und μ_r, so gut wie möglich an den gemessenen Verlauf des Rollversuchs anzupassen. Dazu habe ich mit Manipulate ein Programm geschrieben.

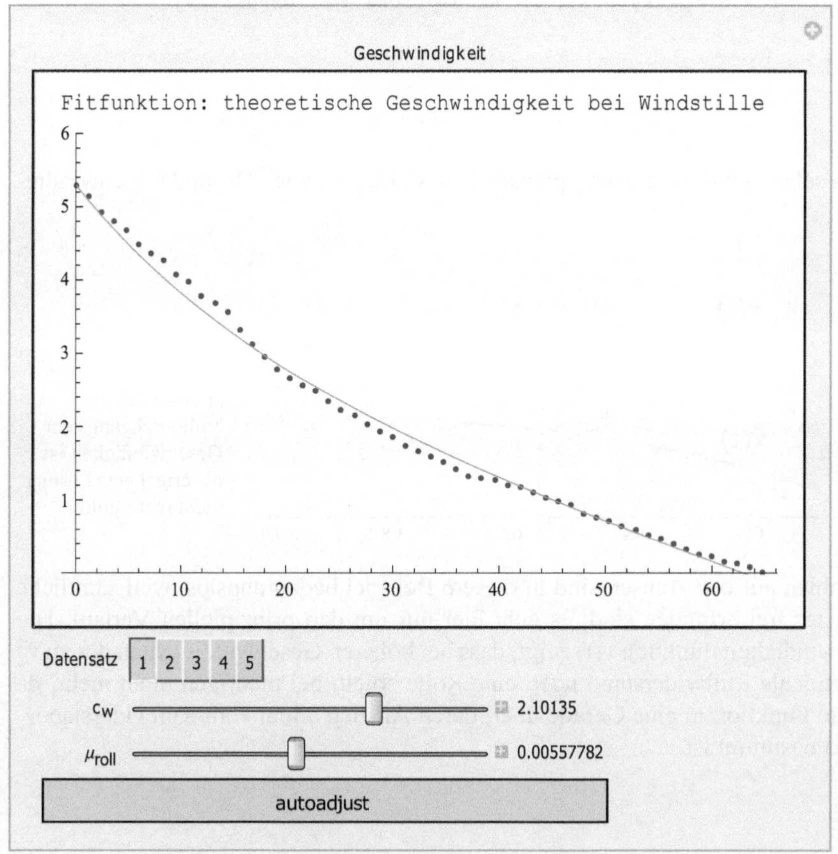

Abb. 4.10 Anpassen der theoretisch berechneten Geschwindigkeit an den gemessenen Verlauf

Die eingestellten Werte liefern die beste Anpassung, nur ist der c_w-Wert unplausibel, er liegt viel zu hoch, wir erwarten etwa 0.5 und erhoffen noch weniger. Die Anpassung funktioniert am besten vollautomatisch mit dem Button *autoadjust*. Dahinter steht der Befehl *FindFit*. FindFit[data,expr,pars,vars] versucht *pars* nach der üblichen Methode der kleinsten Quadrate[60] so zu bestimmen, dass der Gesamtfehler zwischen *data* und *expr[vars]* minimal ist.

Was ist der Grund für den Fehler? Der angenommene theoretische Verlauf gilt nur bei Windstille. Um zu sehen, ob diese Voraussetzung näherungsweise erfüllt ist, schauen wir uns die Windgeschwindigkeit an.

```
vWindAbs = vWindRel - vFahrzeug;
vWindAbsPlot = ListPlot[Transpose@{time, vWindAbs}, PlotStyle → Red];
vFahrzeugPlot = ListPlot[Transpose@{time, vFahrzeug}];
Show[{vFahrzeugPlot, vWindAbsPlot}]
```

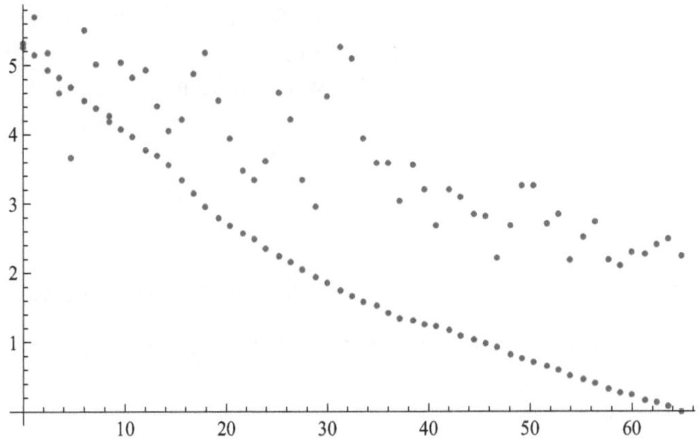

Abb. 4.11 Fahrzeuggeschwindigkeit (blau) und absolute Windgeschwindigkeit (rot)

Von Windstille kann hier keine Rede sein. Die berechneten Reibungsparameter sind leider so vom Wind beeinflusst, dass sie nahezu wertlos sind. Es muss ein anderer Weg gefunden werden.

Die Bewegungsgleichung mit einer beliebig vorgegebenen Funktion für die Windgeschwindigkeit $v_w(t)$ lässt sich allgemein nicht lösen. Wenn man aber eine konstante Windgeschwindigkeit annimmt, geht es doch. Mit der Substitution $\tilde{v} = v + v_w$ bekommt man dieselbe DGL wie Gleichung (4.19) für $\tilde{v}$.

---

[60] Für mathematisch Interessierte: Es wird die euklidische Norm des Residuenvektors minimiert.

Die Näherung $v_w = 0$ brachte keine brauchbaren Ergebnisse, nun versuchen wir, ob $v_w = \mathrm{const}$ nahe genug an der Realität ist. Ich kürze es ab: Hier sind die Zahlen aus den fünf Rollversuchen.

```
In[76]:= SummaryConstantWind[]
```

```
Out[76]//TableForm=
        cw = 0.863861  µroll = 0.00175998
        cw = 0.561957  µroll = 0.00549557
        cw = 0.792436  µroll = 0.00339
        cw = 0.623916  µroll = 0.00251927
        cw = 0.700702  µroll = 0.00330217
```

Sie kommen unseren Erwartungen schon näher, aber die Streuung ist noch so hoch, dass man kaum von Messwerten sprechen kann. Immerhin, was hier nicht gezeigt ist, ist, dass die Fitfunktion deutlich näher an den Messpunkten liegt als in Abb. 4.10, es war also ein Schritt in die richtige Richtung.

Was kann man noch tun? Die DGL numerisch lösen? So etwas Ähnliches geht tatsächlich. Gleichung (4.18) beschreibt ja ein Kräftegleichgewicht zwischen der Trägheitskraft und den Reibungskräften, das bei jeder Windstärke gelten muss. Ich hatte die Idee, die Reibungsparameter so zu wählen, dass die Gleichung zu jedem Zeitpunkt erfüllt ist, oder wenn das wegen unvermeidlicher Messfehler nicht geht, die Abweichung minimal ist. Die Werte für die rechte Seite der Gleichung, die Reibungskräfte, liegen im Prinzip direkt vor. Für die linke Seite brauche ich die erste Ableitung der Fahrzeuggeschwindigkeit, die Beschleunigung.

Hier gibt es mehrere Möglichkeiten zur Berechnung, die ich alle ausprobiere:

1. Ableitung durch finite Differenzen benachbarter Punkte, also $\dfrac{d v}{d t} \to \dfrac{v_{i+1} - v_i}{\Delta t}$,
2. lokaler Fit und analytische Ableitung,
3. globaler Fit und analytische Ableitung

Dafür habe ich eine Demo geschrieben. Sie funktioniert so, dass man die Reibungsparameter c_w und μ_{roll} so einstellt, dass die Trägheitskraft und die Reibungskraft zu jeder Zeit möglichst gut übereinstimmen. Rein theoretisch sollten sie gleich sein, aber es gibt ja immer Messfehler. Unter anderem auch den, dass der Punkt, an dem die (relative) Windgeschwindigkeit gemessen wurde, nicht mit dem Punkt übereinstimmt, an dem der Luftwiderstand wirkt; darum habe ich auch eine Möglichkeit der Zeitverschiebung durch den Schieberegler δt vorgesehen. Ausserdem kann direkt zwischen allen fünf Messreihen umgeschaltet werden. Erst das schnelle Umschalten zwischen den Varianten ermöglicht einen echten Vergleich der verschiedenen Varianten der Ableitungsbildung und der verschiedenen Messreihen.

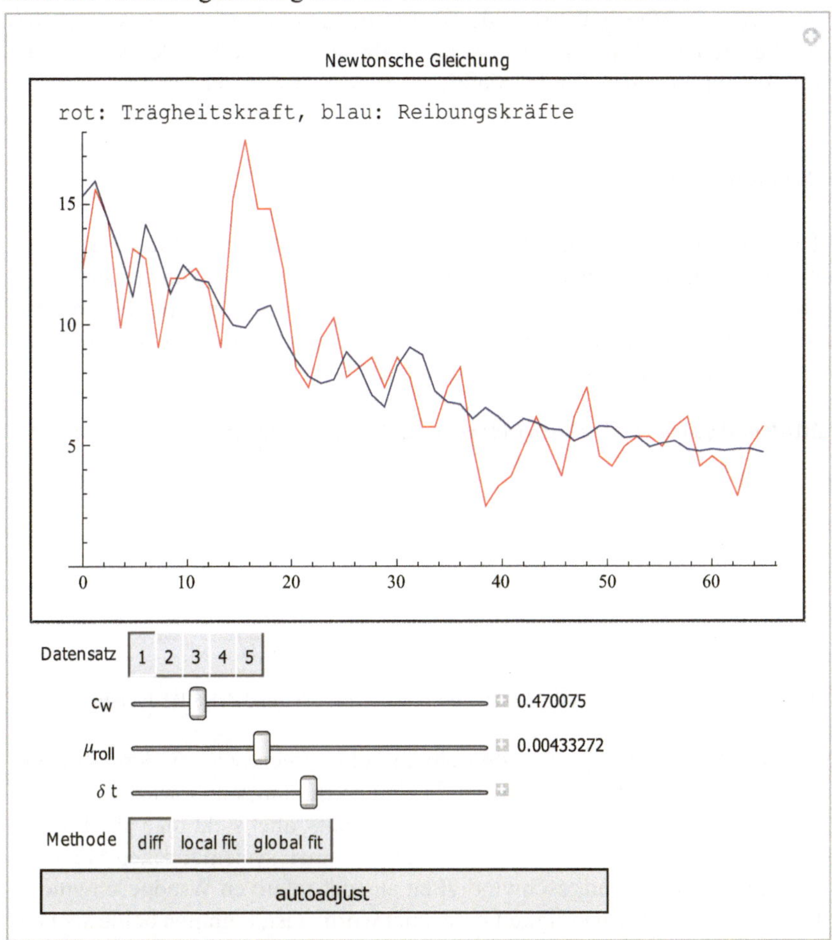

Abb. 4.12 Trägheits- und Reibungskräfte sollten eigentlich gleich sein

Ergebnisse: es fällt auf, dass auch bei idealer Anpassung der Parameter, wie sie in Abb. 4.12 gezeigt ist, die Kurven nicht gut übereinander liegen. Auch der Schieberegler zur Zeitverschiebung brachte immer nur lokale Ähnlichkeiten zum Vorschein. Die schlechte Übereinstimmung lag sicher mit am Versuchsaufbau. Der Sensor des Messgerätes für die Windgeschwindigkeit war nicht dort, wo der Luftwiderstand am Fahrzeug angriff, sondern an einer Stange oben hinten. Dadurch war das Ganze auch nicht mehr als starrer Körper zu sehen. Eine gewisse Synchronität erkennt man dennoch.

Von den drei Methoden, die Zeitableitung zu bilden, erwies sich die erste als gleichzeitig einfachste und beste, die zweite brachte keine wesentlich anderen Zahlen, nur die dritte wich etwas ab, aus Gründen, die bald klar werden. Kann man den Zahlen glauben? Der c_w-Wert ist immer noch nicht so niedrig, wie es die windschnittige Form erhoffen ließ. Aber der Rollreibungsbeiwert ist sehr klein. Zum Vergleich: Fahrrad auf Asphalt 0.07. Da hier Fahrradreifen verwendet wurden, die auf 5 bar aufgepumpt waren, ist der niedrigere Wert halbwegs glaubhaft.

4.2.6.4 Sichten der Daten

Dieser Teil der Arbeit hätte eigentlich am Anfang stehen müssen. Mathematica ist ideal, um mit Datensätzen verschiedene Dinge auszuprobieren. Dadurch stößt man manchmal auch schnell auf Ungereimtheiten. Hier war es zunächst die absolute Windgeschwindigkeit. Ich hatte sie mir angesehen und fand sie etwas seltsam. Dass sie schwankte, war sicher normal. Aber auf diese Weise?

```
Row@Table[wähleDaten[i]; plotWindgeschwindigkeitUndFitfunktion[i], {i, 5}]
```

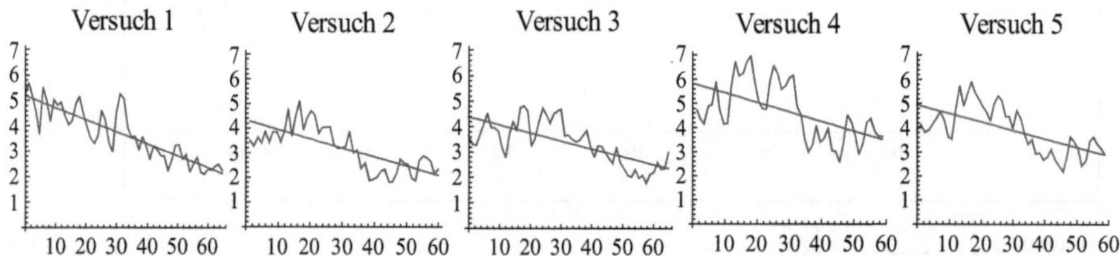

Abb. 4.13 Absolute Windgeschwindigkeit und ihr linearer Fit während der 5 Rollversuche

Es scheint, als wäre die absolute Windgeschwindigkeit irgendwie mit der Fahrzeuggeschwindigkeit korreliert. Immer, wenn das Fahrzeug langsamer wird, lässt auch der Wind nach. Jede einzelne der Grafiken verrät nichts, aber sieht man alle fünf, so wird klar, dass das kein Zufall ist. Es deutet eher auf einen systematischen Messfehler hin. Da die absolute Windgeschwindigkeit aus der relativen Windgeschwindigkeit und der Fahrzeuggeschwindigkeit berechnet worden ist, kommen beide als Fehlerquellen in Frage.

Sehen wir uns zunächst den Verlauf der Fahrzeuggeschwindigkeit bei den fünf Versuchen an.

```
Row@Table[wähleDaten[i]; plotFahrzeuggeschwindigkeit[i], {i, 5}]
```

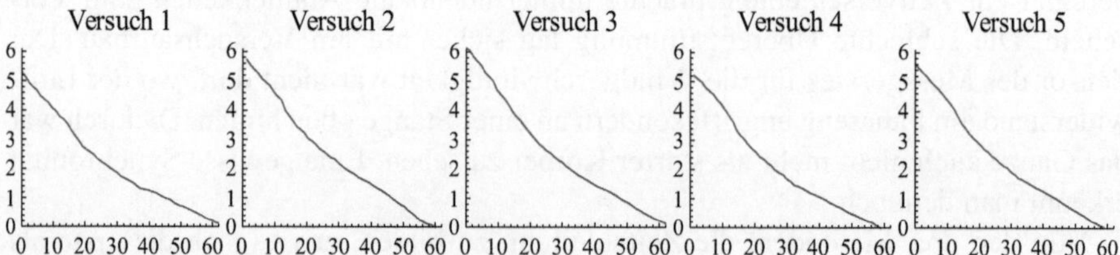

Abb. 4.14 Fahrzeuggeschwindigkeit während der 5 Rollversuche

Bei genauem Hinsehen erkennt man, dass die Geschwindigkeit etwa nach einem Viertel der Zeit schneller abfällt als am Anfang. Wenn die Messung so stimmte, hieße das, dass dort eine stärkere Bremskraft wirkt als am Anfang. Das sollte normalerweise nicht so sein, denn die Reibungskräfte sind am stärksten bei der Maximalgeschwindigkeit[61]. Wiederum kann man an jeder einzelnen Messreihe nichts Ungewöhnliches erkennen. Schließlich könnte das ja der Wind bewirkt haben, der zufällig in diesem Moment stärker wurde. Da es aber jedes Mal an derselben Stelle auftritt, ist ein Zufall auszuschließen. Noch klarer sieht man den Effekt an der mit finiten Differenzen berechneten Zeitableitung.

```
Row@Table[wähleDaten[i]; plotFahrzeugbeschleunigung[i], {i, 5}]
```

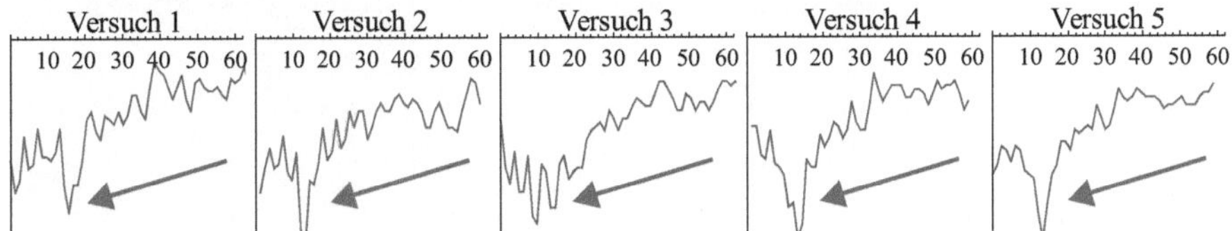

Abb. 4.15 Die Fahrzeugbeschleunigung hat jedes Mal nach dem ersten Viertel einen Spitzenwert

Was könnte die Ursache sein? Der Wind war es definitiv nicht. Nicht nur, dass ein solcher Zufall äußerst unwahrscheinlich ist, auch die gemessene relative Windgeschwindigkeit zeigt nicht diese Anomalie. Hat der Fahrer jedes Mal zu dieser Zeit auf die Bremse getreten? Ist eine andere, nicht bekannte bremsende Kraft im Spiel? Ich glaube es nicht. Wahrscheinlicher als zwei unabhängige Fehler erscheint mir ein Zusammenhang mit dem vorher erwähnten systematischen Fehler bei der absoluten Windgeschwindigkeit. Das selbstgebaute Geschwindigkeitsmessgerät war wohl fehlerhaft.

Übrigens war diese Anomalie der Geschwindigkeitsverläufe wohl auch der Grund dafür, dass die Methode mit dem globalen Fit nicht so gut funktionierte. Es wurde mit der Ableitung der analytischen Lösung der Geschwindigkeitsfunktion für konstanten Wind gefittet, die eigentlich recht gut ist, aber eben nicht diese Anomalie wiedergeben kann und soll.

4.2.6.5 Zusammenfassung der Ergebnisse

Die Analyse der Rohdaten zeigte zwei Anomalien, die auf systematische Fehler hinweisen. Daher sind die auf Basis dieser Daten ermittelten Beiwerte für Luftwiderstand und Rollreibung nicht zuverlässig. Bei besserer Datenqualität wäre aber die hier entwickelte Methode sicher geeignet, aus Rollversuchen die Reibungsparameter c_w und μ_r zu berechnen.

---

[61] Hier ist die Relativgeschwindigkeit zwischen Wind und Fahrzeug gemeint.

4.2.6.6 Auszüge aus dem Code

Wie gesagt, den vollständigen Code wie auch Testdaten finden Sie auf dem Server des Springer-Verlags [49]. Probieren Sie selbst aus, wie die Demos arbeiten, wandeln Sie die Beispiele für eigene Zwecke ab. Hier erst mal eine Übersicht.

Rollreibung und Luftwiderstand

Theorie

Messdaten auswerten

- Defs
- Daten ansehen
- 1. c_w und μ_{roll} durch Fit an die exakte Lösung ohne Wind ermitteln
- 2. c_w und μ_{roll} durch Fit an die exakte Lösung mit konstantem Wind ermitteln
- 3. c_w und μ_{roll} durch Fit der Kräftegleichung ermitteln

Unter *Defs* sind die Fahrzeugeckdaten sowie die Funktionen zum Einlesen und Ableiten definiert. Das Ableiten von Daten in Listenform geht folgendermaßen:

```
listDerivative[xy_, i_] :=
 {xy[[i, 1]],
  Switch[i,
   1, (xy[[i + 1, 2]] - xy[[i, 2]]) / (xy[[i + 1, 1]] - xy[[i, 1]]),
   Length@xy, (xy[[i, 2]] - xy[[i - 1, 2]]) / (xy[[i, 1]] - xy[[i - 1, 1]]),
   _, (xy[[i + 1, 2]] - xy[[i - 1, 2]]) / (xy[[i + 1, 1]] - xy[[i - 1, 1]])
  ]
 }
```

```
listDerivative[xy_] := Table[listDerivative[xy, i], {i, Length@xy}]
```

Die erste Variante liefert die Ableitung an einem Punkt, die zweite die der ganzen Liste. Es wird eine Liste mit Wertepaaren (x,y) erwartet. Als Ableitung wird der Differenzenquotient $\Delta y/\Delta x$ zurückgegeben, wobei die symmetrische Differenz, also zwischen dem nächsten und dem vorherigen Punkt, genommen wird. Lediglich am Anfang und am Ende der Liste muss man aufpassen, daher die Fallunterscheidung mit *Switch*. Etwas trickreicher ist *listFitDerivative*, die einen lokalen Fit der Daten in Form einer Geraden berechnet und dann deren Steigung zurückgibt.

```
listFitDerivative[xy_, i_] :=
  Module[
    {di = 4, points, pointIndices, fit, x},
    pointIndices = Select[Range[i - di, i + di], # > 0 && # ≤ Length@xy &];
    points = xy[[#]] & /@ pointIndices;
    fit = Fit[points, {1, x}, x];
    {xy[[i, 1]], D[fit, x]}
  ]
```

```
listFitDerivative[xy_] :=
  Table[listFitDerivative[xy, i], {i, Length@xy}]
```

Mit dem Parameter *di* wird die Größe des Bereichs zur Mittelung festgelegt. Dann wird eine Liste der Listenindizes von *i-di...i+di* erzeugt, aus der mittels *Select* sogleich nur die gültigen, also die zwischen 1 und der Länge der Liste *xy* ausgewählt werden. Die nächste Zeile ist etwas kompliziert. Die Funktion xy[[#]]& wird per *Map* (Kurzform /@) auf die Liste der Indizes angewendet. Damit wird jedem Index k der Punkt xy[[k]] zugeordnet. Diese Liste von Punkten in der Nachbarschaft von i wird gefittet. Das zweite Argument von Fit bewirkt, dass eine Gerade der Form ax+b herauskommt, mit zwei konkreten Zahlen a und b. Wir wollen die Steigung a zurückgeben, das geht am einfachsten, indem man den Ausdruck nach x ableitet. In der zweiten Variante der Funktion *listFitDerivative[xy_]* wird das an jedem Punkt gemacht.

Nun will ich Ihnen noch zeigen, wie die Ableitung der gemessenen Fahrzeuggeschwindigkeit per globalem Fit bestimmt wurde. Zugrunde liegt die analytische Lösung von Gleichung (4.18). Sie ist bis auf eine Konstante identisch mit der Lösung von Gleichung (4.17) bei konstanter Windgeschwindigkeit.

```
berechneFitfunktion[] :=
  Module[
    {vWindAbsMean, cw, muRoll, v0},
    vWindAbsMean = Mean[vWindRel - vFahrzeug];
    vtGemessenRel = Transpose@{time, vFahrzeug + vWindAbsMean};
    {cw, muRoll} = fitToAnalyticalSolution[vtGemessenRel];
    v0 = vtGemessenRel[[1, 2]];
    Evaluate[vtAnalytisch[#, cw, muRoll, v0]] &
  ]
```

Zuerst wird die mittlere Windgeschwindigkeit *vWindAbsMean* berechnet. Daraus bekommt man die Fahrzeuggeschwindigkeit relativ zum Wind, *vtGemessenRel*. Die Notation, *v* oder *vt*, deutet an, dass es sich einmal um die Funktionswerte und einmal um Wertepaare handelt. Die hier nicht gezeigte Funktion *fitToAnalyticalSolution*

liefert nach der Methode der kleinsten Fehlerquadrate die besten Werte für die Reibungsparameter. Schließlich entnimmt man noch der Fahrzeuggeschwindigkeit
relativ zum Wind den Anfangswert und hat so alle Parameter der analytischen
Lösung. Diese gibt man als *Pure Function*, vergl. Kap. 2.3.4 *Namenlose Funktionen*
auf S. 49, zurück. Dabei ist das *Evaluate* wichtig, um die Parameter ein für alle mal
hier auszurechnen und nicht bei jedem Aufruf neu. Die Ausgabe kann z. B. so aussehen.:

```
berechneFitfunktion[]
```

```
6.66301 Cot[0.642886 + 0.00809117 #1] &
```

In der Funktion *berechneBeschleunigung[methode_]* wird dann einfach die Ableitung gebildet und eine Tabelle erstellt. Letzteres nur deswegen, um diese Variante
einheitlich mit den diskreten Ableitungen zu machen.

```
Switch[methode,


  "global fit",
  vFit = berechneFitfunktion[];
  aVonX = D[vFit[x], x];
  Transpose@{time, Table[aVonX /. x → time[[k]], {k, Length@time}]},
```

Ich hoffe Ihnen hiermit genug erklärt zu haben, um den vollständigen Code, den Sie
unter [49] finden, zu verstehen.

4.2.7 *Parameterkurven: Zykloiden*

Ein großer Teil des Codes in diesem Kapitel stammt von meinen Studenten. Ich
habe regelmäßig das Erstellen animierter Zykloiden als Übungsaufgabe gestellt, zu
einer Zeit, als es noch kein Manipulate gab. Natürlich lernt man mehr, wenn man
damit herumspielen kann, also musste eine Demo geschrieben werden, die die vorhandenen Funktionen einfach benutzte. Wie Sie sehen werden, ist auch das nicht
ganz trivial, wenn man es gut machen will. Doch zunächst einmal: Was sind überhaupt Zykloiden?

4.2.7.1 Theorie

Eine Zykloide (lat. cyclus; griech. kýklos, »Kreis«; griech. -eidés, »-ähnlich«) oder
zyklische Kurve ist die Bahn, die ein Kreispunkt beim Abrollen eines Kreises auf
einer Leitkurve, die eine Gerade oder ein Kreis sein kann, beschreibt. Betrachtet
man ferner einen Punkt, der nicht auf dem Kreis, sondern weiter innen oder außen
liegt, so spricht man von verkürzten oder verlängerten Zykloiden.

Normale Zykloiden: Ein Kreis mit Radius r rollt auf einer Geraden ab. Der Ort als Funktion des Kurvenparameters t ist

$$\begin{pmatrix} x \\ y \end{pmatrix} = r \begin{pmatrix} t - \sin(t) \\ 1 - \cos(t) \end{pmatrix} \qquad (4.20)$$

Für einen Teil[62] dieser Parameterkurve findet man sogar eine Darstellung der Bahnkurve als Funktion x(y), indem man t eliminiert. Betrachtet man einen Punkt, der nicht auf dem Kreis liegt, sondern den Abstand a vom Kreismittelpunkt hat, ergibt sich die allgemeinere Form

$$\begin{pmatrix} x \\ y \end{pmatrix} = r \begin{pmatrix} t \\ 1 \end{pmatrix} - a \begin{pmatrix} \sin(t) \\ \cos(t) \end{pmatrix} \qquad (4.21)$$

Man kann die Parameterdarstellung auch als Bahnkurve $\vec{r}(t)$ eines Punktes interpretieren. Ich will nicht weiter auf die Herleitung eingehen, nur so viel: Man sieht in Gleichung (4.21) sehr schön, wie sich eine Bewegung mit konstanter Geschwindigkeit in x-Richtung und eine Rotation überlagern.

Epizykloiden: Rollt ein Kreis mit Radius r_2 außen auf einem unbewegten Kreis mit Radius r_1 ab, so beschreibt ein mit dem rollenden Kreis verbundener Punkt, der den Abstand a vom Kreismittelpunkt hat, eine so genannte Epizykloide. Sie besitzt die Parameterdarstellung

$$\begin{pmatrix} x \\ y \end{pmatrix} = (r_1 + r_2) \begin{pmatrix} \cos\left(\frac{r_2}{r_1}t\right) \\ \sin\left(\frac{r_2}{r_1}t\right) \end{pmatrix} - a \begin{pmatrix} \cos\left(\frac{r_1 + r_2}{r_1}t\right) \\ \sin\left(\frac{r_1 + r_2}{r_1}t\right) \end{pmatrix}. \qquad (4.22)$$

Da sich hier zwei Kreisbahnen überlagern, wird die Bahnkurve i. A. geschlossen sein.[63] Tatsächlich lässt es sich auch leicht angeben, ab welchem Wert von t sich alles wiederholt. Dieser Wert wird in der Implementierung der Demo benötigt, da man möchte, dass der Bereich des Sliders für die Bahnkurve immer eine Periode umfasst. Man bekommt ihn so: Die gemeinsame Periode zweier Schwingungen mit den Periodendauern T_1 und T_2 ist LCM[T1, T2]. Sie haben die Funktion LCM (least

---

[62] zum Beispiel im Intervall $[0, \pi]$

[63] Das gilt genau dann, wenn r_1/r_2 eine Rationalzahl ist.

common multiple) bereits im Kap. 4.1.3 *Wie schreibe ich eine Demonstration?* kennengelernt.

Hypozykloiden: die dritte Spezies in unserem Zoo von Parameterkurven. Rollt ein Kreis mit Radius r_2 innen in einem unbewegten Kreis mit Radius r_1 ab, so beschreibt ein mit dem rollenden Kreis verbundener Punkt, der den Abstand a vom Kreismittelpunkt hat, eine so genannte Hypozykloide. Sie besitzt die Parameterdarstellung

$$\begin{pmatrix} x \\ y \end{pmatrix} = (r_1 - r_2)\begin{pmatrix} \cos\left(\frac{r_2}{r_1}t\right) \\ \sin\left(\frac{r_2}{r_1}t\right) \end{pmatrix} + a\begin{pmatrix} \cos\left(\frac{r_1 - r_2}{r_1}t\right) \\ -\sin\left(\frac{r_1 - r_2}{r_1}t\right) \end{pmatrix}. \tag{4.23}$$

Während es Epizykloiden für alle Radienverhältnisse gibt, sind Hypozykloiden offenbar nur mit $r_1 > r_2$ möglich.

4.2.7.2 Das Programm

Ich beginne mit einem Screenshot der fertigen Demo. Sie sehen dann sofort, worauf es hinausläuft, und wenn Sie noch keine Zykloiden gesehen haben, gleich mal ein Beispiel.

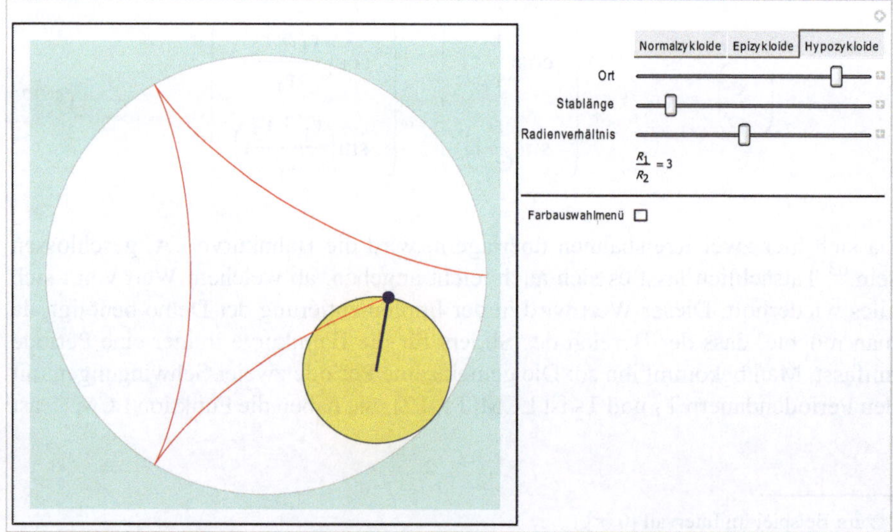

Abb. 4.16 Hypozykloide mit Radienverhältnis 3:1 und fast vollendetem Bahnkurvenzyklus

Abbildung 4.16 zeigt die fertige Demo. Als Zykloidenart ist die Hypozykloide gewählt, das Radienverhältnis ist 3:1, die Stablänge (im Verhältnis zum Radius des rollenden Kreises) ist 1, und der relative Kurvenparameter, in der Demo als Ort bezeichnet, ist kurz vor der Endstellung. Dementsprechend besitzt die Bahnkurve eine dreizählige Symmetrie und ist fast geschlossen.

Ich verrate Ihnen jetzt, dass ich vorher schon alle Regler bewegt habe. Sie fragen sich nun, wie es möglich ist, dass ich die Zahlen 3 und 1 so genau getroffen habe. Eigentlich ist das ja ganz unwahrscheinlich oder sogar unmöglich. Und wenn etwa das Radienverhältnis nicht genau 3, sondern dicht daneben wäre, würde ein Zyklus plötzlich sehr lang, und die rote Kurve füllte fast den ganzen Festkreis aus.

Trick Nr. 1: Ich habe aus pädagogischen Gründen dafür gesorgt, dass nur gewisse einfache Radienverhältnisse gewählt werden können, die durchschaubare Zykloiden erzeugen. Und was ist mit der relativen Stablänge 1?

Trick Nr. 2: Ich habe dafür gesorgt, dass bei der Stablänge die Zahl 1 quasi einrastet. Ist man mit dem Regler in der Nähe, wird z. B. aus 0.97 automatisch 1.

Was noch? Die Anzeige des Radienverhältnisses erfolgt korrekt als Rationalzahl. Also nicht 2.33, sondern 7/3. Der Benutzer erkennt so nämlich den Zusammenhang, dass drei Umläufe des Rollkreises einen Stern mit sieben Zacken erzeugen. Bei 2.33 wäre das fraglich. Dann ist da noch ein Farbauswahlmenü, das im Moment verborgen ist. Es erscheint nach Anklicken der Checkbox auf der freien Fläche unterhalb und hat auch einen Reset-Button. Schließlich sind die Geschmäcker verschieden, und manche Benutzer spielen auch gern etwas herum.

4.2.7.3 Wie man es startet

Ich nehme an, Sie haben inzwischen ein wenig mit dem Programm experimentiert. Falls sie es jetzt machen wollen: Es ist in der Datei `Zykloiden_GUI.nb` auf dem Server [49]. Bevor Sie es starten können, müssen Sie das Package `Zykloiden.m` irgendwohin kopieren, wo Mathematica es findet. Die Variable `$Path` enthält diese Orte.

4.2.7.4 Wie es funktioniert

Fast alles Wesentliche ist im Package `Zykloiden.m` implementiert. Um die Demo zu starten, braucht man nur verhältnismäßig wenig Code. Man lädt das Package und ruft Manipulate mit folgendem Aktionsteil auf:

```
Needs["Zykloiden`"];
Manipulate[
 Switch[
   type,
   1, zeichneZykloide[clamp[l1], 4 Pi, 2 Pi t1],
   2, r1r2 = Exp[nächsterWert[r2, radienlisteEpiLog]];
```

```
  3, r1r2 = Exp[nächsterWert[r3, radienlisteHypoLog]];
    zeichneHypozykloide[r1r2, clamp[l3], t3]
  ],
```

Je nachdem, welchen Wert *type* hat, wird eine der drei Zykloiden gezeigt. Dabei kommt die Funktion clamp (klammern) zum Einsatz, die alle Werte unverändert durchreicht und nur solche nahe der 1 zu exakt 1 macht. Damit erleichtert man es dem Benutzer, die Stablänge exakt auf 1 zu setzen. Auch das Radienverhältnis wird recht trickreich eingestellt. Die möglichen Radienverhältnisse sind als Listen vorgegeben und wurden im Package unter den Namen *radienlisteEpi* und *radienlisteHypo* erzeugt. Es wurden zwei Listen gebraucht, weil bei Epizykloiden der rollende Kreis sowohl größer als auch kleiner als der feststehende sein kann, während bei Hypozykloiden der rollende immer kleiner sein muss. Es hat sich erwiesen, dass eine logarithmische Skala bei den Schiebereglern als gleichmäßiger empfunden wird. Daher wurden die Slider für die Logarithmen der Radienverhältnisse angelegt. Die Funktion *nächsterWert[x, list]* gibt immer den Wert aus der Liste, der x am nächsten ist. Die nachgeschaltete e-Funktion *Exp* macht aus dem Logarithmus wieder das Radienverhältnis.

Nun zum Kontrollteil. Ganz oben sind die Umschaltknöpfe für die Zykloidenart, die die Variable *type* kontrollieren. Je nach Typ sind darunter dann zwei oder drei Schieberegler, die auch dann, wenn sie gleich aussehen, verschieden sind: Jeder Typ hat seinen eigenen Satz Regler, der aktuell gezeigt wird. Dadurch bleiben die Einstellungen erhalten, wenn man die Zykloidenart wechselt. Dies ist folgendermaßen realisiert.

```
{{type, 1, ""}, {1 → "Normalzykloide", 2 → "Epizykloide", 3 → "Hypozykloide"}},
PaneSelector[
  {
  1 → controlsNormalzykloide[Dynamic@{t1, l1}],
  2 → controlsEpizykloide[Dynamic@{t2, l2, r2}],
  3 → controlsHypozykloide[Dynamic@{t3, l3, r3}]
  },
  Dynamic[type]
],
Delimiter,
```

Die erste Zeile erzeugt die Schaltleiste. Unterhalb erscheinen nun, abhängig vom Wert der Variablen *Type*, die passenden Schieberegler. Das Package stellt die Funktionen zu ihrer Erzeugung zur Verfügung. Der Mechanismus zum Umschalten ist der so genannte *PaneSelector*. Pane (Glasscheibe) ist, wie ich finde, ein gut beschreibender Name für ein unsichtbares Panel (Brett, Tafel). Der PaneSelector macht automatisch alle Bereiche gleich groß, so dass beim Umschalten die nachfolgenden Objekte nicht rauf und runter springen.

Danach kommt, als Abschluss der Funktionsgruppe, noch ein waagerechter Strich, der *Delimiter*, und darunter das Ankreuzfeld „Farbauswahlmenü“. Nur wenn das angekreuzt ist, erscheinen darunter die Einsteller für alle in den Grafiken auftretenden Farben. Hier bin ich bewusst von dem Grundsatz abgewichen, nichts „wegzuzaubern". Die Alternativen, die Farbeinsteller permanent zu zeigen oder ein neues Fenster zu öffnen, finde ich beide weniger gut. Die ständige Präsenz würde vom eigentlichen Zweck ablenken, und ein extra Fenster erfordert mehr Klicks. Hier der Code.

```
{{showColorControls, False, "  Farbauswahlmenü"}, {True, False}},

Row@{Spacer[5], Dynamic@If[showColorControls, colorControls, ""]},

{{l1, 1}, ControlType → None},  (* Stablänge Normalzykloide *)

{{t1, 1}, ControlType → None},  (* Kurvenparameter Normalzykloide *)

{{r2, Log[1/4]}, ControlType → None},  (* Radienverhältnis Epizykloide

{{l2, 1}, ControlType → None},  (* Stablänge Epizykloide *)

{{t2, 1}, ControlType → None},  (* Kurvenparameter Epizykloide *)

{{r3, Log[2]}, ControlType → None},  (* Radienverhältnis Hypozykloide *)

{{l3, 1}, ControlType → None},  (* Stablänge Hypozykloide *)

{{t3, 1}, ControlType → None},  (* Kurvenparameter Hypozykloide *)
```

Die erste Zeile erzeugt das Ankreuzkästchen, und in der zweiten werden, dem Wert der Variablen *showColorControls* entsprechend, die im Package vorbereiteten *colorControls* gezeigt oder nicht. Aus ästhetischen Gründen ist ein Spacer eingefügt. So sehen die *colorControls* aus.

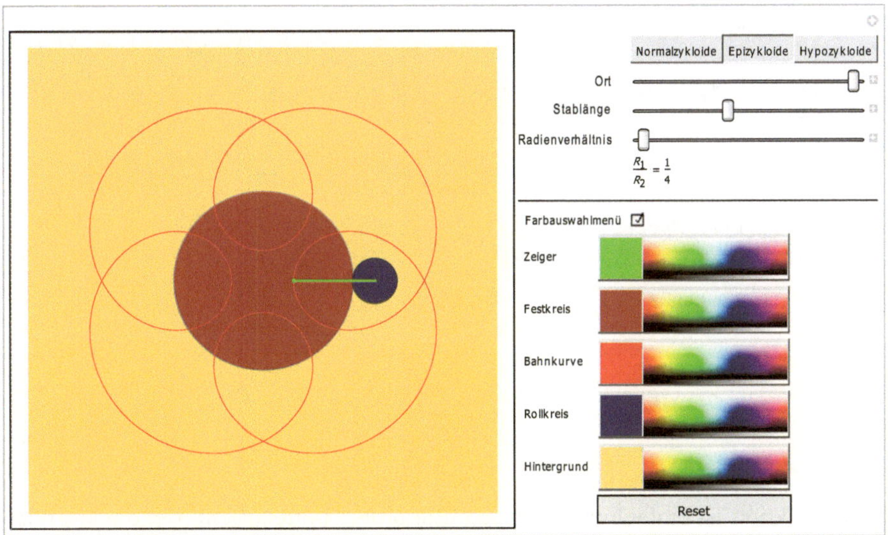

Abb. 4.17 Das Farbauswahlmenü kann auch ausgeblendet werden

Nun zum Package. Da man sie an mehreren Stellen benötigt, definiert man einmal an prominenter Stelle die Listen der zulässigen Radienverhältnisse von festem zu rollendem Kreis. Bei Hypozykloiden kann der Radius des innen rollenden Kreises nur kleiner sein als der des festen Kreises, während das Radienverhältnis bei Epizykloiden beliebig sein kann.

```
radienlisteEpi = Union[Sort[Flatten[Table[z/n, {z, 4}, {n, 4}]]]];
radienlisteEpiLog = Log[radienlisteEpi];
radienlisteHypo = Union[Sort[Flatten[Table[z/n, {z,5,8}, {n, 4}]]]];
radienlisteHypoLog = Log[radienlisteHypo];
```

Man bildet alle Brüche der Form z/n, wobei z und n die o.a. Bereiche durchlaufen. Mit Flatten wird diese zweifach geschachtelte Liste zu einer einfachen Liste von Brüchen gemacht. Diese werden nach Größe sortiert, und die Doubletten mit Union entfernt. Wegen der logarithmischen Slider werden die Logarithmen der Zahlen benötigt. Da *Log* wie fast alle eingebauten Funktionen das Attribut *Listable* hat, kann man es ohne Map direkt auf die Liste anwenden.

Die Steuerelemente der verschiedenen Zykloidenarten sind nicht nur individuelle Objekte, sondern unterscheiden sich auch geringfügig voneinander. Darum gibt es drei verschiedene Funktionen, die sie anlegen. Ich zeige als Beispiel die für die Epizykloide.

```
controlsEpizykloide[Dynamic@{t_, länge_, r1r2_}] :=
 Module[
  {label, rMin, rMax},
  rMin = Min@radienlisteEpiLog;
  rMax = Max@radienlisteEpiLog;
  label =
   {Style["Ort", FontFamily -> "Helvetica"],
    Style["Stablänge", FontFamily -> "Helvetica"],
    Style["Radienverhältnis", FontFamily -> "Helvetica"]};
  Grid[
  {{label[[1]], Spacer[3], Manipulator[Dynamic[t], {0, 1}]},
   {label[[2]], Spacer[3], Manipulator[Dynamic[länge], {0, 9}]},
   {label[[3]], Spacer[3], Manipulator[Dynamic[r1r2], {rMin, rMax}]},
   {Null,Spacer[3],Dynamic@rationalToString[Exp@r1r2,radienlisteEpi]}
   },
   Alignment -> {{Right, Center, Left}, {Center, Center, Center}}
  ]
 ]
```

Diese Funktion ist einfach zu verstehen. Sie ordnet mittels *Grid* Texte und Slider (hier als Manipulator aufgerufen) in Reihen und Spalten an. Die letzte Zeile im Grid sorgt dafür, dass direkt unter dem Slider das Radienverhältnis als Bruch dargestellt wird. Das Dynamic vor dem *rationalToString* ist nötig, damit dort stets der aktuelle Wert steht.

Eine der verwendeten Hilfsfunktionen ist *nächsterWert*. Sie bekommt eine Zahl und eine Liste von Zahlen und gibt denjenigen Listenwert zurück, der der Zahl am nächsten ist. Ich sollte noch erwähnen, dass diese Funktion eigentlich nicht benötigt würde, wenn man die Slider gleich so konfiguriert hätte, dass sie nur die zulässigen Werte annehmen können. Das wäre auch für den Benutzer transparenter gewesen.

```
nächsterWert[x_, l_List] :=
 Module[{winner = 1, i},
  For[i = 2, i <= Length[l], i++,
   If[Abs[N[l[[winner]]] - x] > Abs[N[l[[i]]] - x], winner = i]
   ];
  l[[winner]]
 ]
```

Es funktioniert im Prinzip so, dass man durch die Liste iteriert und sich den Favoriten merkt. Wahrscheinlich ginge es auch eleganterer, über einen Hinweis würde ich mich freuen.

Wie die Gruppe mit den Farbwählern erzeugt wird, habe ich Ihnen schon im Kap. 3.5 gezeigt, es steht direkt unter der Abb. 3.3 auf S. 87.

Nun komme ich zu den eigentlichen Kernfunktionen, die die Zykloiden erzeugen. Damit das Ganze verständlich wird, reicht es natürlich nicht, die Zykloiden darzustellen. Man braucht auch die Leitkurve, auf der der Kreis entlangrollt. Bei verkürzten oder verlängerten Zykloiden ist es gut, die Metapher eines Stabs oder Zeigers zu benutzen, an dessen Ende der Zeichenstift befestigt ist. Und natürlich muss auch der rollende Kreis gezeigt werden. Ferner ist es gut, wenn die Kreise gefüllt, quasi als Scheiben, dargestellt werden, man kann sich dann unter dem Ganzen eine Art Uhrwerk vorstellen. Bei der Hypozykloide wird der Festkreis so zu einem kreisförmigen Hohlraum. Das alles haben sich meine Studenten vorher überlegt.

Die Umsetzung ist dann nicht mehr so schwer, aber so lang, dass ich den ganzen Code nicht abdrucken will. Er ist ohnehin auf dem Server des Springer-Verlags [49]. Ich zeige Ihnen darum nur einige Ausschnitte aus *zeichneHypozykloide*, zum Teil mit abgeschnittenen Zeilen, damit Sie sehen, wie es prinzipiell gemacht wird.

```
zeichneHypozykloide[r1r2Ratio_, stablaenge_, p_, opts___] :=
 Module[
  {rInnen, rAussen, pointRadius, offset, ort, hypozykloide,
   checkParameter, rollkreis, rollkreisRand, rollkreisCenter,
   linie, punkt, festkreis, festkreisRand, kurve, parameterRangeVal,
   a, b, c, d},
```

An der großen Anzahl lokaler Parameter sehen Sie schon, dass man vielleicht noch einiges hätte auslagern können. Aber durch Kommentare im Code bleibt es noch verständlich. Der Programmierer hat sich bestimmt eine Skizze gemacht, vielleicht verfügt er auch über ein besonderes räumliches Vorstellungsvermögen. Zuerst werden einige Werte festgelegt.

```
(* Werte setzen *)
rInnen = 1;
rAussen = r1r2Ratio*rInnen;
pointRadius = 0.08*rInnen;
ort = 2 Pi*p;
If[parameterRangeVal == Automatic, ort *= Denominator[r1r2Ratio]];
```

Nun wird der Darstellungsbereich so festgelegt, dass alles hineinpasst und noch ein kleiner Rand bleibt.

```
(* PlotRange {{a,b}, {c,d}} *)
offset = 0.2*rInnen;
a = -(rAussen + Max[0, stablaenge - rInnen] + offset);
b = -a;
c = a;
d = b;
```

Die Funktionen zur Darstellung der beweglichen Objekte hätten nicht unbedingt hier hinein gemusst. Andererseits hätte ich noch eine Funktion zum Zeichnen des Stabes hinzugenommen, ebenso für Rollkreis und Festkreis, die ja beide jeweils aus zwei Objekten, einer Kreisscheibe und einem dunkelgrauen Rand (das sieht besser aus) bestehen.

```
(* Darstellungsfunktionen für variable Teile *)
rollkreisCenter[t_] :=
 {(rAussen - rInnen)*Cos[t],
  (rAussen - rInnen)*Sin[t]
  };
hypozykloide[t_] := rollkreisCenter[t] + stablaenge*
   {Cos[((rInnen - rAussen)/rInnen)*t],
    Sin[((rInnen - rAussen)/rInnen)*t]};
```

Im nächsten Schritt, den ich hier übergehe, werden die Grafikobjekte angelegt. Man muss nur darauf achten, die Farben als Dynamic[col] anzugeben, damit sie später immer aktuell sind. Außerdem muss der Sonderfall eines leeren Intervalls für die abhängige Variable des Plots abgefangen werden, der dann entsteht, wenn der Regler „Ort" am Anfang steht. Sind alle Objekte angelegt, kann das Ganze mit *Show* zusammengefasst und zurückgegeben werden.

```
Show[
  festkreis, festkreisRand, rollkreis, rollkreisRand,
    kurve, linie, punkt,
  PlotRange -> {{a, b}, {c, d}},
  ImageSize -> imageSize,
```

```
    Background -> Dynamic[farbeFestkreis]]
  ]
```

Die anderen beiden Funktionen zum Plotten der normalen Zykloide und der Epizykloide sind nach dem gleichen Muster hergestellt. Damit beim Umschalten das
Manipulate-Panel nicht die Größe ändert, müssen alle drei Darstellungen dieselben
Abmessungen haben, was die Variable *imageSize* (im Kontext Zykloiden`Private`)
bewirkt.

4.2.8 Brachistochronen: Numerisches Minimieren

Dieses Kapitel basiert auf einer „Großen Studienarbeit" [44], die vor einigen Jahren
an unserer Hochschule entstanden ist. Es ging darum, mit Mathematica ein bekann-
tes Problem der Variationsrechnung, dessen analytische Lösung bekannt war,
numerisch zu lösen. Hier ging es natürlich nicht um die Lösung des Problems, die
war ja bekannt, sondern um die Methode. Hätte man diese, so wäre es im nächsten
Schritt möglich, ähnliche, aber etwas allgemeinere und auch realistischere Probleme, für die keine analytischen Lösungen bekannt sind, mit dieser Methode zu
behandeln. Ich wollte auch ein Gefühl dafür bekommen, wie gut die in Mathematica
eingebauten numerischen Minimierverfahren arbeiten. Reicht es, einfach *Minimize*
zu schreiben, und ausgeklügelte Algorithmen finden sofort die Lösung, oder muss
man etwas nachhelfen? Die Arbeit wurde übrigens in Form eines Mathematica-
Notebooks abgegeben, so dass Text, Programmcode und sogar animierte Bilder der
Ergebnisse in einem einzigen Dokument integriert waren. Aber zunächst: Was ist
überhaupt so eine Brachistochrone?

> Wikipedia: Die *Brachistochrone* (gr. brachistos kürzeste, chronos Zeit) ist die schnellste
> Verbindung zweier Punkte durch eine Bahn, auf der ein Massenpunkt unter dem Einfluss
> der Gravitationskraft reibungsfrei hinabgleitet. Dabei liegt ein Punkt tiefer als der andere,
> aber nicht senkrecht unter dem anderen. Der Tiefpunkt der Bahn kann tiefer liegen als
> beide Punkte. Gleichzeitig ist diese Kurve eine *Tautochrone*, d.h., von jedem Punkt der
> Kurve benötigt man die gleiche Zeit, um zum Tiefpunkt zu gelangen.

Diese Konstruktion enthält zwei Stellen, die idealisiert wurden, wo also eventuell
noch genauer gerechnet werden könnte:

1. Ein Massenpunkt hat keine Ausdehnung, und damit auch kein Massenträgheitsmoment. Bei einem rollenden Körper wäre die Dynamik sicher etwas anders,
   wenn man das Massenträgheitsmoment mit berücksichtigt.

2. Reibungsfrei gleitet fast nie[64] etwas. Auch hier kann man also realistischer
   modellieren.

---

[64] Es gibt zwar bei sehr tiefen Temperaturen den Effekt der Superfluidität, bei der eine Flüssigkeit
tatsächlich jede Reibung verliert. Das ist hier aber nicht anwendbar.

Und wie sieht die analytische Lösung nun aus? Wir kennen sie schon aus dem Kap. 4.2.7: Es ist eine Zykloide[65] oder besser eine Familie von Zykloiden.

4.2.8.1 Analytische Lösung

Heute ist das Brachistochronenproblem eine Standardübungsaufgabe in Kursen über Variationsrechnung. Als Johann Bernoulli 1696 die Lösung fand, gab es aber noch keine Variationsrechnung. Er löste das Problem auf einem völlig anderen Weg: Indem er das Newtonsche Gesetz (bzw. dessen erstes Integral, es herrscht ja Reibungsfreiheit) für das Gleiten eines Massenpunktes auf einer Bahn der Form y(x) formulierte, kam er auf eine Differentialgleichung der Form

$$\frac{dy}{dx} = \sqrt{\frac{k-y}{y}} \, . \tag{4.24}$$

Diese Differentialgleichung war ihm bekannt aus dem Snelliusschen Brechungsgesetz der geometrischen Optik, und er kannte auch die Lösung:

$$x(t) = \frac{k}{2}(t - \sin(t)) \, , \; y(t) = \frac{k}{2}(1 - \cos(t)) \, , \; k > 0 \, . \tag{4.25}$$

Tatsächlich gilt ja für das Brechungsgesetz auch ein Extremalprinzip, das Fermatsche Prinzip.

Die Präsentation des Brachistochronenproblems durch J. Bernoulli wird manchmal als die Geburtsstunde der Variationsrechnung bezeichnet. Das ist allerdings nur insofern zutreffend, als dass er ein typisches Variationsproblem formuliert hat. Der von ihm angegebene Lösungsweg ist aber auf kein anderes Variationsproblem verallgemeinerbar, weil er auf einem anderen Extremalprinzip mit bekannter Lösung, dem Fermatschen Prinzip der geometrischen Optik, aufbaut. Die eigentliche Variationsrechnung wurde um 1800 von Joseph-Louis Lagrange entwickelt.

4.2.8.2 Historisches

Die Umstände, unter denen diese Lösung gefunden wurde, waren so bemerkenswert, dass ich sie Ihnen nicht vorenthalten will. Die folgenden Details entnahm ich einer Arbeit von Stefan Hübbers [45].

---

[65] In Wikipedia und auch an anderen Stellen wird von einer „umgekehrten" Zykloide gesprochen. Damit ist höchstwahrscheinlich diejenige Zykloide gemeint, die entsteht, wenn man die übliche Darstellung der Zykloide auf den Kopf stellt. Eine wie die andere ist gemäß der Definition, siehe Kap. 4.2.7.1 auf S. 172, eine Zykloide. Es gibt aus meiner Sicht keinen Grund, die eine als normal und die andere als auf dem Kopf stehend zu bezeichnen.

Die analytische Lösung des Problems wurde zuerst von Johann Bernoulli gefunden, der sie aber nicht sofort veröffentlichte, sondern das Problem quasi als Herausforderung an alle zeitgenössischen Mathematiker veröffentlichte. Sein Motiv dazu war vielleicht die Überzeugung, dass jeder andere gleichrangige Mathematiker die Lösung ebenso gefunden haben könnte, und der Ruhm des ersten eigentlich ungerecht sei. Er bekam ihn trotzdem.

> Die scharfsinnigsten Mathematiker des ganzen Erdkreises grüsst Johann Bernoulli, öffentlicher Professor der Mathematik. Da die Erfahrung zeigt, dass edle Geister zur Arbeit an der Vermehrung des Wissens durch nichts mehr angetrieben werden, als wenn man ihnen schwierige und zugleich nützliche Aufgaben vorlegt, durch deren Lösung sie einen berühmten Namen erlangen und sich bei der Nachwelt ein ewiges Denkmal setzen, so hoffte ich den Dank der mathematischen Welt zu verdienen, wenn ich nach dem Beispiele von Männern wie Mersenne, Pascal, Fermat, Viviani und anderen, welche vor mir dasselbe thaten, den ausgezeichnetsten Analysten dieser Zeit eine Aufgabe vorlegte, damit sie daran, wie an einem Prüfsteine, die Güte ihrer Methoden beurtheilen, ihre Kräfte erproben und, wenn sie etwas fänden, mir mittheilen könnten; dann würde einem jeden öffentlich sein verdientes Lob von mir zu Theil geworden sein.

Und die Großen jener Zeit hörten den Ruf. Stefan Hübbers berichtet weiter:

> Im Maiheft des Jahres 1697 der Acta Eruditorum wurde die Lösung Johann Bernoullis publiziert, ebenso diejenige seines älteren Bruders Jakob Bernoulli (1654 - 1705). Leibniz selbst fügte noch eine kurze Note an, in der er u. a. erklärte, dass auch er eine Lösung gefunden habe, die aber denen der Brüder Bernoulli ähnlich war und daher keiner Veröffentlichung bedarf. Weiterhin bemerkte er, dass Huygens, wenn er noch am Leben wäre (gestorben 1695), und Newton, wenn er sich die Mühe gemacht hätte, das Problem ebenfalls gelöst hätten. Newton befasste sich tatsächlich mit der Aufgabe. In der Januar-Ausgabe der Philosophical Transactions des Jahres 1697 erschien ohne Autorenangabe eine Lösung, die dann in den Acta Eruditorum nochmals abgedruckt wurde. Johann Bernoulli identifizierte den anonymen Verfasser mit den Worten "ex ungue leonem " (den Löwen von der Pranke her) als Isaac Newton. Die Methode hat also den Autor verraten. Das Maiheft der Acta Eruditorum enthielt ferner noch Lösungen des Marquis de l'Hospital (1661 - 1704) und des Ehrenfried Walter Graf von Tschirnhausen (1651 - 1708).

4.2.8.3 Numerische Lösung mit Taylorreihenansatz

Die Grundidee war, die gesuchte Bahnkurve $y(x)$ als Linearkombination gewisser Basisfunktionen $b_i(x)$ darzustellen.

$$y(x) = \sum_{i=1}^{n} a_i b_i(x) \tag{4.26}$$

Die Mathematica-Funktion *NMinimize* würde dann die Koeffizienten a_i so bestimmen, dass die Zeit, die ein Körper zum Hinabgleiten benötigt, minimal wäre. Diese

Zeit, nennen wir sie Laufzeit, berechnet man folgendermaßen. Da Reibungsfreiheit vorausgesetzt wurde, ist die Energie konstant:

$$E = E_{kin} + E_{pot} = \frac{m}{2}v^2 - mgh \tag{4.27}$$

Der Massenpunkt beginnt seinen Weg im Ursprung mit der Geschwindigkeit 0, g ist die Erdbeschleunigung und h die y-Koordinate der Bahnkurve. Sie muss überall negativ sein, denn von allein wird kein Körper nach oben gleiten. So ist der Betrag der Geschwindigkeit (der höchste Punkt der Bahnkurve sei h = 0),

$$v = \sqrt{-2gh}\,. \tag{4.28}$$

Die Laufzeit τ ist dann (s ist die Bogenlänge der Bahnkurve)

$$\tau = \int_{s_s}^{s_2} \frac{1}{v}ds = \int_{x_1}^{x_2} \frac{1}{\sqrt{-2gy(x)}} \frac{ds}{dx}dx = \int_{x_1}^{x_2} \sqrt{\frac{1 + y'^2(x)}{-2gy(x)}}dx \tag{4.29}$$

Dies ist ein uneigentliches Integral (im Startpunkt ist die Geschwindigkeit 0, und sie steht im Nenner des Integranden). Wir werden sehen, dass das zu Schwierigkeiten führen wird.

Bei der Reihenentwicklung der Bahnkurve nach Gleichung (4.26) kann man erfahrungsgemäß nicht sehr viele Glieder berücksichtigen, das Minimierungsproblem wird dann einfach zu kompliziert. Andererseits ist bei zu kleiner Entwicklungsordnung n die Approximation der exakten Lösung nicht so gut. Hier wird man einen Kompromiss finden müssen.

Ich wusste aus früheren Erfahrungen, dass die Wahl der Basisfunktionen von entscheidender Bedeutung ist. Darum habe ich zunächst versucht, solche zu nehmen die der mir bekannten exakten Lösung möglichst ähnlich sind. Ein anderes Problem war, dass ja zwei Punkte vorgegeben waren. Man kann sicher fast immer Basisfunktionen finden, die alle einen Punkt gemeinsam haben, z.B. den Ursprung. Dass die Bahnkurve y(x) dann durch den zweiten Punkt gehen soll, wäre eine zusätzliche Nebenbedingung. NMinimize erlaubt auch die Einbeziehung von Nebenbedingungen.

Durch allerlei Versuche mit verschiedenen Basisfunktionen sah es zunächst so aus, als würde gar nichts gehen. Die Funktion NIntegrate brachte immer wieder mal Warnungen und Fehlermeldungen, und auch NMinimize fand keine Lösung. Zum ersten Mal Erfolg hatte ich mit den eigentlich nicht sehr geeignet scheinenden Basisfunktionen x^k, k = 1 ... n. Sie sind deswegen nicht gut geeignet, weil die exakte Bahnkurve im Ausgangspunkt, hier der Ursprung, senkrecht verlief, was mit diesen Funktionen nicht modelliert werden kann. Es funktionierte wohl hauptsächlich durch den Trick, die Linearkombination so zu gestalten, dass die Nebenbedingung, y(x) solle durch den Endpunkt verlaufen, automatisch erfüllt war

$$y(x) = y_{end} \frac{\sum_{k=1}^{n} a_k x^k}{\sum_{k=1}^{n} a_k} \,. \tag{4.30}$$

Der Endpunkt muss hier die x-Koordinate 1 haben. Eine Skalierung auf andere x-Werte ist natürlich jederzeit möglich. Ich habe das alte Notebook auf Version 7 konvertiert und gleich noch ein Manipulate eingebaut. Damit kann man versuchen, das Minimum manuell zu finden. Damit man nicht blind herumprobieren muss, habe ich in Rot die bekannte analytische Bahnkurve vorgegeben und außerdem die Laufzeit für die aktuelle Bahnkurve angezeigt. Man muss also die Regler so einstellen, dass entweder die blaue Kurve möglichst nah an der roten ist, oder, was zum selben Ergebnis führen sollte, die Laufzeit möglichst gering ist. Ich habe es probiert: Bei der Ordnung 3 schafft man es noch, bei der in Abb. 4.18 vorliegenden Ordnung 4 ist es fast unmöglich, das Optimum mit den Schiebereglern einzustellen. So sieht die Demo aus.

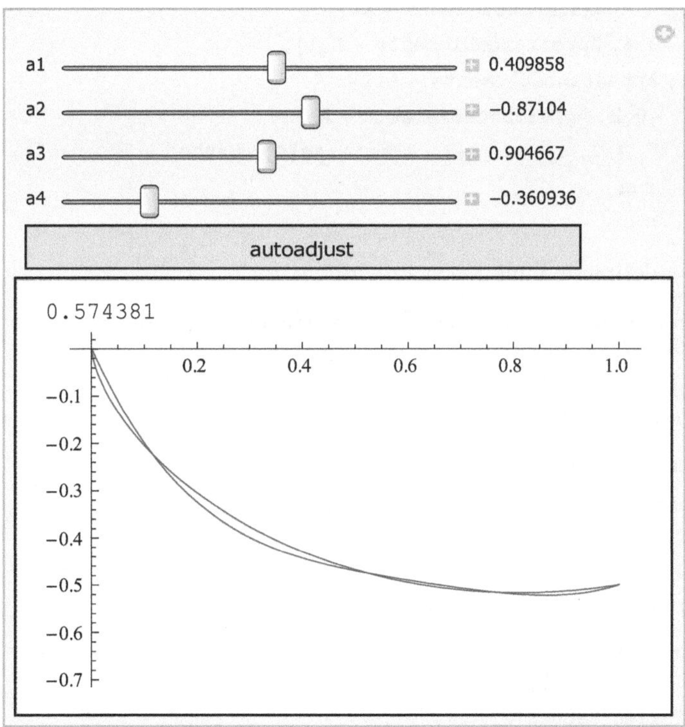

Abb. 4.18 Approximation der Zykloide durch eine Taylorreihe der Ordnung 4

Das in Abb. 4.18 dargestellte Optimum ist durch Drücken des Buttons „autoadjust"
entstanden, der NMinimize aufruft. Das dauert übrigens etwa 8 s, was auf einigen
Aufwand schließen lässt.

Eine bessere Annäherung an die exakte Lösung erreicht man nur mit einer höheren Entwicklungsordnung. Es stellte sich heraus, dass etwa bei n = 20 die Grenze
liegt, darüber findet NMinimize keine Lösung mehr. Hier der Code, der diese Demo
erzeugt.

```
Manipulate[
 p = {a1, a2, a3, a4};
 Column@
  {t[p],
   Show[
    {Plot[basisfunktionen[x, p], {x, 0, 1},
      AspectRatio → Automatic, ImageSize → 300
     ],
     exakteKurve[{1, -höhendifferenz}]},
    PlotRange → {{-0.02, 1.02}, {-0.7, 0.02}}
   ]},
 {{a1, 0.4}, 0.3, 0.5, AppearanceElements → All},
 {{a2, -0.85}, -1, -0.8, AppearanceElements → All},
 {{a3, 0.9}, 0.8, 1, AppearanceElements → All},
 {{a4, -0.3}, -0.4, -0.2, AppearanceElements → All},
 Button["autoadjust", {a1, a2, a3, a4} = nMinimize[4], Method → "Queued"],
 SaveDefinitions → True
]
```

Es werden vier vorher definierte Funktionen aufgerufen:

1. basisfunktionen[x, p] bildet die Linearkombination Gleichung (4.30).
2. t[p] berechnet die Laufzeit für den Parametersatz p.
3. exakteKurve[p_{end}] gibt einen Graphen der exakten Lösung zurück.
4. nMinimize[n], berechnet die optimalen Parameterwerte.

Punkt 1 bedarf keiner Erläuterung. Der Code von Punkt 2 schon.

```
t[{params__?NumericQ}, method_] :=
 Module[
  {f, x, dydx, dsdx, v, bedingung, zeit,
   minAnstieg = -2, bigVal = 10^2, eps = 10^-10},
  f = basisfunktionen[x, {params}];
  bedingung = (D[f, x] /. x → 0) < minAnstieg;
  If[bedingung == False, Return[2 bigVal]];
  dydx = D[f, x];
```

```
dsdx = Sqrt[1 + dydx^2];
v = Sqrt[-2 * 9.81 * f];
zeit = NIntegrate[dsdx / v, {x, 0, 1}, Method → method];
If[Abs[Im[zeit]] > eps, 100 Re[zeit], zeit, zeit]
]
```

Hier ist Gleichung (4.29) umgesetzt worden. Die Namen dsdx und dydx stehen für die Ableitungen, und selbstverständlich braucht man nicht zu hoffen, dass das Integral eine brauchbare analytische Stammfunktion besitzt. Also wird numerisch integriert. Da der Rückgabewert von NMinimize verwendet wird, ist hier auch die Stelle, an der man NMinimize unterstützen kann. Wenn bestimmte Parameterkombinationen etwa eine über den Wert y = 0 ansteigende Bahnkurve erzeugen (was physikalisch bedeutet, dass der Massenpunkt nie ankommt), wird das Argument der Wurzelfunktion negativ und der Integrand komplexwertig. In diesem Falle wird die große Zahl 100*Re[zeit] zurückgegeben, um NMinimize zu kommunizieren, dass dieser Fall ungünstig ist. Es hat sich als ungünstig herausgestellt, immer dieselbe große Zahl zu nehmen, da NMinimize dann früher aufgibt. Ebenso werden alle Bahnkurven, die am Anfang nicht steil genug nach unten verlaufen, als ungünstig gekennzeichnet. Erst durch diese Maßnahmen findet NMinimize Lösungen.

Einfacher ist es, eine Graphik der exakten Lösung zu erzeugen. Hier muss mit dem numerischen Gleichungslöser *FindRoot* eine transzendente Gleichung gelöst werden, die aus einer Menge von Zykloiden diejenige findet, die durch den vorgegebenen Punkt p geht.

```
exakteKurve[p_] :=
 Module[
  {r, t, zyk, sol},
  zyk[r_, t_] := {r (t - Sin[t]), -r (1 - Cos[t])};
  sol = FindRoot[zyk[r, t] == p, {{r, 1}, {t, 1.5}}];
  zyk[r /. sol, t];
  ParametricPlot[zyk[r /. sol, t], {t, 0, t /. sol}, PlotStyle → Red]
 ]
```

Es ist nicht erforderlich, aber empfehlenswert, FindRoot Startwerte zu übergeben. Ich habe ein wenig experimentiert, um solche zu finden, die bei meinen Versuchen immer zu einer Lösung führen. Da FindRoot ebenso wie Solve und NSolve seine Lösung in Form von Ersetzungsvorschriften liefert, benutze ich sie gleich, um die Werte für den Radius r und t_{end} einzusetzen.

Diskussion: Die schlechte Approximation der idealen Bahn, die man bei immerhin vier Parametern bekommt, ist zwar erklärlich, aber unbefriedigend. Der in Abb. 4.18 auf S. 185 gezeigten Kurve sieht man auf den ersten Blick an, dass sie, vorsichtig ausgedrückt, suboptimal ist. Dazu kommt, dass das Integrieren und das

Minimieren, ebenfalls aus erklärlichen Gründen, nicht ganz zuverlässig funktionieren. Darum wurde dieser Ansatz seinerzeit auch nicht weiter verfolgt.

4.2.8.4 Numerische Lösung mit einer Spline-Funktion

In der aktuellen Mathematica-Version 7 kamen viele unspektakuläre Kleinigkeiten hinzu, die aber dennoch das Leben gewaltig erleichtern können. Einige davon sind die verschiedenen Spline-Funktionen in 2D und 3D. Man benutzt sie seit langem in der Computergrafik [46], besonders im CAD Bereich, Sie haben sie aber bestimmt auch schon gesehen, wenn Sie ein Malprogramm benutzt haben. Es sind von der Sache her parametrische Kurven, die sich intuitiv mit sogenannten Kontrollpunkten modellieren lassen. In Mathematica gibt es die einfacheren Bézier-Kurve und -flächen, sowie NURBS (Nonuniform Rational B-Splines), mit denen man nahezu alles modellieren kann.

Da die wenig ermutigenden Ergebnisse des Taylorreihenansatzes sicher auch der Tatsache geschuldet waren, dass man Zykloiden nur schlecht durch Taylorreihen approximieren kann, kam mit den neuen Splines neue Hoffnung auf. Für die glatte Zykloide (zumindest der hier verwendete Teil ist glatt) sollten die einfacheren Bézier-Kurven genügen. In wenigen Minuten hatte ich eine Demo, die mir die exakte Lösung und eine mit der Maus modellierbare Bézier-Kurve zeigten.

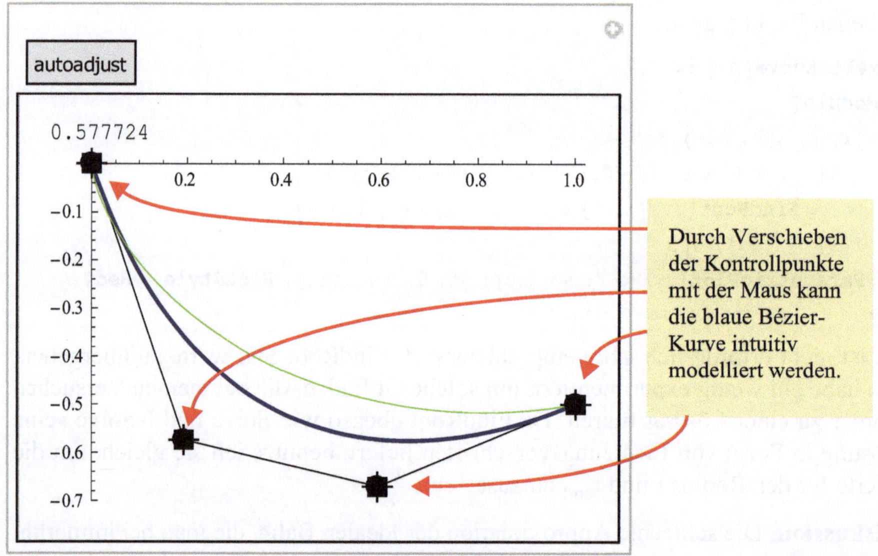

Abb. 4.19 Modellierung der Bahn durch eine Bézier-Kurve

Allerdings waren die Anzeige der Laufzeit und der „autoadjust"-Button noch nicht da, das dauerte etwas länger. Aber schon die ersten Ergebnisse waren ermutigend. Es war relativ leicht, die Kurven recht gut übereinander zu bekommen. Bei einer

Bézier-Funktion aus vier Punkten sind der erste und der letzte Kontrollpunkt Kurvenanfangs- und Kurvenendpunkte, die anderen beiden Kontrollpunkte sind die Endpunkte der Tangentialvektoren am Anfangs- und am Endpunkt. Ich schrieb also eine Funktion, die die Laufzeit ausrechnen sollte. Das lief nicht so glatt, ich weiß nicht, ob ich es einen Bug nennen sollte, aber das Integrieren von Spline-Objekten hat seine Tücken. Um so wichtiger, dass Sie es erfahren.

Das Berechnen der Laufzeit τ funktioniert ähnlich wie im Kap. 4.2.8.3 in Gleichung (4.29) gezeigt.

$$\tau = \int_{s_s}^{s_2} \frac{1}{v} ds = \int_{x_1}^{x_2} \frac{1}{\sqrt{-2gy(x)}} \frac{ds}{dt} dt = \int_{x_1}^{x_2} \sqrt{\frac{\dot{x}^2(t) + \dot{y}^2(t)}{-2gy(t)}} dt, \tag{4.31}$$

t ist hier der Kurvenparameter, x und y die Komponentenfunktionen, und der Punkt steht für die Ableitung nach t. Die Implementierung dieser Formel sieht so aus:

```
rollzeit[bahnkurve_] :=
 Module[
   {f, df, integrand, time, eps = 10^-12},
   f = bahnkurve;
   df[t_] := Evaluate@D[f[t], t];
   integrand[t_?NumericQ] := Sqrt[df[t].df[t] / {0, -2*9.81}.f[t]];
   time = NIntegrate[integrand[t], {t, 0, 1}];
   If[Abs@Im@time < eps, time, 100 Re[time], 100 Re[time]]
 ]
```

Ich habe die Laufzeit hier Rollzeit genannt, weil ich mir eine reibungsarme Bewegung am besten als Rollen vorstellen kann. Wie Sie sehen, kann man Bézier-Kurven ganz normal ableiten. Die Ableitung ist der Tangentialvektor an der Stelle t, und wenn man den Tangentialvektor skalar mit sich selbst multipliziert, bekommt man gerade $\dot{x}^2(t) + \dot{y}^2(t)$. Das Problem war der Nenner. Ich brauchte die y-Komponente der Kurve. Diese kann man auf verschiedene Weise bekommen, z.B. mit *Part* oder mit *Last*. Der Bug, der mich leider einige Zeit kostete, ist folgender: Man kann eine mit *Last* gewonnene Komponentenfunktion differenzieren, plotten, aber nicht integrieren. Beim Letzteren kommt auch keine Warnung oder Fehlermeldung, lediglich ein unplausibles Ergebnis. Im folgenden Beispiel ist b eine vorher durch vier Punkte definierte Bézier-Funktion mit zwei Komponenten. Wenn man die zweite Komponente mit dem Befehl

```
Plot[Last[b'[t]], {t, 0, 1}]
```

grafisch darstellt, sieht man, dass sie überall negativ ist, weshalb auch das bestimmte Integral im Bereich von 0 bis 1 eigentlich eine negative Zahl ergeben müsste – wenn dieser Bug nicht wäre. Ich habe aber einen Weg gefunden, wie es doch geht.

- **y Komponente Integrieren liefert eine Zahl. Nur erwartet man eigentlich eine negative**

```
In[6]:= NIntegrate[Last[b[t]], {t, 0, 1}]

Out[6]= 0.5
```

- **So geht es!!**

```
In[7]:= NIntegrate[{0, 1}.b[t], {t, 0, 1}]

Out[7]= -0.35
```

Wegen dieses Bugs wurde also in der oben gezeigten Implementierung der Funktion *rollzeit* im Nenner des Integranden das Konstrukt mit dem Skalarprodukt verwendet. Aus demselben Grund wie vorher, also um der Funktion NMinimize einen ungünstigen Parametersatz zu signalisieren, wurde für den Fall, dass das Argument der Wurzel irgendwo negativ ist und somit das Integral eine komplexe Zahl liefert (das passiert immer dann, wenn die Bahnkurve „unphysikalisch" ist), eine große reelle Zahl zurückgegeben.

Nun zum automatischen Optimieren. Auch hier dauert der Vorgang immer noch mehrere Sekunden, ist aber deutlich schneller als bei der Variante mit dem Taylorreihenansatz. Jeder Lauf von NMinimize wird von zahlreichen Warnungen begleitet, die ich mit *Quiet* unterdrückt habe. Das liegt sicher daran, dass NMinimize anfangs eine Menge Dinge probiert, es wird ja ein globales Minimum gesucht, kein lokales. Und dass es so lange dauert, erkläre ich mir damit, dass das Minimum in unserem Fall nicht sehr ausgeprägt ist, die Änderungen spielen sich in der dritten oder vierten Dezimalstelle ab, also unterhalb des Promillebereichs. Darum war es auch nötig, *MaxIterations* von 100 auf 200 zu erhöhen. Hier ist der Code.

```
optimaleParameter[{p1_, p4_}] :=
 Module[
  {p2x, p2y, p3x, p3y, punkte, result},
  punkte = {p1, {p2x, p2y}, {p3x, p3y}, p4};
  result =
   Quiet@
    NMinimize[
     {rollzeit[BezierFunction[punkte]], p2y < Last@p1},
     {p2x, p2y, p3x, p3y},
     MaxIterations -> 200
    ] /. (_ -> x_) :> x;
  {First@result, Partition[Last@result, 2]}
 ]
```

Die Funktion bekommt eine Liste mit Anfangs- und Endpunkt der Bahn und berechnet die aus vier Kontrollpunkten konstruierte optimale Bézier-Funktion, auf der ein Massenpunkt in minimaler Zeit hinabgleitet. Die zu variierenden Parameter sind die Koordinaten der mittleren Kontrollpunkte. Es sind gerade genauso viele wie beim Taylorreihenansatz in Kap. 4.2.8.3 auf S. 183, dennoch läuft hier alles viel glatter, die Bahnkurve sieht besser aus, sie wird schneller berechnet und die berechnete Laufzeit ist noch etwas kürzer. Zur Funktionsweise: Um NMinimize gleich den richtigen Weg zu weisen, schreibe ich noch die Nebenbedingung `p2y<Last@p1` hinzu, die bewirkt, dass die Bahnkurve vom Anfangspunkt aus nur abfallen, niemals ansteigen kann. NMinimize gibt bei Erfolg eine Liste zurück, deren erster Eintrag der Minimalwert ist, im zweiten Element stehen die optimalen Parameterwerte, wie üblich in Form von Ersetzungsvorschriften. Ich wollte die Punktkoordinaten als Zahlen haben, darum ersetze ich mit `(_->x_) :>x` jede Ersetzungsvorschrift durch ihre rechte Seite. Den Minimalwert will ich nicht unterschlagen, darum gebe ich ihn mit zurück, und aus der einfachen Liste mit den Punktkoordinaten für die mittleren Kontrollpunkte mache ich mit *Partition* eine Liste aus zwei Zweierlisten, die ich später den Kontrollpunkten direkt zuweisen kann.

Diskussion: Die neu herausgekommene Spline-Funktion vom Typ *BezierFunction* ist bereits mit dem Minimum von vier Kontrollpunkten bestens geeignet, die ideale Bahnkurve präzise zu approximieren. Mit dem entdeckten Bug kann man leben, und auf dieser Basis wären sicher auch Erweiterungen wie die Einbeziehung von Rollreibung und Massenträgheitsmoment erfolgversprechend.

4.2.9 Menügesteuerte Fenster

In diesem Kapitel geht es darum, Aussehen und Eigenschaften von Fenstern zu verändern, per Menü mit der Maus, vor allem aber auch programmgesteuert. Ferner, wie man neue Fenster von einem Programm aus erzeugt und wieder schließt.

Der Hintergrund ist eine Demo „Mathematik spielerisch begreifen", die auf einem öffentlichen Terminal mit Touchscreen und ohne Tastatur laufen sollte. Es musste sichergestellt sein, dass die Benutzer nichts anderes tun konnten, als diese Demo zu benutzen. Sie durften z.B. auf keinen Fall in der Lage sein, etwa das Hauptmenü zu schließen oder auch nur kleiner zu machen und so zu der Windows-Oberfläche zu gelangen.

4.2.9.1 Aufbau der Demo

Ich hatte drei oder vier bereits fertige Anwendungen im Auge, die ich zeigen wollte. Das waren: Roulette spielen, Lissajousfiguren in 3D, interaktive Erforschung der verschiedenen Zykloidenvarianten und vielleicht noch die Demo „Die Seitenmittelpunkte eines beliebigen Vierecks sind die Eckpunkte eines Parallelogramms". Das

System sollte einfach, erweiterbar und gleichzeitig robust sein. Ich wollte einen Menübaum, bei dem jeder Knoten durch ein Notebook repräsentiert sein würde. Das Hauptmenü wäre dann ein Fenster mit drei (oder vier) Buttons, die die Demos aufriefen, indem sie entsprechende Fenster öffneten. Diese Fenster sollten sich selbst schließen können, mit einem Button „Zurück zum Hauptmenü". Das erzeugte dann die Illusion, das Hauptmenü wieder zu erschaffen. In Wirklichkeit war es die ganze Zeit da, verborgen unter der aktiven Demo.

Damit das funktioniert, braucht man bildschirmfüllende Fenster ohne Rand, damit sie nicht deselektiert werden können. Auch sollten keine Zellen und kein Code sichtbar sein. Wie macht man das?

4.2.9.2 Fenster anpassen

Wenn man es nicht gesehen hat, glaubt man nicht, wie viele Eigenschaften so ein Notebook hat. In Mathematica lassen sich alle einstellen, und zwar über den *Option Inspector*. Sie rufen ihn unter *Format → Option Inspector* auf oder mit dem Tastaturkürzel *shift-ctrl-o*. Er sieht etwa[66] so aus:

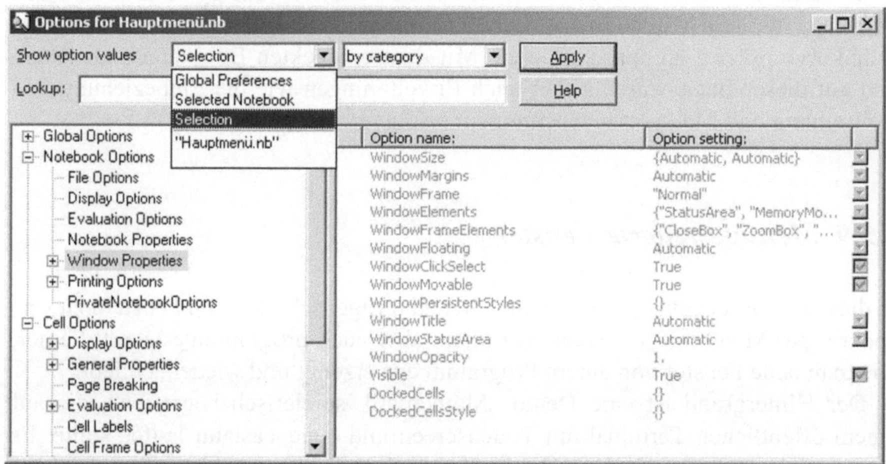

Abb. 4.20 Beim *Option Inspector* muss man zuerst den Gültigkeitsbereich wählen

Die Optionen sind hierarchisch zugeordnet. Es gibt die drei Ebenen

- Global Preferences - Einstellungen für die gesamte Applikation,
- Selected Notebook - Einstellungen für ein gesamtes Notebook,
- Selection - Einstellungen für eine oder mehrere Zellen, oder Teile davon wie Text innerhalb einer Zelle.

---

[66] Da hier viele plattformabhängige Einstellungen enthalten sind, sehen die Apple- und die Linux-Version wohl etwas anders aus.

Die Einstellungen werden von oben nach unten vererbt, falls man sie nicht explizit setzt. Dazu dient der Option Inspector. Angenommen, ich will, dass mein Notebook bildschirmfüllend und randlos ist. Dann wähle ich *Selected Notebook* und setze *WindowSize* auf *Full*. Anschließend setze ich *WindowFrame* auf *Frameless*. Nun stören noch die Zellen. Die bekommt man weg, indem man die Option *ShowCell-Bracket* auf *False* umstellt. Falls Sie eine Option mal nicht sofort finden (was der Normalfall ist), tragen Sie sie ins Eingabefeld *Lookup* ein, dann wird sie sofort angewählt.

Nun ist es erreicht: Das Fenster kann nicht geschlossen werden, es gibt auch keine Menüs mehr, und man kann eigentlich gar nichts machen, außer die sichtbaren Knöpfe zu drücken. So sollte es sein. Es hat nur einen Nachteil: Ich kann an dem Notebook selbst auch nichts mehr ändern, kann es nicht einmal mehr speichern. Ich habe den Ast abgesägt, auf dem ich sitze.

Zum Glück habe ich, im Gegensatz zu dem Benutzer am Touchscreen-Terminal, noch die Tastatur. Affengriff, Mathematica beenden, und von vorn anfangen. Muss ich so kurz vor dem Ziel aufgeben? Ich habe alles so eingestellt wie gewünscht, nur kann ich es leider nicht speichern. Tatsächlich gibt es einen eleganten Weg, alle diese Schwierigkeiten zu vermeiden. Da Mathematica prinzipiell sehr transparent aufgebaut ist, kann man alles, was mit dem Option Inspector geht, auch vom Programm aus tun.

4.2.9.3 Fenster vom Programm aus steuern

Damit ist gemeint: neue Fenster öffnen und deren Aussehen und Eigenschaften durch Mathematica-Befehle festlegen. Eine vollständige Übersicht bietet das Tutorial *Low-Level Notebook Programming*:

> In Mathematica's unified symbolic architecture, every Mathematica notebook you see is represented as a symbolic expression, that can be manipulated and controlled programmatically using Mathematica's symbolic language. Mathematica's low-level notebook programming functions give direct incremental access to notebook expressions, allowing you successively to perform arbitrary operations on the "selection" in any notebook.

Ich demonstriere Ihnen hier am Beispiel des Menüsystems einen kleinen Teil der Möglichkeiten. Alle eben aufgezeigten Probleme löst bereits eine einzige Funktion, die ich *openAppInNewWindow* genannt habe. Sie benutzt im wesentlichen die Möglichkeit, mit Mathematica-Befehlen Aussehen und Eigenschaften von Fenstern über *system calls*, also Anfragen an das Betriebssystem, festzulegen. Der Befehl dazu heisst *SetOptions*.

open application in new full-sized frameless window

```
openAppInNewWindow[filename_] :=
 Module[
  {path},
  path = baseDirectory <> filename;
  NotebookClose[currentAppNB];
  currentAppNB = NotebookOpen[path, Visible -> False];
  SetOptions[currentAppNB, WindowSize -> Full];
  SetOptions[currentAppNB, ShowCellBracket -> False];
  SetOptions[currentAppNB, WindowFrame -> Frameless];
  SetOptions[currentAppNB, WindowElements -> {}];
  SetSelectedNotebook[currentAppNB];
  SetOptions[currentAppNB, Visible -> True]
 ]
```

Es handelt sich um eine Funktion aus dem von mir geschriebenen Package Hauptmenü.m. Der Übersichtlichkeit halber ist ganz am Anfang *baseDirectory* definiert. In dieses Symbol können Sie schreiben, in welchem Directory alle für das Menüsystem benötigten Dateien liegen. Am besten ist es, baseDirectory eine leere Zeichenkette zuzuweisen und die Files irgendwo im Dateisystem abzulegen, wo Mathematica sie von selbst findet. Der Befehl $Path gibt Ihnen diese Orte aus.

Die Funktion *openAppInNewWindow* öffnet ein ganz normales Notebook, das eine der ausgewählten Demos enthält. Das in der Datei *filename* gespeicherte Notebook kann und soll sich im „Urzustand" befinden, also mit mittelgroßem, normal aussehendem Fenster. Erscheinen wird es randlos, in Maximalgröße und ohne sichtbare Zellen. Und so funktioniert es: Die (im Kontext Hauptmenü) globale Variable *currentAppNB* soll eine Referenz auf das momentan aktive Demofenster sein. Die Zeile mit *NotebookClose* ist eigentlich überflüssig. Sie wird nur wirksam, falls irgendetwas nicht wie vorhergesehen funktioniert hat und noch ein Demofenster offen ist, das wird dann geschlossen. Nun wird durch *NotebookOpen* das gewünschte Fenster geöffnet, die Eigenschaften so gesetzt wie besprochen, und auch alle Window-Elemente werden entfernt. Das sind etwa Scrollbars, Menubar, StatusArea, alles was irgendeine Benutzerinteraktion ermöglicht, muss weg. Mit *SetSelectedNotebook[currentAppNB]* wird das Fenster schließlich ausgewählt. Dadurch ist es vorn, und im Normalfall wäre bei Windows der obere Balken dann blau. Jetzt gibt es keinen oberen Balken. Außerdem ist das Fenster im Moment unsichtbar, weil es beim Öffnen so festgelegt wurde. Erst der allerletzte Befehl *SetOptions[currentAppNB, Visible→True]* macht das Fenster schließlich sichtbar. Durch den Trick, erst alles am unsichtbaren Fenster einzustellen und im letzten Schritt das Fenster sichtbar zu schalten, umgeht man ein Flackern, das sonst bei dieser Abfolge unvermeidlich wäre.

Mit dieser einfachen Funktion kann man Demoapplikationen und, falls ein mehrstufiger Menübaum gewünscht ist, auch Untermenüs, die im normalen, bearbeitbaren Zustand in einer Datei liegen, als bildschirmfüllende randlose Fenster öffnen. Sind damit nicht schon alle Probleme gelöst?

Im Prinzip fast alle. Es bleibt nur noch ein einziges Problem: Wer öffnet das Hauptmenü, die Wurzel des Menübaums? Die Schnellschusslösung, ein separates Programm zu schreiben, das aus der Funktion *openAppInNewWindow* und einem File-Browser besteht, wäre ziemlich umständlich zu bedienen und dem Administrator nicht zuzumuten. Außerdem löst sie nicht das Problem, wie man die Applikation beendet. Darum habe ich in das Hauptmenü eine Hintertür eingebaut. Wenn man den Knopf mit dem Schraubenschlüssel, dem Symbol für Wartung, öffnet, kommt ein kleines Fenster hoch, mit dem man das Hauptmenü zwischen normal und randlos hin und her schalten und auch den aktuellen Zustand auf der Festplatte sichern kann. Damit der Benutzer das nicht tun kann, muss ein Passwort eingegeben werden. Das Hauptmenü nebst aktivem Wartungsdialog ist in Abb. 4.21 gezeigt.

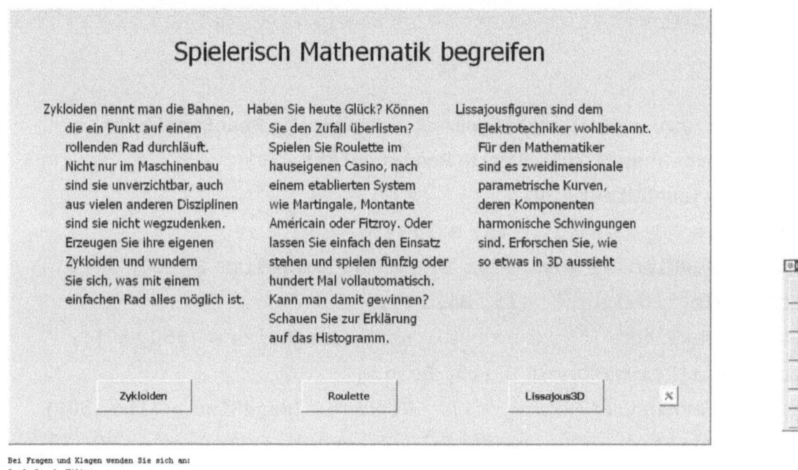

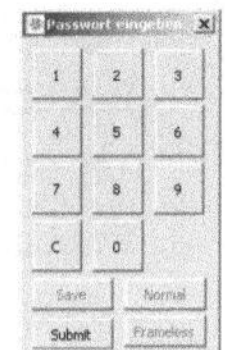

Abb. 4.21 Das Schraubenschlüsselsymbol ruft den passwortgeschützten Dialog „Wartung" auf

Bevor ich gleich erkläre, wie dieser Dialog arbeitet, noch eine Bemerkung zum Hauptmenü. Sie sehen drei Knöpfe für die Anwendungen, mit entsprechenden Erklärungstexten. Deren Aussehen ist noch nicht optimiert, eigentlich wollte ich Blocksatz, aber ich weiß noch nicht ob und wie das geht. WRI hatte vor drei Jahren Mathematica auch als Satzsystem angepriesen, inzwischen wird das nicht mehr getan. Vielleicht erstelle ich die Texte noch mal mit einem anderen Satzsystem und lese sie als Bilder ein.

Zum Wartungsdialog: Man muss das Passwort eingeben, *Submit* drücken, dann werden die anderen drei Buttons schwarz und funktionieren. Bei falschem Passwort geht der Dialog zu. Ich habe folgendermaßen ein Hauptmenü erzeugt, das sofort nach dem Öffnen funktioniert: zuerst mit dem Button *Frameless* das Hauptmenü

groß gemacht, mit *Save* gesichert, dann mit *Normal* wieder klein gemacht. So war
die große randlose Variante gespeichert. Nun den Dialog mit dem Kreuz oben rechts
schließen und Mathematica verlassen ohne zu sichern.

Will man das Programm beenden, holt man wieder den Wartungsdialog. Das
Hauptmenü klein machen, und schon kann man Mathematica verlassen. Wie das
ganze programmtechnisch funktioniert, beschreibt das nächste Kapitel.

4.2.9.4 Hauptmenü und Wartungsdialog

Das Einfache zuerst: Das Hauptmenü besteht nur aus zwei Befehlen: Einem, der das
Package Hauptmenü lädt, und einem, der das Panel erstellt. Wenn Sie Abb. 4.21
ansehen, sollte der Code geradezu vor Ihrem geistigen Auge stehen. Nur zur Kon-
trolle:

```
Needs["Hauptmenü`"];
Panel[
 Grid[
  {
   {Style[Haupttext, {40, TextAlignment → Center}], SpanFromLeft},
   {Style[Zykloidentext, 20], Style[Roulettetext, 20],
    Style[Lissajous3Dtext, 20]},
   {Button[Style["Zykloiden", {15, Bold}],
     openAppInNewWindow["Zykloiden_GUI.nb"], ImageSize → {150, 50}],
    Button[Style["Roulette", {15, Bold}],
     openAppInNewWindow["Roulette_GUI.nb"], ImageSize → {150, 50}],
    Button[Style["Lissajous3D", {15, Bold}],
     openAppInNewWindow["Lissajous3D_GUI.nb"], ImageSize → {150, 50}],
    Button[maintenanceIcon, createDialogPasswd[], ImageSize → {30, 30}]}
  }, Spacings → {0, 5}
 ],
 FrameMargins → 50,
 ImageSize → 1100
]
```

Ein fester Wert für ImageSize bewirkt, dass die räumliche Aufteilung der Elemente
nicht von der Fenstergröße beeinflusst wird.

Nun ein Trick für Fortgeschrittene. Ist die Palette einmal da und in einem File
gesichert, möchte man, dass beim nächsten Mal, wenn das Notebook geöffnet wird,
alles sofort funktionsbereit ist. Damit alles gleich nach dem Öffnen des Files funktioniert (also ohne den Code auszuführen), gibt es einen Trick: Man weist der
Option *NotebookDynamicExpression* des Notebooks (selected Notebook wählen)
über den Option Inspector als Wert *Needs["Hauptmenü`"]* zu. Dieser Befehl wird
vor der ersten *Dynamic Expression* ausgeführt. Auf diese Weise werden die benö-

tigten Funktionen, Bilder und Zeichenketten dem Kernel rechtzeitig bekannt gemacht. Sobald man einen der Buttons bestätigt, wird das Package gelesen. Dass das genau so abläuft, erkennt man daran, dass die oben noch blau dargestellten Symbole[67] schwarz werden.

Das Bild mit dem Schraubenschlüssel habe ich mit Copy und Paste in das Notebook eingefügt, wo es zunächst auch als Bild dargestellt wurde. Ich weiß also nicht einmal, in welchem Format es vorliegt. Beim späteren Übertragen ins Package, wo aus der Input-Zelle eine Code-Zelle werden musste, war statt des Bildes auf einmal eine riesige Menge Code zu sehen. Den habe ich schnell in einer Subsection-Zelle verborgen.

Nun komme ich zum interessantesten Teil, dem Wartungsdialog, aufzurufen mit der Funktion *createDialogPasswd*. Sie sieht so aus.

```
createDialogPasswd[] :=
 Module[
  {k = 1},
  dialogPasswd =
   CreateDialog[
    Column[
     {Grid[
       Table[digitButton[k++], {3}, {3}]
            ~Join~
       {{clearButton[], digitButton[0], Null}}
      ],
      Grid[
       {{saveButton[], winRestoreButton[]},
        {submitButton[], winFramelessButton[]}}
      ]}
     ],
    WindowTitle -> "Passwort eingeben",
    Modal -> True
    ];
  init[];
  dialogPasswd
 ]
```

Der Befehl *CreateDialog* bekommt die Interaktionselemente und Optionen, öffnet damit ein entsprechendes Fenster und gibt eine Referenz auf dieses Fenster zurück. Um das Fenster später referenzieren zu können, schreibe ich dessen Referenz in das Symbol *dialogPasswd*. Die Interaktionselemente bestehen aus einer Spalte von zwei Gittern (Grid). Das obere Gitter ist der Ziffernblock mit den Zahlen 0-9 und

---

[67] die dem Kernel in diesem Moment noch nicht bekannt waren

einer Clear-Taste. Es wird mit einer 3x3-Schleife erzeugt, unter Verwendung der Funktion digitButton, die eine Zifferntaste erzeugt. Dann werden noch der Clear-Button und die Zifferntaste für die Null angehängt. Das untere 2x2-Gitter besteht aus dem *saveButton*, dem *winRestoreButton*, dem *submitButton* und dem *winFrameless*-Button, die genau das tun, was ihre Namen versprechen. Sehr wichtig ist die Option *Modal→True*, die dafür sorgt, dass dieser Dialog „modal" ist. Modal bedeutet, dass der Benutzer innerhalb von Mathematica keine Aktion durchführen kann, bevor der Dialog nicht beendet ist. Darum muss er auch geschlossen werden, bevor es möglich ist, irgend etwas mit dem Hauptmenü zu tun.

Nun erklärt der obige Code zwar das Aussehen des Dialogs, es erschließt sich aber nicht, wie er funktioniert. Dazu muss man wissen, dass es im privaten Bereich des Packages ein paar Symbole gibt, auf die der Dialog über die Buttons zugreift. Das sind insbesondere die Listen *passwd* und *input*. Wenn man eine Zifferntaste drückt, wird die entsprechende Ziffer an die Liste *input* angehängt, drückt man den Clear-Button, wird die Liste geleert.

```
digitButton[i_] := Button[i, AppendTo[input, i], ImageSize->{40, 40}]
```

```
clearButton[] := Button["C", input = {}];
```

Der Submit-Button prüft, ob die Eingabe mit dem gespeicherten Passwort übereinstimmt. Falls nicht, schließt er den Dialog. Im anderen Fall werden die bis dahin nicht funktionierenden Buttons über den Wert der Variablen passOK aktiviert.

```
submitButton[] :=
 Button[
  "Submit",
  passOK = input == passwd; If[! passOK, NotebookClose[]],
  ImageSize -> buttonSize
 ]
```

Das muss mit Dynamic gemacht werden, damit sofort bei einer Änderung des Wertes von *passOK* der Button aktualisiert wird.

```
winFramelessButton[] := Dynamic@
  Button[
   "Frameless",
   makeWindowFrameless[First@Notebooks["Hauptmenü.nb"]];
   SetSelectedNotebook[dialogPasswd],
   Enabled -> passOK,
   ImageSize -> buttonSize
  ]
```

An dieser Stelle wird die Referenz auf den Wartungsdialog, *dialogPasswd*, benötigt. Da die Funktion *makeWindowFrameless* das Hauptmenü „anfasst", bekommt es automatisch den Focus, und der Wartungsdialog, obwohl nicht geschlossen, verschwindet darunter. Das ist bei einem modalen Dialog besonders störend, weil nun nichts mehr geht. Damit das nicht passiert, geben wir ihm sofort wieder den Focus zurück mit SetSelectedNotebook[dialogPasswd].

Vielleicht fällt Ihnen auf, dass das Argument der Funktion *makeWindowFrameless* zur Aufrufzeit aus dem Namen gewonnen wird. In einer früheren Version hatte ich es in einer Variablen gespeichert. Das ging immer dann schief, wenn ich das Fenster geschlossen hatte und danach neu öffnete ohne Mathematica zu verlassen. Das Package wurde natürlich nicht neu eingelesen (das ist die gewünschte und korrekte Arbeitsweise von *Needs*), und die gespeicherte Referenz auf das alte Fenster war ungültig geworden, mit der Folge, dass es nicht mehr durch den Wartungsdialog geändert oder gesichert werden konnte.

Die anderen Buttons, *winRestoreButton* und *winSaveButton*, funktionieren ganz analog wie dieser, darum brauche ich den Code hier nicht zu zeigen.

Sie haben in diesem Kapitel (ein weiteres Mal) gesehen, dass gerade die Programmierung graphischer Oberflächen auch bei sehr einfachen Anwendungen schnell komplex werden kann. Das liegt nicht an Mathematica (das ja viele der die Fenster betreffenden Befehle nur an das Betriebssystem weiterreicht), sondern in der Natur der Sache. Eine Anwendung mit Benutzerinteraktion ist eben komplexer als ein linearer Ablauf.

4.2.10 Spieltheorie: Nash-Gleichgewicht

Stellen Sie sich folgendes Spiel vor: Drei Karten liegen verdeckt auf dem Tisch. Sie haben die Werte 1, 2 und 3. Zwei Spieler sitzen sich gegenüber. Jeder zieht eine Karte, und die höhere gewinnt den Einsatz, sagen wir einen Euro.

Das ist weniger spannend als „Mensch ärgere Dich nicht", werden Sie denken. Außerdem gewinnt auf die Dauer keiner. Richtig. Aber nun kommt eine Modifikation. Spieler A darf sagen: Ich verdopple. Dann kann Spieler B entweder mitgehen, und es wird aufgedeckt, oder er steigt aus und verliert den einfachen Einsatz, ohne die Karte des Gegners gesehen zu haben.

Würden Sie glauben, dass diese Zusatzregel das Chancengleichgewicht verschiebt? Tatsächlich ist das der Fall. Dadurch, dass Spieler A die Initiative hat und B nur reagieren kann, ist die Situation nicht mehr symmetrisch, und auf lange Sicht wird A gewinnen, wenn beide Spieler optimal spielen. Die Frage, wie er das kann, beantwortet die Spieltheorie.

4.2.10.1 Ein wenig Theorie

Wikipedia: Die Spieltheorie ist ein Teilgebiet der Mathematik, das sich damit befasst, Systeme mit mehreren Akteuren (Spieler, Agenten) zu analysieren. Die Spieltheorie versucht dabei unter anderem, das rationale Entscheidungsverhalten in sozialen

Konfliktsituationen abzuleiten. Die Spieltheorie ist weniger eine zusammenhängende Theorie als mehr ein Satz von Analyseinstrumenten. Anwendungen findet die Spieltheorie vor allem im Operations Research, in den Wirtschaftswissenschaften, in der Ökonomischen Analyse des Rechts als Teilbereich der Rechtswissenschaften, in der Politikwissenschaft, in der Soziologie, in der Psychologie, in der Informatik und seit den 1980ern auch in der Biologie. Für spieltheoretische Arbeiten wurden bisher acht Wirtschaftsnobelpreise vergeben, welche die große Bedeutung der Spieltheorie für die moderne Wirtschaftstheorie verdeutlichen.

Eine Konkurrenzsituation, bei der sich mehrere Akteure um einen Kuchen streiten, nennt man ein Nullsummenspiel. Was der eine gewinnt, verliert der andere. In solchen Situationen gibt es manchmal eine für beide optimale Strategie. Sie ist dadurch gekennzeichnet, dass kein Akteur durch einseitiges Abweichen sein Ergebnis verbessern kann. Ein solcher Punkt heißt Nash-Gleichgewicht. Sein Erfinder John F. Nash (Wirtschaftsnobelpreis 1994) ist der Held des Films „A Beautiful Mind". Eine der Eigenschaften des Nash-Gleichgewichts ist, dass kein Spieler durch einseitiges Abweichen von diesem Punkt seine Auszahlung erhöhen kann. Diese Eigenschaft ist aber nicht hinreichend für das Vorliegen eines Nash-Gleichgewichts im Sinne einer optimalen Strategie. Der amerikanische Wirtschaftswissenschaftler Kaushik Basu hat mit dem von ihm so betitelten Urlauberdilemma[68] ein Beispiel konstruiert, bei dem die Akteure einen solchen Punkt erreichen, der aber gleichzeitig ganz offensichtlich nicht optimal ist [47], [48].

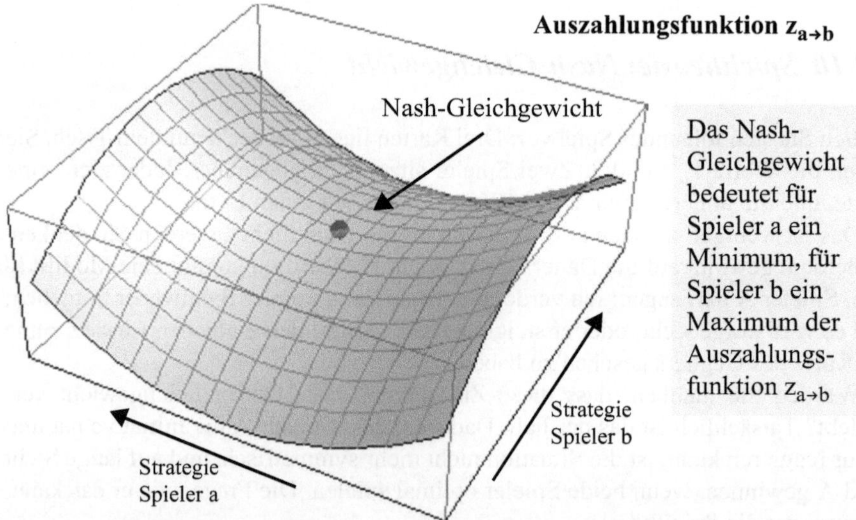

Abb. 4.22 Nash-Gleichgewicht bei einem Nullsummenspiel mit zwei Spielern

Im Falle zweier Spieler A und B, deren Strategien durch je eine reelle Variable parametrisiert werden können, wäre ein Nash-Gleichgewicht ein Sattelpunkt der Aus-

---

[68] Der Name ist dem Gefangenendilemma, einem Standardbeispiel der Spieltheorie, entlehnt.

zahlungsfunktion von A an B. Man kann sich das so vorstellen, dass die Spieler abwechselnd ihre Strategie optimiert haben, bis sie zu dem Sattelpunkt in Abb. 4.22 gelangt sind.

Hier funktioniert die Regel, nach der man das Nash-Gleichgewicht quasi automatisch durch abwechselndes Optimieren erreicht. Leider geht das nicht immer so. Unser Spiel wird sich als Ausnahme von dieser Regel herausstellen.

4.2.10.2 Analyse des 123-Spiels

So, nun hat das Spiel einen Namen bekommen. Ohne die Möglichkeit des Verdoppelns wäre es offensichtlich ein „faires" Spiel, also eines, bei dem auf lange Sicht keiner gewinnt oder verliert. Der Erwartungswert der Auszahlungsfunktion, das ist der Grenzwert des statistischen Mittelwerts für unendlich viele Spiele, ist Null. Wir berechnen nun den Erwartungswert der Auszahlungsfunktion, wenn Spieler A verdoppeln und Spieler B mitgehen oder aussteigen kann.

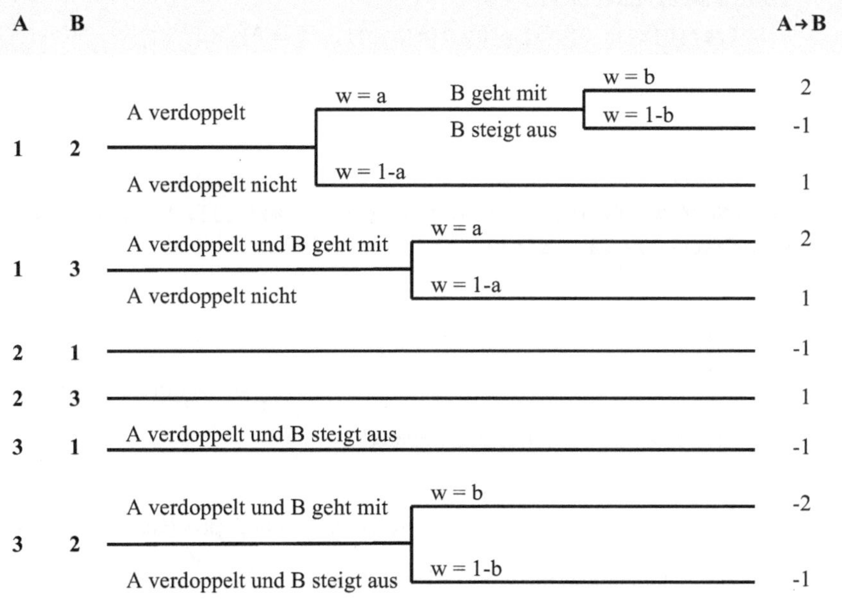

Abb. 4.23 Ereignisbaum des 123-Spiels

Wann ist verdoppeln überhaupt sinnvoll? Natürlich wird A immer verdoppeln, wenn er eine 3 hat. Und er wird nie verdoppeln, wenn er eine 2 hat, denn in diesem Falle weiß B genau, ob er gewonnen oder verloren hat und wird immer optimal reagieren. Es kann sich aber lohnen, zu bluffen. Indem A in einem bestimmten Anteil a der Fälle, in denen er eine 1 gezogen hat, verdoppelt, kann er vielleicht seine Gewinnchancen erhöhen. Das muss natürlich quasizufällig gemacht werden, damit

B nicht vorhersehen kann, wann A blufft. Man nennt so etwas eine gemischte Strategie.

Und wie reagiert B auf das Verdoppeln? Bei einer 3 wird er natürlich mitgehen. Eine 1 kann er nicht haben, obwohl er das in dem Moment nicht weiß. Es könnte vielleicht sinnvoll sein, bei einem gewissen Anteil b der Fälle, wo er eine 2 hat, mitzugehen.

Im Ereignisbaum in Abbildung 4.23 sind alle Alternativen und ihre Wahrscheinlichkeiten w dargestellt. Da jede der 6 Kartenkombinationen die Wahrscheinlichkeit 1/6 hat, bekommt man als Erwartungswert der Auszahlung von A an B

$$z = \frac{2ab - a(1-b) + 1 - a + 2a + 1 - a - 1 - 2b + b - 1}{6} = \frac{ab}{2} - \frac{a+b}{6}. \quad (4.32)$$

Diese Funktion wird kurz untersucht.

```
In[1]:= z[a_, b_] := a * b / 2 - (a + b) / 6

        stationärerPunkt = First@
          Solve[{D[z[a, b], a] == 0, D[z[a, b], b] == 0}, {a, b}]
```

$$\text{Out[2]= } \left\{ b \to \frac{1}{3}, \; a \to \frac{1}{3} \right\}$$

```
In[3]:= x = {a, b};
        hesseMatrix = Table[D[D[z[a, b], x[[i]]], x[[k]]], {i, 2}, {k, 2}]
        hesseMatrix // MatrixForm
```

Out[4]//MatrixForm=

$$\begin{pmatrix} 0 & \frac{1}{2} \\ \frac{1}{2} & 0 \end{pmatrix}$$

$\{\frac{1}{3}, \frac{1}{3}\}$ ist ein Sattelpunkt

```
In[5]:= Det@hesseMatrix /. stationärerPunkt
```

$$\text{Out[5]= } -\frac{1}{4}$$

Spieler A gewinnt pro Runde $\frac{1}{18}$ des

```
In[6]:= z[a, b] /. stationärerPunkt        Einsatzes
```

$$\text{Out[6]= } -\frac{1}{18}$$

Das Ergebnis, wenn wir uns nicht verrechnet haben, bedeutet, dass Spieler A, wenn er in einem Drittel der Situationen mit einer 1er Karte blufft, im Durchschnitt gewinnt. Das heißt, wenn unendlich oft gespielt wird. Der Erwartungswert heißt ja so, weil er erwartet werden muss. Hat diese Aussage überhaupt einen praktischen

Wert? Welchen? Wie oft muss man spielen, um den Gewinn zu realisieren? Diese Fragen beantwortet uns die Simulation.

4.2.10.3 Simulation des 123-Spiels

Statistik, diese Mischung aus Ordnung und Chaos, hat mich schon immer gereizt. Ich glaube, man muss kein Zocker, sein um sich davon fesseln zu lassen. Im Übrigen sind es immer zwei verschiedene Dinge, etwas theoretisch zu zeigen und es tatsächlich zu tun. Auch darum diese Simulation.

Mit den hier vorgestellten Methoden können Sie natürlich auch völlig andere Dinge simulieren. Die Techniken sind immer die gleichen. Das Bemerkenswerte an dieser Simulation ist, dass Sie hier einen Ablauf in Gang setzen, aber nun nicht tatenlos daneben sitzen und das Ende abwarten müssen, sondern während es läuft, in das Geschehen eingreifen können. Das ist erst ab Version 6 überhaupt möglich. Ich beginne mit dem fertigen Programm.

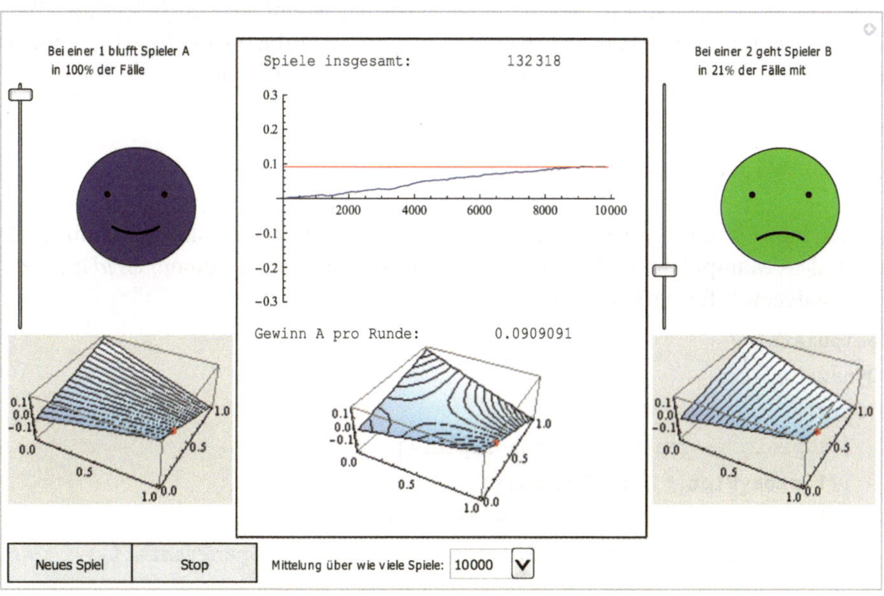

Abb. 4.24 Simulation des 123-Spiels

Sie starten das Spiel mit dem Button „Neues Spiel", und sofort beginnt die Wiedergabe der aufgezeichneten Spielergebnisse. Die rote Linie gibt den mittleren Gewinn pro Spiel wieder, die schwarze den „Kassenstand" von Spieler A über dem einstellbaren Aufzeichnungszeitraum, über den auch gemittelt wird. Obwohl das Spiel nach dem Start beliebig lange weiterläuft, wird immer nur der letzte Teil des Spielverlaufs gezeigt, wie viele Spiele, kann der Benutzer wählen. Am Anfang wird der Kassenstand immer auf 0 gesetzt, wir wollen das Vergangene vergessen.

Variiert man den Aufzeichnungszeitraum, so stellt man fest, dass erst ab 10^5 Spielen das Verhalten einigermaßen reproduzierbar wird, darunter wirkt es ziemlich regellos. Das überrascht nicht, da hier ja drei Zufallsprozesse zusammenwirken, das Kartenziehen und die gemischten Strategien der Akteure. Als Bedienungshilfe sind die theoretisch berechneten Erwartungswerte für die eingestellten Parameter eingeblendet. Links und rechts mit den Koordinatenlinien, auf denen sich der jeweilige Spieler bewegt, in der Mitte mit Höhenlinien, da sieht man den Sattelpunkt. Diesen Sattelpunkt finden die Spieler kaum durch Probieren, weil er längs seiner Koordinaten kein Minimum/Maximum ist, sondern konstant. Im Bild ist a = 0.33 eingestellt worden. Hier kann Spieler b machen, was er will, der Erwartungswert ändert sich nicht. Er bewegt sich auf einer waagerechten Geraden, und A gewinnt pro Runde durchschnittlich 1/16 des Einsatzes. Damit hat man das Merkmal eines Nash-Gleichgewichts: Egal was Spieler B einstellt, er verbessert sich nicht (allerding verschlechtert er sich in diesem besonderen Fall auch nicht). Leicht missverständlich sind Aussagen der Art „der Erwartungswert der Auszahlungsfunktion ist negativ". Für wen ist das gut oder schlecht? Darum habe ich die Smileys als kleines Gimmick eingebaut, man sieht sofort, wer gewinnt. Fazit der Simulation ist jedenfalls: Der Vorteil systematischen Bluffens tritt erst bei größenordnungsmäßig 10^4 Spielen zutage, spielt man deutlich weniger, kann man es ebenso gut lassen.

4.2.10.4 Wie wurde es gemacht?

Sie sind inzwischen so vertraut mit Mathematica, dass Ihnen ein Blick auf Abb. 4.24 verrät, dass Manipulate im Spiel ist. Der Aktionsteil besteht aus einem *Grid* mit den verschiedenen Informationen zum Spielverlauf.

```
Manipulate[
  Dynamic@
  Grid[
    {{"Spiele insgesamt: ", anzahlSpiele},
     {HistoryPlot[], SpanFromLeft},
     {"Gewinn A pro Runde: ", gewinnProSpielA[]},
     {theoretischerGewinnPlot3D[paramA, paramB, 3], SpanFromLeft}}
  ],
```

Die Funktion *HistoryPlot* gibt den aufgezeichneten Spielverlauf in der voreingestellten Länge wieder, falls schon so viele Spiele gemacht wurden, sonst entsprechend weniger. Einzelheiten dazu später. Wie der Name schon andeutet, gibt *theoretischerGewinnPlot3D* die Auszahlfunktion Gleichung (4.32) wieder, zusammen mit einem roten Punkt an der Stelle {paramA, paramB}. Die „3" als letztes Argument bedeutet, dass als Koordinatenlinien Höhenlinien zu nehmen sind. Das Grid muss übrigens mit Dynamic ausgewertet werden, da es nicht direkt von in Manipulate deklarierten Parametern abhängt. Tatsächlich wurden überhaupt keine Parameter über den Manipulate-Mechanismus deklariert. Das heißt, dass von der

Dynamic-Funktionalität wenig benutzt wurde, eigentlich nur die Mechanismen zur Anordnung der grafischen Elemente.

Alle anderen Elemente, die Sie in Abb. 4.24 auf S. 203 sehen, sind im Kontrollteil. Die Steuerelemente rechts sind so entstanden.

```
Item[
 Grid[
  {{Dynamic[textB[], TrackedSymbols :→ {paramB}], SpanFromLeft},
   {VerticalSlider[Dynamic@paramB],
    Dynamic[
     smiley[-6*gewinnProSpielA[], grassgreen],
     TrackedSymbols :→ {kassenstandAHistory}
    ]},
   {Dynamic[
     theoretischerGewinnPlot3D[paramA, paramB, 1, Background → windowsGray],
     TrackedSymbols :→ {paramA, paramB}
    ],
    SpanFromLeft}}
  ],
 ControlPlacement → Right
],
```

Der Code für die linken Steuerelemente (Spieler A) ist weitgehend identisch. Nun noch die Knöpfe unten.

```
 ],
 Row[
  {startButton[], stopButton[], "   Mittelung über wie viele Spiele: ",
   PopupMenu[Dynamic[historyLength], {10^2, 10^3, 10^4, 10^5}]}
 ],
 ControlPlacement → Bottom,
 TrackedSymbols :→ {paramA, paramB, kassenstandAHistory}
]
```

Der *startButton* setzt das Spiel in Gang. Dadurch, dass ein Button einen separaten asynchronen Prozess (eigentlich einen Thread) in Gang setzt, läuft das Spiel von da an im Hintergrund, bis man den *stopButton* drückt. Der Code zum Starten ist kurz.

```
starteNeuesSpiel[] :=
 (
  init[];
  While[running, spieleEineRunde[]]
 )
```

Die Funktion *init* setzt u. a. *running* auf True, und dann beginnt eine Endlosschleife. In Wirklichkeit ist sie nicht endlos, weil ja der Benutzer über die grafischen Interaktionselemente jederzeit die Parameter ändern kann. Der *stopButton* z. B. setzt *running* auf False, und sofort bleibt alles stehen.

Nun kommt der interessante Teil. Wie spielt man eine Runde? Am Beispiel dieser Funktion sehen Sie, wie man einen mittelmäßig komplizierten Ablauf so programmiert, dass er verständlich und nachvollziehbar ist. Damit ist die Wahrscheinlichkeit hoch, dass das Programm korrekt arbeitet. Selten hat man, wie hier, eine analytische Lösung zum Vergleich zur Verfügung. Wenn dann falsche Zahlen herauskommen, merkt es kein Mensch. Darum ist sicherer Code hier essentiell. So sieht er aus:

```
spieleEineRunde[] :=
 Module[
  {karteA, karteB, spielerAverdoppelt, spielerBgibtAuf,
   spielZähltDoppelt, summeDieVonAzuBgeht},
  {karteA, karteB} = zieheKarten[];
  spielerAverdoppelt =
   Switch[
    karteA,
    1, probablyTrue[paramA],
    2, False,
    3, True
   ];
  spielerBgibtAuf =
   spielerAverdoppelt &&
    Switch[
     karteB,
     1, True,
     2, probablyTrue[1 - paramB],
     3, False
    ];
  spielZähltDoppelt = spielerAverdoppelt && Not@spielerBgibtAuf;
  summeDieVonAzuBgeht = If[karteA < karteB && Not@spielerBgibtAuf, 1, -1];
  If[spielZähltDoppelt, summeDieVonAzuBgeht *= 2];
  anzahlSpiele++;
  AppendTo[letzteUmsätze, -summeDieVonAzuBgeht];
  If[
   Mod[anzahlSpiele, historyUpdateInterval] == 0,
   updateHistory[]
  ]
 ]
```

Der Code ist, so hoffe ich, weitgehend selbsterklärend. Ich habe die Boolesche Variable *spielerBgibtAuf* eingeführt. Sie erschien mir klarer als etwa *spielerBgehtMit*, weil man bei der letzten Variante als Programmierer daran denken muss (oder wissen muss), dass Spieler B verliert, wenn er nicht mitgeht. Dass er durch Aufgeben verliert, ist hingegen sofort einleuchtend. Um eine gute Performance zu erreichen, wird die Anzeige nicht bei jedem Spiel aktualisiert. Vielmehr habe ich es so eingerichtet, dass der Spielverlauf immer mit 100 Werten dargestellt wird, auch wenn es sich dabei um 10^4 oder gar 10^5 Spiele handelt. Aktualisiert wird immer dann, wenn ein neuer Wert hinzukommt, bei 10^4 Spielen also jedes hundertste Spiel. Zwischen den Aktualisierungszeitpunkten wird der Spielverlauf in der Liste *letzteUmsätze* gespeichert, die sofort nach dem Aktualisieren gelöscht wird. Damit ist der Rechenzeitverbrauch zum Speichern des Verlaufs gegenüber dem für reines Spielen vernachlässigbar, und man schafft etwa 10^5 Spiele in 15 s.

Das Kartenziehen muss so gemacht werden, dass alle Kombinationen mit gleicher Häufigkeit vorkommen.

```
zieheKarten[] :=
 Module[
  {karteA, karteB, restlicheZweiKarten},
  karteA = RandomInteger[{1, 3}];
  restlicheZweiKarten = Drop[{1, 2, 3}, {karteA}];
  karteB = restlicheZweiKarten[[RandomInteger[{1, 2}]]];
  {karteA, karteB}
 ]
```

Man zieht also (im übertragenen Sinn) eine von drei Karten, macht dann eine Liste der übriggebliebenen Karten, und zieht daraus die zweite. Das geht etwas schneller, als wenn man zweimal eine Zufallszahl zwischen eins und drei aufruft und die Paare mit gleichen Zahlen ignoriert, da das Berechnen der Zufallszahl der aufwändigste Teil ist.

Der Funktionsaufruf *probablyTrue[wahrscheinlichkeit]* ist nicht kürzer als seine Implementierung *RandomReal[] < wahrscheinlichkeit*. Aber er ist viel lesbarer. Man erwartet, dass probablyTrue[0.9] in 9 von 10 Fällen True liefert, während man sich das bei RandomReal[]<0.9 erst mühsam überlegen muss.

Nun zur Funktion updateHistory.

```
updateHistory[] :=
 Module[
  {step, summeLetzteUmsätze, ersterWert, letzterWert, neuerWert},
  summeLetzteUmsätze = Plus @@ letzteUmsätze;
  letzteUmsätze = {};
  letzterWert = Last@kassenstandAHistory;
  neuerWert = letzterWert + {historyUpdateInterval, summeLetzteUmsätze};
  AppendTo[kassenstandAHistory, neuerWert];
```

```
(* nur die letzten Werte merken*)
If[
  Length@kassenstandAHistory > nbhistoryValues,
  kassenstandAHistory = Take[kassenstandAHistory, -nbhistoryValues];
  ersterWert = First[kassenstandAHistory]; (* bei {0,0} anfangen*)
  kassenstandAHistory = # - ersterWert & /@ kassenstandAHistory
  ]
]
```

Den Nettogewinn oder -verlust, bekommt man, als Summe der letzten Umsätze, elegant mit dem Apply-Operator @@, der `List[1,2,3]` zu `Plus[1,2,3]` macht. Die Liste *kassenstandAHistory* besteht aus Paaren der Form {x, y}, wobei x die Nummer des Spiels ist und y der Kassenstand zu diesem Zeitpunkt. Um einen neuen Wert zu bekommen, muss man zum letzten Wert dieser Liste die seither gemachten Spiele und Umsätze addieren. Wenn nun die Liste länger ist als die gewünschte Länge, wird der erste Eintrag weggelassen. Alles vorher Geschehene soll vergessen werden, die Liste soll immer mit {0,0} beginnen. Um das zu erreichen, wird der neue erste Wert von jedem Element abgezogen. Das funktioniert hier nur mit dem Apply-Operator `/@`, der die Pure Function `#-ersterWert&` auf jedes Element anwendet. Eigentlich sollte das einfache `liste-=First@liste` auch gehen, da die Funktion Minus das Attribut *Listable* hat und so automatisch auf alle Listenelemente angewendet wird, aber das hat hier nicht funktioniert. Ich bin mir ziemlich sicher, dass das kein Bug ist, sondern eine einfache Erklärung hat, die ich mit einiger Mühe auch finde, aber es lohnt sich eigentlich nicht. Diese kleinen Überraschungen sind normal und sorgen dafür, dass Programme praktisch nie zur veranschlagten Zeit fertig werden.

4.2.11 Chaostheorie: Newton-Fraktale

Wer kennt sie nicht, die bunten kleinen Apfelmännchen? Fraktale Objekte sehen nicht nur gut aus, sondern sind auch für die Forschung interessant, weil man ähnliche Strukturen in der Natur beobachtet: etwa bei der Wolkenbildung, bei Blutgefäßen und Flussläufen, bei der Form des Blumenkohls, bei Küstenverläufen, aber auch beim Kristallwachstum. Newton-Fraktale [31] sind eine spezielle Art von Fraktalen, die Apfelmännchen eine andere. Allen Fraktalen gemeinsam ist die Selbstähnlichkeit auf verschiedenen Größenordnungen, viele sind auch von nicht ganzzahliger (gebrochener) Dimension [34].

Hier werden nur Newton-Fraktale behandelt. Sie sind Gegenstand aktueller Forschung [32], aber auch beliebte Objekte in der Computerkunst [33]. In diesem Kapitel wird eine Applikation zur Erforschung dieser Gebilde erstellt. Zwar ist ein kurzes Skript zur Erzeugung eines Newton-Fraktals schnell geschrieben; zur systematischen Erforschung braucht es aber mehr.

Das Kapitel ist wie folgt aufgeteilt: Im Kap. 4.2.11.1 *Theorie* werden die Begriffe Fraktal, Newton-Fraktal, Newtonverfahren und Fixpunkt, sowie ihre Zusammenhänge erläutert. Dann geht es weiter mit dem Kap. 4.2.11.2 *Entwurf*. Es folgen Kap. 4.2.11.3 *Implementierung des Rechenprogramms* und der vielleicht anspruchsvollste Teil Kap. 4.2.11.4 *Entwicklung des Viewers*. Am Ende stelle ich auch einige Ergebnisse vor.

4.2.11.1 Theorie

Fixpunkte: Wir betrachten Operatoren T: X→X, die eine gewisse Menge X auf sich selbst abbilden. Für einige Operatoren existierten Punkte mit der Eigenschaft $T(x) = x$. Solche Punkte heißen Fixpunkte des Operators T. Manchmal passiert es, dass bei wiederholtem Anwenden von T das Ergebnis gegen einen Grenzwert strebt. Ein solcher Punkt heißt Attraktor. Ein Beispiel ist die Wurzelfunktion. Geben Sie eine positive Zahl in ihren Taschenrechner ein und drücken Sie einige Male die Wurzel-Taste. Sie sehen, dass das Ergebnis gegen 1 strebt, die Wurzelfunktion hat natürlich den Fixpunkt 1, aber das wiederholte Anwenden ergibt tatsächlich auch eine Folge von Zahlen, die gegen 1 strebt. Mit einer geeignet gewählten Erweiterung der Definition der Wurzelfunktion auf komplexe Argumente (es gibt mehrere gleichwertige Möglichkeiten, aber keinen Standard) funktioniert das auch mit beliebigen komplexen Anfangswerten.

Für lineare Operatoren in vollständigen metrischen Räumen existiert, unter relativ schwachen Voraussetzungen[69], nach dem Banachschen Fixpunktsatz *genau ein* Fixpunkt. Bei nichtlinearen Operatoren ist es nicht ganz so einfach, daher gibt es in Mathematica den Befehl **FixedPoint[func,x_{start}]**, der versucht, einen Fixpunkt durch Probieren zu finden. Er beginnt mit x_{start} und wendet *func* solange an, bis zwei aufeinander folgende Ergebnisse gleich sind. Sie können sogar mit der Option *SameTest* angeben, was „gleich sein" bedeuten soll, oder, etwas klarer ausgedrückt, die Abbruchbedingung der Iteration festlegen.

Newtonverfahren: Eine Anwendung des Fixpunktverfahrens stellt das Newton-Verfahren zur Berechnung von Nullstellen einer Funktion dar. Wie Sie weiter unten sehen werden, hängen die Funktion, deren Nullstellen gesucht sind, und der Newton-Operator auf umkehrbar-eindeutige Art miteinander zusammen. Die Funktionsweise des Newton-Verfahrens kann man sehr anschaulich an reellen Funktionen y einer reellen Variablen[70] erklären: Man wählt einen Startwert x_0. Der nächste Wert ergibt sich, indem man im Punkt x_0 eine Tangente an die Funktion legt. Der Schnittpunkt der Tangente mit der x-Achse ist der nächste Punkt x_1. Der Schritt von x_0 nach x_1 ist der Newton-Schritt, den man auch als Anwendung des

---

[69] Der Operator muss kontrahierend, d. h. seine Norm kleiner als 1 sein.

[70] Es funktioniert aber auch bei komplexen Funktionen einer komplexen Variablen.

Newton-Operators f der erzeugenden Funktion y schreiben kann. Man macht sich leicht klar, dass der Newton-Operator von der Form

$$x_{n+1} = x_n - \frac{y(x_n)}{y'(x_n)} \tag{4.33}$$

ist. Ein Beispiel:

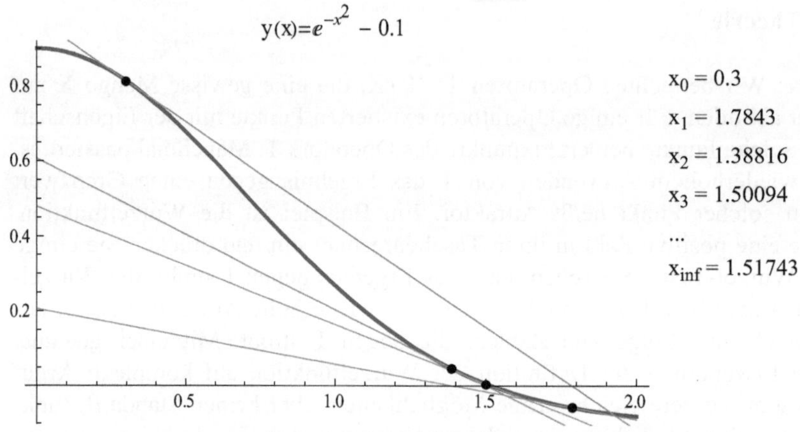

Abb. 4.25 Beispiel: die ersten drei Schritte beim Newton-Verfahren

Noch drei Anmerkungen:

1. Hat y keine Nullstelle, so hat der Newton-Operator natürlich keinen Fixpunkt.
2. Auch wenn es Nullstellen gibt, gibt es keine Garantie, dass diese gefunden werden; wenn das Verfahren auf einen Punkt trifft, wo y'(x) Null oder nahe bei Null ist, bricht es ab, siehe Gleichung (4.33). Mit einem anderen Startwert kann man diesen Punkt eventuell vermeiden.
3. Gibt es mehrere Nullstellen, so hängt es vom Startwert ab, welche der Nullstellen gefunden wird. Der Zusammenhang zwischen Startwert und gefundener Nullstelle ist allerdings nicht so trivial, dass das Verfahren zu der dem Startwert nächstgelegenen Nullstelle konvergiert.

Zusammenhang zwischen Fixpunkten und Nullstellen: Die folgende kleine Episode brachte mich dazu, über den Zusammenhang zwischen dem Newtonoperator und seiner erzeugenden Funktion nachzudenken: Ich blätterte gerade in dem von mir sehr geschätzten Buch *The Mathematica Guidebook for Programming* [1], das ich an dieser Stelle allen fortgeschrittenen Lesern empfehle, es enthält sehr instruktive Übungen und vor allem unglaublich viel weiterführende Literatur zu interessanten Problemen aus (nicht nur) der Theoretischen Physik. Dort sah ich als Beispiel für die Anwendung des Mathematica-Befehls *FixedPoint* folgende Funktion, deren Fixpunkte gesucht wurden: `Function[z, 1/(5z^4)+4z/5]`. Der Autor, Michael Trott, macht Folgendes: Er lässt einen Fixpunkt suchen und variiert dabei den Startwert. Der rechteckige Bereich $[-2, 2] \times [-2i, 2i]$ in der Gaußschen Zahlenebene wird gerastert, und für jeden Startpunkt wird die Anzahl der Iterationen aufgezeichnet. Das ergibt eine zweifach geschachtelte Liste, ein 2D-Array. Dieses wird mit der Funktion *ListDensityPlot* visualisiert, wobei die verschiedenen Iterationszahlen in verschiedene Farben umgesetzt werden. Es entsteht ein Bild, das diesem hier ähnelt.[71]

Abb. 4.26 Ergebnis einer Fixpunktsuche mit variablem Startwert

Die interessant aussehende Grafik weist eine 5-zählige Symmetrie und die typischen Merkmale eines Fraktals, Selbstähnlichkeit auf verschiedenen Größenordnungen, auf. Diese Symmetrie hätte man aber bei der verwendeten Funktion keinesfalls vermutet. Woher kommt sie?

Könnte es sein, dass man die Suche nach dem Fixpunkt eines (kontrahierenden) Operators auch als Nullstellensuche mit dem Newton-Verfahren interpretieren kann? Mit anderen Worten, gibt es Funktionen, deren Newton-Operator gerade die

---

[71] Ich habe dieses Bild aus technischen Gründen mit meinem eigenen Skript hergestellt, darum sind die Farben hier etwas anders als im Original.

oben verwendete Iterationsfunktion `Function[z,1/(5z^4)+4z/5]` ist? Schauen wir mal:

DGL für die gesuchte Funktion:

```
iterationsvorschrift = 1 / (5 x^4) + 4 x / 5;
newtonregel = x - y[x] / y'[x];

sol = DSolve[iterationsvorschrift == newtonregel, y[x], x]
```

$$\{\{y[x] \to (-1 + x^5)\, C[1]\}\}$$

```
y[x_] = y[x] /. sol[[1]] /. C[1] → 1
```

$$-1 + x^5$$

Probe:

```
iterationsvorschrift == newtonregel // Simplify
```

```
True
```

Kurze Erklärung: Gesucht ist eine Funktion y[x], deren Newtonoperator gerade der gegebene Operator ist. Es ergibt sich eine Differentialgleichung, für die Mathematica die Lösung $y(x) = C[1]\,(x^5\text{-}1)$ findet. Als Integrationskonstante C[1] kann man offenbar jeden Wert außer Null einsetzen, ohne die Menge der Nullstellen zu verändern. Die Fixpunkte der Funktion 1/(5x^4)+4x/5 sind also gerade die Nullstellen der Funktion $y = x^5 - 1$. Bekanntlich gibt es deren 5, und sie liegen in der komplexen Ebene symmetrisch verteilt um den Nullpunkt. Es sind die schwarzen Punkte in Abb. 4.26 auf S. 211. Damit ist die Symmetrie erklärt.

Sofort ergibt sich die weiterführende Frage, ob das immer so geht. Gibt es einen eineindeutigen Zusammenhang zwischen einer beliebigen Funktion[72] y[x] und einem kontrahierenden Operator f[x]? Die eine Richtung ist trivial, denn zu jeder differenzierbaren Funktion y kann man den Newtonoperator bilden (y' darf nur nicht Null sein). Für die andere Richtung gebe ich in Mathematica ein:

```
In[23]:= iterationsvorschrift = f[x]; (*beliebigeFunktion*)
         newtonregel = x - y[x] / y'[x];
         y[x] /. DSolve[iterationsvorschrift == newtonregel, y[x], x][[1]]
```

$$Out[25]=\ e^{\int_1^x \frac{1}{-f[K[1]]+K[1]}\, dK[1]}\ C[1]$$

Das ist ein schönes Ergebnis, denn es kommen Äquivalenzklassen von Funktionen, die sich um eine multiplikative Konstante unterscheiden, heraus. Zu untersuchen wäre noch, für welche Funktionen f das obige Integral konvergiert, aber das führt

---

[72] präziser: einer Klasse von Funktionen, die sich nur um einen konstanten Faktor unterscheiden

hier zu weit. Zusammengefasst kann man sagen: Die Suche nach einem Fixpunkt einer Funktion f ist äquivalent zur Suche nach den Nullstellen einer Funktion y mit dem Newtonverfahren.

Fraktale: Was aber ist ein Newton-Fraktal nun genau? Ist es das bunte Bild? Natürlich nicht.

> Das Fraktal ist die Menge aller derjenigen Startpunkte, bei der das Ergebnis der Iteration *unstetig* vom Punkt abhängt, also eine beliebig kleine Änderung des Startwertes zu einem völlig anderen Ergebnis führt.

In Abb. 4.26 auf S. 211 sind es die Grenzen zwischen den farbigen Bereichen. Wenn man genau auf der Grenze ist, genügt eine beliebig kleine Veränderung, um entweder in den einen oder den anderen Bereich zu gelangen. Die Grenzen sind zwar Linien, aber ihre Dimension ist dennoch nicht 1; durch die Wiederholung des typischen Musters auf allen Größenordnungen liegt die Dimension[73] irgendwo zwischen 1 und 2.

Kommen wir noch einmal zurück zu der Äquivalenz zwischen der Suche nach einem Fixpunkt und der Suche nach Nullstellen. Sind alle Fraktale von der Struktur, dass man Attraktoren oder Nullstellen sucht? Nein, es geht auch ohne. Nehmen wir z.B. die vom Parameter c abhängige Funktionenfamilie

$$y(x) = e^{-\dfrac{2\,\mathrm{ArcTan}\left(\frac{2x-1}{\sqrt{4c-1}}\right)}{\sqrt{4c-1}}} \quad , c \in \mathbb{C} \tag{4.34}$$

Sie hat keine Nullstellen. Wenn man mit dem Newton-Verfahren welche sucht, strebt die Iteration fast immer zum Rand der komplexen Ebene, ins Unendliche. Aber eben nur fast. An einigen Stellen kann sich das Verfahren quasi für keine Richtung entscheiden, ähnlich wie bei einem labilen Gleichgewicht. Es sind Fixpunkte, aber keine Attraktoren. Sie haben sich bestimmt schon gefragt, wo die exotische Funktion in Gleichung (4.34) herkommt. Vielleicht kommt Ihnen die dazugehörige Newton-Iterationsvorschrift bekannt vor?

$$x_{n+1} = x_n^2 + c \tag{4.35}$$

Es ist der Iterator, mit dem man Mandelbrot-Mengen erzeugt. Für fast alle Werte des Parameters c entstehen Fraktale mit typischem „Apfelmännchen"-Aussehen.

---

[73] Gemeint ist hier ein verallgemeinerter Dimensionsbegriff, die so genannte Hausdorff-Dimension.

4.2.11.2 Entwurf

Zur systematischen Untersuchung von Newton-Fraktalen braucht es mehr als einen
Dreizeiler, der eben mal ein schönes Bild erzeugt. Das findet man schnell heraus,
wenn man mit dem Dreizeiler anfängt. Ändere ich den Bereich bei gleicher Rasterweite, so ändert sich die Bildgröße und damit die Rechenzeit. Überhaupt: Es dauert
alles viel zu lange. Und nachdem ich ein bisschen herumprobiert habe, weiß ich
nicht mehr, wie das alles zustande kam. Wie viele Nullstellen hat diese Funktion
denn nun? Jetzt habe ich lauter Datensätze mit schönen Namen, aber was bedeuten
diese nochmal? Mein Notebook hat jetzt einige Bilder, die ich aufheben möchte,
aber das Speichern dauert jedes mal 3 Minuten. Aus diesen Erfahrungen erwachsen
schnell einige Anforderungen:

1. Trennung von Rechenprogramm und Visualisierung.
2. Ein Datenformat, das einen Header hat, in dem alle notwendigen Metadaten zur
   Entstehung des Datensatzes stehen.
3. Eine Möglichkeit, Bilder und Metadaten in Dateien auszulagern.
4. Das Rechenprogramm sollte den Bereich bekommen und die Anzahl der Rasterpunkte und daraus die Rasterweite selbst berechnen, so dass Rechenzeit und
   Größe des Datensatzes gut kontrollierbar sind.
5. Das Visualisierungsprogramm sollte beide Merkmale umsetzen: Welche Nullstelle gefunden wurde und wie viele Iterationen gebraucht wurden. Es müssen
   geeignete Strategien ausprobiert werden, entweder nur eines von beiden oder
   beide in Kombination darzustellen.
6. Das Visualisierungsprogramm sollte interaktiv sein, so dass man schnell die
   Visualisierungsmethode ändern kann. Es sollte an- und abschaltbare Achsenein-
   teilungen haben, und einen an- und abschaltbaren Fangrahmen, der dem Benutzer hilft, sich in das Fraktal hineinzuzoomen. Es braucht einen Button zum Speichern der Bilder.

Ich habe mir folgendes Datenformat überlegt: Datensatz = {Header, Rohdaten}. Der
Header besteht aus {Funktionsstring, Bereich, Nullstellen}, und die Rohdaten sind
ein 2D-Array der Form {{{NullstellenIndex, AnzahlIterationen},...}}. Die Zusammenfassung der Nullstellen in einer Liste spart nicht nur Platz und macht den Datensatz übersichtlicher, sondern ist auch Voraussetzung dafür, dass das Visualisierungsprogramm die Nullstellen anzeigen kann.[74]. Falls die Iteration an einem
Rasterpunkt nicht konvergiert, trage ich als Nullstellenindex Null ein, damit ist dann
ein Datenloch gekennzeichnet.

---

[74] Ohne dieses Verfahren hätte man an jedem Rasterpunkt einen numerischen Näherungswert,
der, abhängig vom Startpunkt der Newton-Iteration, jedesmal etwas anders ist. Das Zusammenfassen dieser eigentlich gleichen Nullstellen zu einem einzigen Repräsentanten ist, wie Sie noch
sehen werden, nicht ganz einfach.

4.2.11.3 Implementierung des Rechenprogramms

Wie auch an anderer Stelle, wird hier nicht das komplette Programm abgedruckt, nur die wichtigsten Stellen werden erklärt. Der vollständige Code befindet sich auf dem Server des Springer-Verlags [49].

Übrigens wird in diesem Kapitel eine bereits optimierte, aber noch nicht parallelisierte Variante des Rechenprogramms beschrieben. Die parallelisierte Version finden Sie im Kap. 4.4.4.2 *NewtonFraktale parallel berechnen*.

Ordnung ist das halbe Leben. Ich beginne ein Notebook in der Regel mit den Definitionen, damit beim Ausführen in der natürlichen Reihenfolge alles funktioniert. Hier habe ich die Definitionen in Kategorien unterteilt, um alles schnell wiederzufinden.

- **Allgemeine**

```
In[1]:= $HistoryLength = 0; (*verhindert Speicherüberlauf*)

       (******** hier Arbeitsordner setzen ********)

       workingDirectory = "D:\\Export\\Mathematica\\Newton Fraktal\\";
```

Standardmäßig merkt sich Mathematica die Ergebnisse aller Eingaben. Selbst wenn man immer nur den Inhalt desselben Symbols ändert, wächst darum beim Arbeiten mit dem Programm der Datenberg kontinuierlich. Gerade bei den Grafiken ist das nicht unerheblich, eine Grafik kann leicht mehrere MB Speicherplatz beanspruchen. Daher wird mit dem ersten Befehl die Erinnerungsfähigkeit abgeschaltet.

Der zweite Befehl setzt den Ausgabeordner für die Bilder. Wenn man schon Dateinamen in den Code aufnimmt, sollte das wenigstens an prominenter Stelle geschehen. Beachten Sie, dass die bei Windows üblichen Rückwärtsschrägstriche hier doppelt geschrieben werden müssen, und zwar weil der Rückwärtsschrägstrich in Mathematica, wie in einigen anderen Skriptsprachen, ein Sonderzeichen[75] ist.

Eine der Kernfunktionen dieser Applikation ist *findeFixpunkt*. Sie führt das Newtonverfahren für einen bestimmten Startwert durch. Dazu bekommt sie eine Iterationsfunktion, einen Startwert und eine Toleranz zur Quantifizierung des Abbruchkriteriums. Warum diese Signatur? Hätte man nicht die Funktion, deren Nullstelle gesucht wird, übergeben und die Toleranz lokal geeignet festlegen können? Zweimal nein. Hätte man die Berechnung der Iterationsfunktion hier durchgeführt, würde sie unnötigerweise an jedem Gitterpunkt wiederholt. Und was die Toleranz betrifft: Es gibt keinen universell geeigneten Wert bei Fraktalen. Da diese ja

---

[75] Es hat die Funktion, Steuerzeichen von ihrer besonderen Bedeutung zu befreien.

auf allen Größenordnungen berechnet werden können, ist ein geeignetes Maß von
der Rastergröße abzuleiten.

- **Newton**

- **Hilfsfunktionen**

```
In[3]:= findeFixpunkt[fNewton_, xstart_, eps_] :=
    Module[
      {fpList, maxIt = 100},
      Check[
        fpList =
         FixedPointList[
           fNewton, N@xstart, maxIt, SameTest -> (Abs[#1 - #2] < eps &)
           ] // Quiet,
        Return[{0, 0}]
      ];
      If[
       Length[fpList] > maxIt,
       {0, 0}, (*hat nicht konvergiert*)
       {Last[fpList], Length[fpList]} (*hat konvergiert*)
      ]
    ]
```

Die Funktionsweise ist schnell erklärt. Ich benutze *FixedPointList*. Es bricht ab,
wenn der Abstand zweier aufeinander folgender Werte kleiner als *eps* ist, oder, falls
das nicht eintritt, nach der hundertsten Iteration. Die Funktion Check testet, ob
irgendeine Fehlermeldung oder Warnung erzeugt wird, und bricht dann ebenfalls
ab. Zurückgegeben wird eine Liste mit der Anzahl der benötigten Iterationen und
dem berechneten Wert, also der Nullstelle. Im Fehlerfall wird als Iterationszahl 0
zurückgegeben. Von der berechneten Liste werden somit nur deren Länge und der
letzte Eintrag verwendet. Es sieht vielleicht so aus, als wäre diese Methode hauptsächlich aus dem Grund gewählt worden, um das Ziel mit wenig Code zu erreichen.
Tatsächlich habe ich ausprobiert, dass es auf diese Weise schneller rechnet, als
wenn ich explizite Schleifen verwende.[76]
Die nächste benötigte Hilfsfunktion heißt *getArrayParams*. Sie bekommt die
Grenzen des zu rasternden Rechtecks in der komplexen Ebene und die Anzahl der

---

[76] Etwas Ähnliches haben wir schon im Kap. 3.2.2 *Vergleich der Varianten* kennengelernt.

gewünschten Rasterpunkte. Daraus berechnet sie die Arraydimensionen und die Rastergröße.

```
In[3]:= getArrayParams[{{xmi_, xma_}, {ymi_, yma_}}, nbPoints_] :=
          Module[
            {dimx, dimy, delta},
            dimx = Round[Sqrt[(xma - xmi) / (yma - ymi) * nbPoints]];
            dimy = Round[Sqrt[(yma - ymi) / (xma - xmi) * nbPoints]];
            delta = N[(yma - ymi) / (dimy - 1)];
            {dimx, dimy, delta}
          ]
```

Die benötigten Formeln hatte ich mir vorher mit Mathematica hergeleitet. Wenn Sie es nachvollziehen wollen, machen Sie sich vor allem eine Skizze des Gitters mit den entsprechenden Bezeichnungen. Die Funktion *Round* sorgt dafür, dass als Felddimension die nächste ganze Zahl genommen wird. Meist ist also dimx*dimy nicht genau *nbPoints*, aber so nahe wie möglich dran.

Das Rechenprogramm habe ich *berechneNewtonArray* genannt. Es bekommt einen Bereich, eine Funktion und die gewünschte Zahl von Rasterpunkten, und gibt das Newtonarray samt Header zurück. Das geht im Prinzip mit wenigen Zeilen:

```
{dimx, dimy, delta} = getArrayParams[{{xmi, xma}, {ymi, yma}}, nbPoints];
tol = Min[delta / 1000., 10^-6];
z = xmi + (a - 1) * delta + I * (ymi + (b - 1) * delta);
fNewton = Function[x, Evaluate@FullSimplify[x - f[x] / f'[x]]];
newtonarray = Table[findeFixpunkt[fNewton, z, tol], {b, dimy}, {a, dimx}];
ersetzeNullstellenDurchIndices[];
{{ToString[f["x"] // TraditionalForm], {{xmi, xma}, {ymi, yma}},
  nullstellen},
 newtonarray}
```

In der ersten Zeile werden die Arrayparameter berechnet. Dann wird das Abbruchkriterium *tol* festgelegt, 1/1000 der Rasterweite, das ist sicher genau genug. Man muss allerdings auch daran denken, dass bei großen Rasterweiten die Nullstellen nicht mehr unterschieden werden könnten, darum ein Maximalwert von 10^{-6}. Als nächstes wird, um den Code übersichtlich zu halten, ein Ausdruck für die komplexe Zahl z bereitgestellt, die ja als Startwert der Newton-Iteration gebraucht wird und an jedem Gitterpunkt einen bestimmten Wert hat. In diesem Ausdruck sind a und b die Feldindizes[77] und laufen von 1 bis dimx bzw. dimy. In der nächsten Zeile wird die Iterationsfunktion berechnet. Hier ist es für die Performance gut, nicht allein den Ausdruck Gleichung (4.33) hinzuschreiben, sondern sicherheitshalber noch ein FullSimplify davorzusetzen. Jede Vereinfachung wirkt sich entscheidend auf die

---

[77] Man hätte auch i und j nehmen können, mir gefiel aber a und b wegen der Analogie Realteil und Imaginärteil.

Rechenzeit aus. Es muss unbedingt Evaluate davorstehen, dadurch erst wird erzwungen, dass der Ausdruck inklusive Vereinfachen zur Definitionszeit ausgewertet wird, und nicht erst in der Schleife. Nach diesen Vorbereitungen wird das Gitter durchlaufen. Der Befehl Table erzeugt gleich das entsprechende Feld, das hier newtonarray genannt wurde. Nun ist im Prinzip die Arbeit getan, aber aus Gründen der Transparenz und auch im Hinblick auf die Weiterverwendung der Daten wird hier noch ein wenig aufgeräumt: Es wird eine Liste der Nullstellen hergestellt. Das ist nicht ganz trivial, denn die berechneten Nullstellen unterscheiden sich auch dann immer ein wenig, wenn es eigentlich dieselbe Nullstelle ist. Es müssen also, um ein Zahlenbeispiel zu geben, 10^5 Werte zu 10 verdichtet werden. Danach wird jeder der 10^5 Werte durch seinen Index in der Nullstellenliste ersetzt. Das macht die (hier nicht weiter erklärte) Funktion *ersetzeNullstellenDurchListenIndices*. Jetzt ist alles fertig, und die Liste *newtonarray* kann zurückgegeben werden, zusammen mit einem Header. Der besteht aus der Funktion selbst (die zur Archivierung in eine Zeichenkette verwandelt werden muss), dem durchscannten Bereich und der Liste der Nullstellen, auf die sich ja die Einträge im newtonarray beziehen. Das Verwandeln in eine Zeichenkette geht so, dass man erst mal mit *TraditionalForm* eine Darstellung wählt, die möglichst nahe an der mathematischen Notation ist, und dann die Funktion *ToString* anwendet. Als Argument der Funktion wurde nicht das Symbol x, sondern der String x genommen, weil das Symbol als lokale Variable in Module immer ein Suffix der Form $nnn bekommt, was hier nicht erwünscht ist.

Ich zeige Ihnen einmal einen solchen Output, natürlich für ein ganz kleines Array, sonst wird es zu unübersichtlich:

```
f[x_] := x^4 - 1
```

```
newtonArray = berechneNewtonArray[f, {{-2, 2}, {-2, 2}}, 10]
```

$$\{\{x^4 - 1, \{\{-2, 2\}, \{-2, 2\}\}, \{-1. + 0. \, \mathrm{i}, \, 0. - 1. \, \mathrm{i}, \, 0. + 1. \, \mathrm{i}, \, 1. + 0. \, \mathrm{i}\}\},$$
$$\{\{\{0, 0\}, \{2, 7\}, \{0, 0\}\}, \{\{1, 7\}, \{0, 0\}, \{4, 7\}\}, \{\{0, 0\}, \{3, 7\}, \{0, 0\}\}\}\}$$

Als Funktion habe ich x^4-1 gewählt. Ich weiß, dass die Nullstellen ± 1 und $\pm i$ sind. Im obigen Output sehen Sie als erstes Element der Headerliste den Funktionsstring, dann den Bereich und dann die gefundenen Nullstellen. Das zweite Listenelement der Ergebnisliste, also die zweite Zeile, ist das berechnete Newtonarray. Gewünscht waren 10 Punkte, tatsächlich sind es $3 \times 3 = 9$ geworden. Die Gitterpunkte liegen gerade exakt auf den Zahlen $\{-2, 0, 2\}$ in beiden Achsen. Möglicherweise ist das der Grund, weshalb 5 der 9 Punkte keine Ergebnisse liefern und die restlichen dagegen ungewöhnlich exakte.

Der Output ist natürlich nicht dazu gedacht, als Liste gezeigt zu werden. Für die Metadaten habe ich den Befehl info[newtonarray] geschrieben, für die eigentlichen

Daten den im folgenden Kap. 4.2.11.4 beschriebenen Viewer. Info arbeitet folgendermaßen:

```
info[newtonArray]
```

Funktion: $x^4 - 1$

Zahlenbereich: {{-2, 2}, {-2, 2}}

Dimensionen: 3 x 3 = 9

Es wurden 4 Nullstellen gefunden: {-1. + 0. i, 0. - 1. i, 0. + 1. i, 1. + 0. i}

4.2.11.4 Entwicklung des Viewers

Dies ist das wohl anspruchsvollste Projekt, das in diesem Buch behandelt wird, wegen der Interaktivität und der damit verbundenen Komplexität. Ich werde nicht den ganzen Entwicklungsweg nachzeichnen, sondern den aktuellen Stand[78] mit der gebotenen Ausführlichkeit vorstellen und erklären. Der Weg führte natürlich nicht direkt dorthin. Es verläuft ja immer in diesem Zyklus: Man probiert etwas aus, verwirft es, probiert etwas anderes, das zieht neue Wünsche nach sich, der Code wird langsam unübersichtlich, man schreibt ihn neu. Hier stelle ich ihnen, wie gesagt, nur den aktuellen Stand vor. Sie lernen dabei eine Reihe von nützlichen Kniffen im Umgang mit Dynamic und Manipulate, aber auch Interessantes über das Design etwas komplexerer[79] interaktiver Programme.

Vorbetrachtungen: Ich habe mir überlegt, dass ja zwei Merkmale der Newton-Iteration für jeden Startpunkt abgespeichert sind: Ob eine Nullstelle gefunden wurde, wenn ja welche, und wie viele Iterationen dafür benötigt wurden. In dem kleinen Beispielprogramm, dessen Output Sie in Abb. 4.26 auf S. 211 gesehen haben, sind nur die benötigten Iterationsschritte zur Farbkodierung verwendet worden. Eine andere Möglichkeit (die man auch häufig angewendet sieht) ist, jeder Nullstelle eine Farbe zuzuordnen. Das führt dann zu Bildern, die so viele Farben haben wie Nullstellen gefunden wurden, vielleicht noch eine Farbe mehr für Datenlöcher, also solche Startpunkte, wo die Iteration nicht konvergierte.[80] Wenn die Anzahl der Nullstellen eher gering ist, wirken solche Visualisierungen schnell langweilig, einfach weil wenig Information hineingebracht wurde. Wenn Sie schon einmal ein

---

[78] Ich wollte erst *Endergebnis* schreiben, aber es widerspricht jeder Entwicklererfahrung, anzunehmen, dass etwas irgendwann nicht weiter verbessert werden kann.

[79] Es ist nicht wirklich groß, aber doch schon etwas komplex durch die interaktiven Elemente.

[80] Das heißt nicht, dass dieser Punkt kein Fixpunkt ist. Es könnte auch sein, dass die Konvergenz zu langsam war, um innerhalb der maximalen Iterationszahl das Genauigkeitsziel zu erreichen.

derartiges Newton-Fraktal gesehen haben, dann war es wahrscheinlich etwas Ähnliches wie dieses:

```
f[z_] := z^3 - 1;
newton[z_] = z - f[z] / f'[z];
ListDensityPlot[
 Table[
  Arg[FixedPoint[newton, N[a + b I], 30]]
  {b, -2, 2, .01}, {a, -2, 2, .01}
 ],
 Mesh → False, FrameTicks -> None,
 ColorFunction → (If[# < 0.15, Red, If[# > 0.50, Green, Blue]] &)
]
```

Abb. 4.27 Code und Output für ein „schnelles" Newton-Fraktal

Es ist gut geeignet, das Grundsätzliche eines Newton-Fraktals zu erläutern, aber der Betrachter denkt unweigerlich: Kennst Du eins, kennst Du alle. Wie Sie sehen, wird hier in einem Rutsch ein Array erzeugt und visualisiert. Das Wort „schnell" bezieht sich hier nur darauf, dass der Code für diese Funktion schnell geschrieben ist. Dass die Berechnung schnell geht, ist zu bezweifeln, denn es wird so lange iteriert, bis zwei aufeinander folgende Zahlen gleich sind, je nach geforderter Genauigkeit also unnötig oft. Und „schnell geschrieben" heißt noch lange nicht schnell umgeschrieben, denn jede Änderung, etwa an der Funktion, braucht eine neue *ColorFunction*[81]. Zur Konstruktion einer ColorFunction, die die Nullstellen in Farben umsetzt, muss man die Nullstellen natürlich kennen.

Preprocessing: gegen das langweilige Aussehen bietet es sich an, gleich noch die zweite Information hineinzukodieren, nämlich die benötigte Iterationszahl, z.B. als Helligkeitswert. Das macht allerdings einige Klimmzüge erforderlich. Es ist einfach, ein Array aus Zahlen zu visualisieren, wie Sie gesehen haben, geht es mit *ListDensityPlot*. Eine Alternative mit besserer Performance wäre die neuere Funktion *Raster*. Für ein Array aus Zahlen*paaren* gibt es jedoch keine fertige Funktion. Man müsste also eine entwickeln oder sich etwas anderes ausdenken. Gegen eine Neuentwicklung spricht, dass die eingebauten Funktionen optimiert sind und eine eigene wahrscheinlich deutlich langsamer wäre. Also bleibt nur die zweite Möglichkeit.

Man muss versuchen, beide Informationen in einer einzigen reellen Zahl unterzubringen, die in der ColorFunktion dann wieder separiert und, je nach Visualisie-

---

[81] Eine ColorFunction ist die Funktion, mit der die Zahlen im Array in Farben umgesetzt werden. Sie bekommt eine (reelle) Zahl und gibt eine Farbe zurück. Der Defaultwert *Automatic* verrät leider nicht, was Mathematica nimmt, wenn man nichts angibt.

rungsmethode, entsprechend umgesetzt werden. Zum Glück ist das nicht schwer. Für die Nullstellen braucht man ja nur ganze Zahlen, und zwischen diesen ist mehr als genug Platz.[82] Ich benutze folgende Kodierung: Sei n der Index der Nullstelle (eine ganze Zahl zwischen 1 und der Anzahl der gefundenen Nullstellen). Sei ferner i die Zahl der benötigten Iterationen, und i_{max} die größte im ganzen Array. Dann erzeuge ich mittels der Funktion

$$x(n, i) = n + \frac{i}{i_{max} + 1} \tag{4.36}$$

die neuen reellen Arraywerte. Aus ihnen lassen sich Iterationszahl und Nullstellenindex mit den Funktionen *IntegerPart* und *FractionalPart* zurückgewinnen, die den ganzzahligen Anteil bzw. die Nachkommastellen einer Funktion liefern. Zwar geht hierbei die Information über die *absolute* Iterationszahl verloren, es wurde ja vorher auf das offene Intervall (0, 1) normiert, aber zur Visualisierung muss sowieso normiert werden. Die „absoluten" Werte sind auch nur bedingt aussagekräftig, da sie ja von der Rechengenauigkeit und dem Abbruchkriterium abhängen.

Pflichtenheft: hier eine kurze Zusammenfassung aller gewünschten Funktionen und Merkmale. Wie schon erwähnt, sind einige der nachstehenden Wünsche erst im Verlauf des Entwicklungsprozesses entstanden.

- Verschiedene alternative Visualisierungsmethoden, die jeweils auch noch konfigurierbar sein sollten, etwa „Nur Iterationszahl" oder „Iterationszahl und Nullstelle". Konfigurierbar sein sollten z.B. die Farben, vielleicht auch die Helligkeit, das muss probiert werden.
- Explizite Darstellung der Nullstellen als Punkte. Deren Farbe sollte konfigurierbar sein, desgleichen soll der Benutzer die Darstellung an- und abschalten können.
- Das angezeigte Bild soll in einem gängigen Format gespeichert werden können. Gleichzeitig sollen auch alle zur Rekonstruktion notwendigen Metadaten automatisch mit gespeichert werden. Ein versehentliches Überschreiben soll verhindert werden.
- Um in ein Fraktal hinein zu zoomen, muss der Bereich in Form von Achsenskalen sichtbar sein. Diese müssen aber auch abschaltbar sein.
- Um das Hineinzoomen zu erleichtern, soll es einen (abschaltbaren) Fangrahmen geben, dessen Koordinaten man auf Knopfdruck speichern oder ausgeben kann.
- Es sollte irgendwo angezeigt werden, um welche Funktion es sich handelt, deren Newton-Fraktal man sieht.

---

[82] Jedes offene Intervall lässt sich umkehrbar-eindeutig auf ganz $\mathbb{R}$ abbilden, etwa über die Tangensfunktion.

- Unabhängig von der Umsetzung der gültigen Daten mit einer der alternativen Visualisierungsmethoden sollten Datenlöcher in einer vom Benutzer einstellbaren Fehlerfarbe zu markieren sein.

Grobplanung der Software: Bei der angedachten Funktionsvielfalt ist klar, dass nicht der ganze Code in ein Manipulate gepackt werden kann. Es ist nicht einmal klar, ob es sinnvoll ist, Manipulate überhaupt zu verwenden, weil ja kaum eine der Standardeinstellungen übernommen werden kann. Ich habe mich trotzdem dazu entschlossen, nachdem ich herausgefunden hatte, wie man den Code für Controls, also grafische Interaktionsobjekte, aus Manipulate auslagert. Das ist nicht ganz trivial, weil Manipulate seine Variablen in einem DynamicModule kapselt. Ich werde später darauf eingehen wie es geht. Die Grobstruktur des Viewers, in Pseudocode, ist folgende:

```
zeigeArray[arr_] :=
 DynamicModule[
  {dieLokalenSymbole},
  wasVorherGetanWerdenMuss;
  Manipulate[
   setzeColorFunction;
   erzeugeFraktalGrafik;
   erzeugeNullstellenGrafik;
   zeigeGrafik,
   dieGrafischenInteraktionselemente,
   dieDynamischenVariablen,
   dieOptionen
  ]
 ]
```

wasVorherGetanWerdenMuss steht für das Bereitstellen einiger Daten wie der Anzahl der Nullstellen, dem Header (das sind die Metadaten, die zusammen mit der Grafik gespeichert werden sollen), und einer abgespeckten Version des Arrays. Es hat sich herausgestellt, dass bei großen Arrays das Feintuning der *ColorFunction* per Schieberegler kaum noch durchführbar ist, weil das Rendern so lange dauert.[83] Der Regler lässt sich während des Renderns nicht bewegen. Um das zu beheben, lasse ich während des Einstellvorgangs ein gröberes Bild anzeigen, in dem das Einstellen einigermaßen flüssig möglich ist. Dann kommt der eigentliche Viewer, ausgeführt durch Manipulate. Im ersten Argument stehen die Aktionen. Das sind: Setzen der *ColorFunction* abhängig davon, welche Visualisierungsmethode gewählt wurde, die Grafikobjekte herstellen und schließlich das Anzeigen gemäß den eingestellten Optionen, also mit oder ohne FrameTicks, mit oder ohne Nullstellen, mit oder ohne Fangrahmen. Die weiteren Argumente von Manipulate sind die grafi-

---

[83] Schon ab 10^4 Punkten gibt es eine merkliche Latenz, und bei 10^6 Punkten dauert das Rendern eines Bildes mehrere Sekunden.

schen Interaktionselemente, die dynamischen Variablen und die Optionen. Ich gehe hier so vor, dass ich die grafischen Interaktionselemente mit der Funktion Grid in Zeilen und Spalten anordnen lasse und sie mit lokalen dynamischen Variablen verknüpfe, die ich ohne Widget von Manipulate erstellen lasse, dazu dient die Option ControlType→None. Auf diese Weise habe ich die Anordnung dr Widgets besser in der Hand, im anderen Fall würden sie einfach in einer Spalte angeordnet. Ich zeige Ihnen einmal, wie das aussieht.

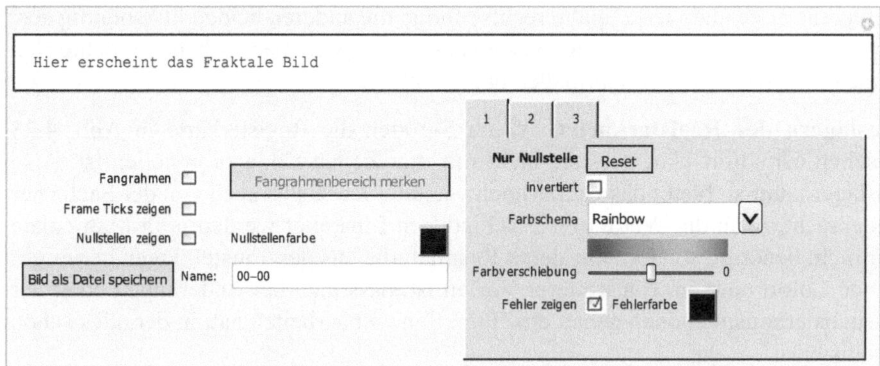

Abb. 4.28 Anordnung der Steuerelemente beim Viewer für das Newton-Fraktal

Sie sehen die Steuerelemente Checkbox, Inputfield, Button, ColorSetter und TabView, zusammen mit Text sinnvoll gruppiert. Das Widget TabView (Register oder Registerkartenansicht) erschien mir am besten geeignet, um zwischen den verschiedenen Visualisierungsmöglichkeiten hin und her zu schalten, und jede einzeln zu konfigurieren. Auf die Details komme ich noch zu sprechen, hier geht es nur um die Anordnung. Mit den Funktionen Grid, Row und Column (Gitter, Zeile und Spalte) lassen sich in Listen übergebene grafische Elemente automatisch in Zeilen und Spalten anordnen. Können Sie erraten, wie die Anordnung in Abb. 4.28 zustande kam? Hier ist die Antwort (der Übersichtlichkeit halber in Pseudocode).

```
Row[
  {Grid[
    {{"Fangrahmen", Checkbox, Button, SpanFromLeft},
     {"Frame Ticks zeigen", Checkbox},
     {"Nullstellen zeigen", Checkbox, "Nullstellenfarbe", ColorSetter},
     {Button, "Name: ", InputField, SpanFromLeft}},
    Alignment → {{Right, Left, Left, Right}}
  ],
  Spacer[9],
  TabView}
]
```

Das oberste Ordnungselement ist eine Row, bestehend aus dem TabView rechts und einem Grid auf der linken Seite, das alle anderen Interaktionselemente enthält, mit

9 Punkten Platz dazwischen. Das Grid hat vier Zeilen und vier Spalten. Vielleicht ist Ihnen aufgefallen, dass die übergebene Liste diese Struktur nicht ganz widerspiegelt. Nehmen wir z. B. Zeile 2, die nur zwei Elemente enthält. Was tut Grid im Fall, dass Elemente „fehlen"? Genau das Logische, nämlich es platziert „Nichts" an die entsprechenden Stellen. Nun sehen Sie noch an zwei Stellen das „Element" *Span-FromLeft*. Es bewirkt, dass Button und InputField in der ersten und vierten Zeile sich über die 3. Spalte hinaus bis in die 4. Spalte ausdehnen. Die Option Alignment richtet die erste und vierte Spalte rechtsbündig, die anderen beiden linksbündig aus. Es ist natürlich auch ein wenig Geschmackssache, wie man es haben möchte. Ich finde es, so wie es ist, einigermaßen übersichtlich.

Auslagern der Registerkarten: Wenn Sie sich die Registerkarte in Abb. 4.28 ansehen, ist sofort klar, dass sie nicht mit drei Zeilen Code zu erstellen ist. Also auslagern, nur so bleibt das Ganze noch verständlich. Es ist auch von der Sache her angebracht, denn die Werte der verschiedenen Einsteller werden ja in Manipulate gar nicht benötigt, sondern nur deren Resultat, die aus den Einstellungen hervorgehende ColorFunction. Ein weiterer Vorteil ist, dass man bei Änderungen einer der Visualisierungsmethoden genau eine Funktion zu bearbeiten hat, in der alles schön lokalisiert ist.

Diese überzeugenden Argumente hielten mich davon ab, die Idee der Auslagerung vorschnell fallen zu lassen. Es ist nämlich gar nicht so leicht, den Kapselungsmechanismus von Manipulate zu durchbrechen, ich habe Einiges ausprobiert, bis ich wusste, wie es geht.

Nochmal die Aufgabenstellung im Kern: Wir brauchen eine Funktion, die eine Registerkarte erstellt, auf der sich grafische Interaktionselemente befinden. Unter Verwendung der aktuellen Einstellungen dieser Interaktionselemente soll dort eine ColorFunction erstellt werden, die auch innerhalb von Manipulate zur Verfügung steht. Ich skizziere kurz, wie der Code auf der Manipulate-Seite aussieht:

```
zeigeArray[] := DynamicModule[
  {colorfunc, cf1, cf2},
  Manipulate[
   colorfunc = Evaluate@Simplify@Switch[method, 1, cf1[#], 2, cf2[#]] &,
   TabView[
    {pane1[Dynamic@cf1], pane2[Dynamic@cf2]}, Dynamic@method
   ],
   {{method, 1}, ControlType → None},
   TrackedSymbols :→ Automatic,
   ControlPlacement → Bottom]
 ]
```

Die innerhalb von Manipulate zu verwendende ColorFunction ist colorfunc; cf1 und cf2 sind die zu verschiedenen Visualisierungsmethoden gehörenden ColorFunctions, die auf den Registerkarten konfiguriert werden. Damit das Aktualisieren funktioniert, muss *colorfunc* in ein *Dynamic* gepackt werden. Manipulate hat im

Aktionsteil nur den einen Befehl, der, je nach Wert von Method, *colorfunc* entweder cf1 oder cf2 zuweist. Das Wichtige ist allerdings das vorgeschaltete Evaluate, das dafür sorgt, dass die aktuellen Werte der Konfiguration genommen werden. Es geht auch ohne Simplify. Aber ein Simplify kann sich immer lohnen. Bedenkt man, dass die Funktion für jeden Bildpunkt ausgeführt wird, so ist klar, dass die Zeit für ein einmaliges Simplify unter Umständen hundertfach zurückgezahlt wird. Nach dieser Zuweisung kämen jetzt, durch Semikolons getrennt, die eigentlichen Arbeitsschritte des Viewers. Da hier nichts weiter steht, wird nur die ColorFunction angezeigt, was für Debug-Zwecke ganz nützlich ist.

Nun kommt der Kontrollteil. Es gibt zwei Einträge, einmal das Register und einmal eine automatisch erstellte dynamische Variable *method* ohne Widget, die mit dem Register verknüpft wird und uns durch ihren Wert (es erhält vom TabView die Wert 1...n) mitteilt, welche Registerkarte aktiv ist. Es empfiehlt sich in solchen Fällen immer, eine Anfangssetzung vorzunehmen.

Zum Schluss: Ohne die Option *TrackedSymbols* :>*Automatic* geht es nicht, der Defaultwert *Full* genügt nicht, weil ja auch die ausgelagerten Symbole für die Werte der Interaktionselemente verfolgt werden müssen.

Fazit: Wenn man weiß, wie es geht, erscheint es einfach, aber weicht man nur an einer einzigen Stelle vom Weg ab, dann geht nichts mehr. Wenn Sie etwa auf die Idee kämen, für *cf1* und *cf2* statt der lokalen Variablen im DynamicModule solche zu nehmen, die auf dieselbe Art wie *method* von Manipulate automatisch erzeugt werden: Fehlanzeige.

Wie sieht nun die Funktion *panel* aus, die die Registerkarte Nr. 1 erzeugt? Ich habe auch hier zur Demonstration eine Minimalversion geschrieben, die nur das Wesentliche enthält. Auf diese Weise ist das Prinzip am besten zu erkennen, erweitern kann man es leicht.

```
panel[Dynamic@colorfunc_] :=
 Module[
  {myColorFunc, colorwidth = 1, colorshift = 0},
  myColorFunc[x_] := Hue[x * colorwidth + colorshift];
  colorfunc = myColorFunc;
  Pane[
   Grid[
    {{"Farbvarianz", Slider[Dynamic@colorwidth, {0, 2}]},
     {"Farbverschiebung", Slider[Dynamic@colorshift, {0, 1}]}},
    Alignment → {{Right, Left}}
   ],
   {300, 70}
  ]
 ]
```

Die zurückgegebene ColorFunction arbeitet so, dass sie den Eingabewert einer konfigurierbaren linearen Transformation unterzieht und an Hue weitergibt. Die Funktion Hue[x] gibt alle Volltonfarben zurück, wenn man x zwischen 0 und 1 variiert.

Als Trägerobjekt für die Interaktionselemente dient hier ein *Pane*, das ist ein unsichtbares Panel. Darauf werden nun Texte und Schieberegler gesetzt, die mit Grid wieder ordentlich angeordnet werden. Wie es aussieht, können Sie sich mittlerweile wohl schon aus dem Code heraus vorstellen, trotzdem nochmal der Output von zeigeArray[].

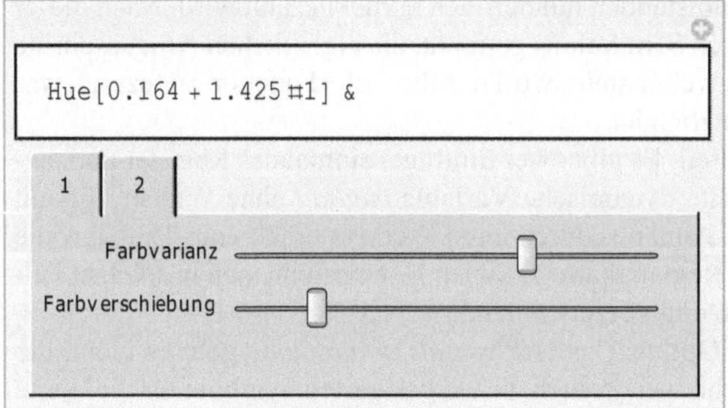

Wenn Sie die Schieberegler verstellen, sehen Sie, wie sich die ColorFunction verändert.

Auch für diesen Code gilt: Abweichungen vom Weg sind kaum möglich. Kämen Sie auf die Idee, *Module* durch *DynamicModule* zu ersetzen, geht es nicht mehr. Auch die Zuweisung der Funktionsdefinition direkt auf die übergebene dynamische Variable *colorfunc*, und nicht wie hier, auf dem Umweg über die lokale Variable *myColorFunc,* schlägt fehl.

Es gibt noch einen dritten Vorteil bei der Auslagerung der Registerkarten. Die Visualisierungsmethoden „nur Nullstellen" und „nur Iterationszahlen" unterscheiden sich nur unwesentlich. Ich habe durch Copy und Paste in weniger als einer Minute eine dritte Karteikarte angelegt. Ich weiß, man sollte so etwas nicht tun. Wenn ich demnächst irgendein Detail anders haben will, muss ich, um das einheitliche Aussehen zu erhalten, an mehreren Stellen ändern. Mal sehen, wann diese kleine Sünde bestraft wird...

Die Registerkarten: Nachdem klar ist, wie es im Prinzip funktioniert, erkläre ich nun den Code, der die in Abb. 4.28 auf S. 223 gezeigte Registerkarte erzeugt.

```
(* Nur Nullstelle *)
panel[Dynamic@colorfunc_, anzahlFarben_] :=
 Module[
  {colorscheme, reversed, colorshift, zeigeFehler, fehlerFarbe,
```

Es beginnt mit einem Kommentar, so dass ich gleich sehe, welche Visualisierungsmethode in dieser Funktion implementiert ist. Die Zahlen 1...n sind ja nicht sehr aussagekräftig, aber auf den Karteireitern ist eben wenig Platz, also bleibt man am besten bei der Standardeinstellung. Da bei einigen Methoden die Anzahl der Farben benötigt wird, die automatisch erzeugt werden sollen, übergebe ich auch diese. Innerhalb des Modules gibt es einige lokale Symbole, deren Bedeutung in Tabelle 4.1 erklärt ist.

Tabelle 4.1 Lokale Symbole der Funktion *panel*

Name	Bedeutung
colorscheme	das gewählte Farbschema aus der Sammlung *ColorData["Gradients"]*
reversed	falls True: macht aus großen Werten kleine und umgekehrt
colorshift	Maß für die Verschiebung der Farben auf dem Farbkreis
zeigeFehler	falls True: Datenlöcher werden in der *fehlerFarbe* dargestellt
fehlerFarbe	einstellbare Farbe zur Darstellung von Datenlöchern
myColorFunc	Funktionssymbol der erzeugten ColorFunction
reset	Funktion zum Setzen von Anfangswerten

Als Erstes werden die Funktionen definiert. Die Funktion *reset* zur Initialisierung
der lokalen Variablen kann auch per Button vom Benutzer ausgelöst werden.

```
reset[] :=
 (colorscheme = "Rainbow"; reversed = False; colorshift = 0;
  zeigeFehler = True; fehlerFarbe = Black);
```

Die Funktion *myColorFunc* gibt die Fehlerfarbe zurück, falls die Checkbox
reversed aktiviert ist und ein Datenloch vorliegt, zu erkennen daran, dass der Nullstellenindex Null ist (so wurden Datenlöcher gekennzeichnet). Im anderen Fall
erzeugt sie eine Zahl *arg* zwischen 0 und 1, die als Argument des gewählten Farbschemas dient, wobei noch eine Verschiebung *colorshift* addiert wird. Diese Addition führt zwar i. A. zur Bereichsüberschreitung, was die Farbschemata aber durch
Clipping abfangen.

```
myColorFunc[x_] :=
 Module[{arg},
  If[
   zeigeFehler && IntegerPart[x] == 0,
   fehlerFarbe,
   arg = IntegerPart[x] / anzahlFarben;
   If[reversed, arg = 1 - arg];
   ColorData[colorscheme][arg + colorshift]
  ]
```

Nun erst darf die Initialisierung der lokalen Variablen erfolgen. Hätte man es vorher
gemacht, so würden in der Definition von *myColorFunc* nicht die Variablen stehen,
sondern konstante Werte. Es geht weiter mit der Zuweisung des lokalen Symbols
der ColorFunction an das übergebene Symbol, dann folgen die Widgets. Ich muss

hier einige Zeilen, die im Original länger sind, umbrechen lassen, weil das Buch zu
wenig Platz bietet, es sieht hier also etwas seltsam aus.

```
reset[];
colorfunc = myColorFunc;
Pane[
 Grid[
  {{Style["Nur Nullstelle", Bold],
    Button["Reset", reset[], ImageSize → {50, 20}], SpanFromLeft},
   {"invertiert", Checkbox[Dynamic@reversed], SpanFromLeft},
   {"Farbschema", PopupMenu[Dynamic@ colorscheme,
     ColorData["Gradients"]], SpanFromLeft},
   {"", Dynamic@Show[ColorData[colorscheme, "Image"], ImageSize → 110],
    SpanFromLeft},
   {"Farbverschiebung", Slider[Dynamic@colorshift, {-1, 1},
     Appearance → "Labeled", ImageSize → Small], SpanFromLeft},
   {"Fehler zeigen", Checkbox[Dynamic@zeigeFehler], "Fehlerfarbe",
    ColorSetter[Dynamic@fehlerFarbe]}},
  Alignment → {{Right, Left, Left, Left}}
 ]
]
```

Der Listeneintrag `{"",Dynamic@Show[ColorData[colorscheme,"Image"]...`
bewirkt, dass das aktuell gewählte Farbschema direkt unter der Auswahlbox als
Farbverlauf gezeigt wird, so dass der Benutzer das gerade gewählte Spektrum sofort
sieht.

Auslagern der Funktionalität: Nachdem wir alle gewünschten Steuerelemente
zur Verfügung haben, kann es losgehen. Ich beginne mit dem vollständigen Aktionsteil in Manipulate

```
colorfunc = Evaluate@Simplify@
    Switch[
     method,
     1, colorfunc1[#], 2, colorfunc2[#], 3, colorfunc3[#]
    ] &;
```

Das Setzen der ColorFunction habe ich ja schon erklärt. Nun kommt der Teil, der
entscheidet, ob das vollständige Array gezeigt wird oder, aus Performancegründen
nur eine ausgedünnte Kopie.

```
arrActive =
 If[
  ControlActive[True, colorfunc[_]],
  arrReduced,
  arr, arr
 ];
```

Die Kopie wurde vorher hergestellt und trägt den Namen *arrReduced*. Was hier steht, klingt ganz plausibel, war aber schwer zu machen. Man liest: Wenn ControlActive (also wenn jemand an den Reglern dreht), wird dem Symbol *arrActive* das Array *ArrReduced* zugewiesen, ansonsten das ganze Array *arr*. Genau so funktioniert es auch, nur kommt man nicht so leicht darauf. Die Funktion *ControlActive* war das Problem. Im Manual steht:

> ControlActive[act,norm] evaluates to act if a control that affects act is actively being used, and to norm otherwise. ControlActive can be used to switch between a faster computation to be done while controls like sliders are being moved, and a slower computation to be done once the controls are released.

Leider ist das unrichtig. Es ist genau andersherum: Wenn irgendein Steuerelement aktiv ist, von dem *norm* abhängt (nicht *act*!), wird *act* zurückgegeben, sonst *norm*. Das Konstrukt ControlActive[True,colorfunc[_]] funktioniert also folgendermaßen: Wenn irgendein an colorfunc[_] beteiligtes Steuerelement aktiv ist, wird *True* zurückgegeben, ansonsten der Ausdruck colorfunc[_]. Übrigens muss man hier colorfunc mit irgendeinem Argument aufrufen, damit die Funktion ausgewertet wird. Ich habe einfach das Muster _ für ein beliebiges Zeichen genommen, um kein weiteres Symbol einführen zu müssen. Der Rückgabewert von ControlActive ist das erste Argument von If[...]; ist es *True*, bekommt man *arrReduced* zurück, in den anderen Fällen (und hier kann eigentlich nur der dritte Fall *Indeterminate* vorkommen) *arr*.

```
fraktalGraphik =
  erzeugeFraktalGrafik[
    arrActive, colorfunc, zeigeFrameTicks
  ];
```

Nachdem *fraktalGraphik* und *nullstellenGraphik* hergestellt sind, wird *bild* gezeigt

```
nullstellenGraphik =
  If[zeigeNullstellen,
    erzeugeNullstellenGrafik[arr, farbeNullstellen],
    {}
  ];
```

(es ist der letzte Ausdruck im Aktionsteil von Manipulate). Die Ausgabe wird in einer Variablen gespeichert wird, weil man die angezeigte Grafik später eventuell in eine Datei schreiben will.

```
bild =
  If[zeigeFangrahmen,
    zeigeBildmitFangrahmen[
      {fraktalGraphik, nullstellenGraphik}, Dynamic@fangrahmenPunkte, arr
    ],
    Show[{fraktalGraphik, nullstellenGraphik}]
  ],
```

Das Objekt *fraktalGraphik* wird im Wesentlichen mit der Methode *Raster* erzeugt, die etwas weniger tut als ListDensityPlot und daher schneller arbeitet. Hier die Funktion:

```
erzeugeFraktalGrafik[arr_, colorfunc_, zeigeFrameTicks_] :=
 Module[
  {dataRange, xmin, xmax, ymin, ymax, raster},
  dataRange = arr[[1, 2]];
  {{xmin, xmax}, {ymin, ymax}} = dataRange;
  raster = Raster[arr[[2]], {{xmin, ymin}, {xmax, ymax}},
    ColorFunction → colorfunc];
  Graphics[raster, AspectRatio → Automatic, Frame → True,
   FrameTicks → zeigeFrameTicks /. {True → Automatic, False → None},
   ImageSize → 700]
  ]
```

Raster bekommt zur Visualisierung die vom Benutzer ausgewählte und konfigurierte ColorFunction. Damit die FrameTicks richtig gesetzt werden können, müssen die entsprechenden Werte dem Header von *arr* (dem ersten Listenelement) entnommen werden. Die benötigten Werte für die Option *FrameTicks* werden aus dem Inhalt des Symbols *zeigeFrameTicks* per Ersetzungsoperator hergestellt.

Nun kommt der zweite Teil von Manipulate, der Kontrollteil. Er beginnt mit den Interaktionsobjekten, die Sie in Abb. 4.28 auf S. 223 gesehen haben und deren Positionierung dort erklärt wurde. Dann kommen die automatisch erzeugten dynamischen Symbole und die Optionen:

```
  {{zeigeFangrahmen, False}, ControlType → None},
  {{zeigeFrameTicks, False}, ControlType → None},
  {{zeigeNullstellen, False}, ControlType → None},
  {{farbeNullstellen, Black}, ControlType → None},
  {{method, 1}, ControlType → None},
  TrackedSymbols :→ Automatic,
  ControlPlacement → Bottom,
  FrameLabel → {"", "", "f(x) = " <> functionString, ""},
  SynchronousUpdating → False
  ]
 ]
```

Die dynamischen Symbole haben alle Anfangswerte bekommen, der Wert 1 von method bedeutet, dass beim Start die Visualisierungsmethode *nur Nullstellen* aktiv ist. Zu den Optionen ist noch zu sagen, dass ich *SynchronousUpdating→False* nicht von Anfang an eingeführt hatte. Das hatte zur Folge, dass Newtonarrays nur bis zu einer gewissen kritischen Größe dargestellt wurden, darüber hinaus waren sie unsichtbar, das Fenster blieb weiß. Ich hielt das für einen Bug des damals noch recht neuen Manipulate. Erst als ich mich etwas tiefer in die Funktionsweise eingelesen hatte, begriff ich, dass es ein Feature war, eine gewünschte Eigenschaft: Der Defaultwert True dafür sorgte, dass alle Prozesse, die länger als eine gewisse festgelegte Zeit dauerten, im Sinne der Sychronität abgebrochen werden. Erst mit der obigen Setzung False erreicht man, dass Arrays jeder Größe gerendert werden.

4.2.11.5 Was noch?

Der hier erläuterte Code ist nicht der vollständige Code, den finden Sie auf dem Server des Springer-Verlags [49]. Was habe ich weggelassen?

Zunächst einmal viele technische Details. Etwa, wie die anderen beiden Visualisierungsmethoden arbeiten (ich habe nur die in *panel* erklärt), wie die Funktionen *erzeugeNullstellenGrafik, erzeugeFraktalGrafik, zeigeBildmitFangrahmen* oder *erzeugeReduziertesArray* genau arbeiten. Bei *erzeugeNullstellenGrafik* braucht man z. B. eine Funktion, die prüft, ob die jeweilige Nullstelle sich innerhalb des Darstellungsbereichs befindet, nur dann soll sie gezeigt werden. Vergisst man dieses Detail, dann wird der Darstellungsbereich für die Gesamtgrafik automatisch so gewählt, dass er alles umfasst, was unter Umständen zu einer unerwarteten Grafik führt: Man sieht ein paar Punkte auf weißem Hintergrund (die Nullstellen) und ein winziges Rechteck (das Fraktal).

Das Abspeichern des gerade sichtbaren Bildes geht per Button. Der Pfad ist vorkonfiguriert, man muss nur noch einen Dateinamen angeben. Existiert die Datei bereits, öffnet sich ein Fenster, das den Benutzer darauf hinweist und fragt, ob er die vorhandene Datei überschreiben oder einen neuen Namen angeben will. Herausgeschrieben wird ein File im bmp-Format, also eine unkomprimierte Bitmap. Man könnte meinen, dass jpg gut genug ist, aber wenn in einer Verarbeitungskette mehrfach komprimiert und wiederaufbereitet wird, kommt es manchmal doch trotz hoher Qualität zu sichtbaren Artefakten. Parallel dazu wird eine gleichnamige Datei mit dem Suffix „-Info.pdf" angelegt, die die Metadaten enthält.

Noch ein wichtiges Detail habe ich unterschlagen, die Vorverarbeitung. Anfangs war sie in das Rechenprogramm integriert, denn es war eigentlich nichts weiter zu tun, als die Arraydaten {Nullstellenindex, Iterationszahl} gemäß Gleichung (4.36) in eine einzige Zahl umzuwandeln. Später habe ich das wieder herausgenommen und eine Funktion *preprocess[newtonarray]* geschrieben, die in dieser Form genau dasselbe tut. Das war natürlich nicht ihr einziger Zweck, sondern die Option *ReduceValues → anzahlWerte* ist der Witz. Sie reduziert die Anzahl der verschiedenen Werte der Iterationszahlen auf eine gewünschte Anzahl, indem sie benachbarte Werte zu einem einzigen Wert zusammenfasst. Als Resultat sieht man bei der Visualisierung besser akzentuierte Bereiche, die nach dem Motto „weniger ist hier mehr" die Struktur des Fraktals betonen. Die Funktion braucht leider bei einem großen Array ziemlich lange, ich habe mich noch nicht um eine Optimierung gekümmert. Sie arbeitet im Prinzip so, dass der am seltensten vorkommende Wert dem Nachbarn mit der größeren Anzahl von Repräsentanten zugeordnet wird. Damit hat man einen Wert weniger. Das wird so lange wiederholt, bis nur noch die gewünschte Anzahl von Werten übrig ist. So klar die Methode auch konzeptionell ist, so schlecht ist leider die Performance. Hier ein Beispiel, wie sie wirkt.

Abb. 4.29 Preprocessing: Reduktion auf 9 Werte betont die Struktur des Newton-Fraktals

Die obigen Daten sind entstanden durch Suche nach den Nullstellen der Funktion $f(x) = \cos((1 + i)x)\cos((1 - i)x)$ im Bereich [-0.5, 0.5] × [-0.5i, 0.5i]. Visualisiert wurde mit der Methode 3 (Farben und Iterationszahl). Dass die Bilder recht farbenfroh wirken, liegt daran, dass es unendlich viele Nullstellen gibt, die alle auf den beiden 45° Geraden durch den Nullpunkt in der Gaußschen Zahlenebene liegen. Bei der Berechnung wurden über 1000 von ihnen gefunden, daher auch das quasikontinuierliche Farbspektrum.

4.2.11.6 Arbeiten mit *NewtonFraktal*

Nullstellen eines Polynoms: Als erstes betrachten wir die Funktion

$$f(x) = (x - x_1)(x - x_2)(x - x_3)(x - x_4)(x - x_5), \text{ mit } x_k = -2, -1, 0, 1, 2 \quad (4.37)$$

Es ist ein Polynom 5. Grades, dessen (einfache) Nullstellen die Werte x_k sind. Sie liegen alle auf einer Geraden in der komplexen Ebene. Dass es gerade die reelle Achse ist, spielt aber keine Rolle, ich könnte die Funktion auch irgendwo anders hin verschieben[84], das Fraktal würde genauso aussehen. Ich lasse das Newton-Fraktal auf unterschiedlich großen Bereichen berechnen, um die Skaleninvarianz zu

---

[84] durch die Ersetzung $x_k \to x_k + \Delta x$

demonstrieren. Ich beginne mit dem Bereich, der gerade eben die Nullstellen enthält, und einem um den Faktor 10^6 größeren.

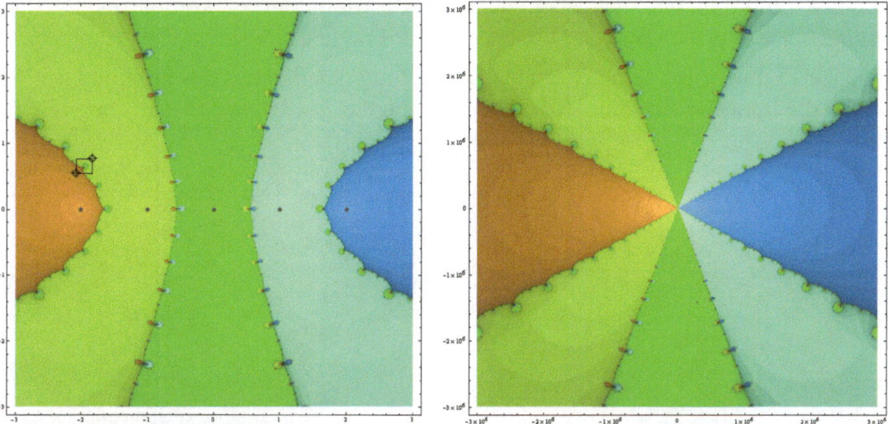

Abb. 4.30 Newton-Fraktal der Funktion in Gleichung (4.37) in verschieden großen Bereichen

Offenbar ist es so, das wenn die Startpunkte in der Nähe einer Nullstelle liegen, das Verfahren auch dorthin konvergiert, nur an den Grenzbereichen zeigt es die fraktalen Strukturen. Nehmen Sie sich einen Moment Zeit, darüber nachzudenken, dass die Anordnung der Nullstellen in einem beliebig kleinen Bereich die Struktur des Fraktals in der ganzen unendlich großen komplexen Ebene bestimmt. Ich zoome mich nun in den Fangrahmenbereich im linken Fraktal von Abb. 4.30 hinein.

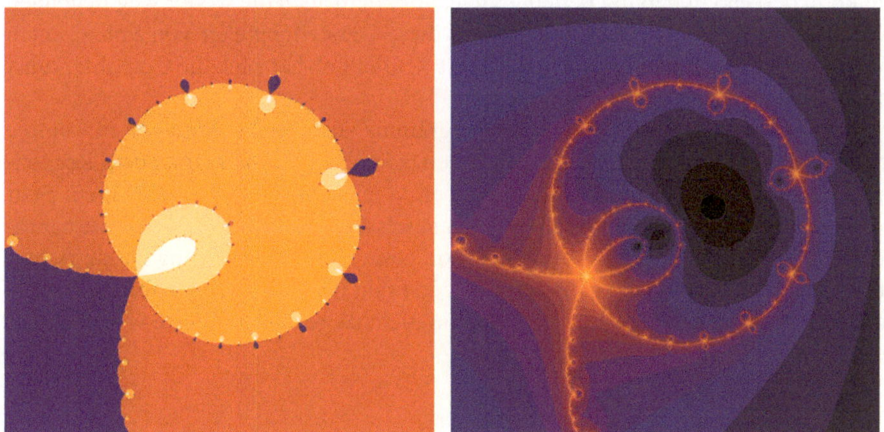

Abb. 4.31 Der ausgewählte Bereich aus Abb. 4.30, links Nullstellen, rechts Iterationszahl.

Beide Grafiken wurden mit der Farbtabelle *SunsetColors* erstellt. Das Muster von acht sektorartigen Bereichen, die einen Punkt gemeinsam haben und von denen sich dreimal zwei paarweise gleiche gegenüber stehen, findet sich auch hier.

Andere Funktionen: Polynome sind gut geeignet, um mit Anzahl, Lage und Ordnung der Nullstellen zu experimentieren. Es ist faszinierend, dass bereits eine so einfache Funktion wie das eben gezeigte Polynom ein so komplexes Fraktal erzeugt. Wie viel komplexer müssen erst die Fraktale transzendenter (nichtalgebraischer) Funktionen sein? Hier eine Darstellung des Fraktals der Funktion $x^2\text{-}2^x$, bei der die Iterationszahl mit Hilfe des Farbschemas *DarkBands* visualisiert wurde.

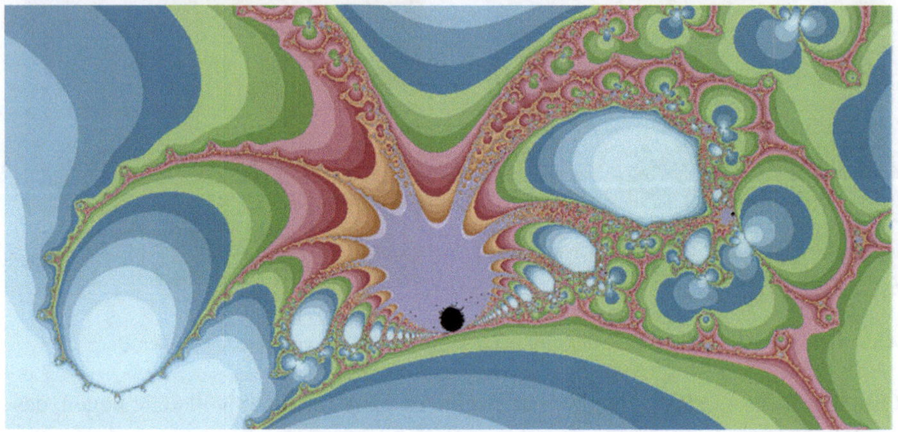

Abb. 4.32 Darstellung der Iterationszahl des Fraktals der Funktion $x^2\text{-}2^x$

Die Funktion besitzt unendlich viele Nullstellen, die man mit dem Befehl *Reduce* sogar angeben lassen kann. Was in dieser Darstellung nicht zu sehen ist: Der schwarze Fleck (schwarz ist hier die Farbe für fehlende Daten) ist eine Art Strudelpunkt, in dessen Umgebung beliebig viele, vor allem auch die weiter weg liegenden Nullstellen gefunden werden. Insofern ist diese Darstellung eher von ästhetischem Wert, was aber nicht abwertend gemeint ist, schließlich hat auch die Computerkunst ihre Berechtigung und ihre Anhänger.

Während ich die Entwicklung des Programms aufschreibe, kommen mir einige Ideen, was man hätte besser machen können. Zum Beispiel hätte man dem Rechenprogramm eine grafische Oberfläche geben können, mit Fortschrittsbalken. Statt den Ausgabeordner fest einzukodieren, hätte ich den Windows File Browser benutzen können. Und so weiter. Aber wie schon gesagt, die Entwicklung ist nie richtig abgeschlossen. Ich hoffe, Ihr Interesse an den Fraktalen geweckt zu haben und wünsche Ihnen, dass Sie neue entdecken und auf nicht da gewesene Weise visualisieren.

4.3   Beispiele im Internet

Wer möchte schon das Rad zum n-ten Mal erfinden? Wenn Sie das Gefühl haben, dass das Programm, das Sie schreiben wollen, vielleicht schon jemand anders vor Ihnen geschrieben haben könnte, lohnt es sich vielleicht, im Netz danach zu suchen.

Es gibt mehrere Möglichkeiten. Wenn es nicht brandeilig ist, fragen Sie die Newsgroup, wie das geht, habe ich im Kap. 1.5.4 beschrieben. Oder Sie geben z.B. „mathematica sample" in Ihre Lieblingssuchmaschine ein, am besten noch mit einigen passenden Stichworten zu Ihrem Problem. Die Suche nach allgemeinem Beispielcode bringt viele Antworten, die meisten sind allerdings sehr elementar und oft nicht gerade neu. Am besten, man geht gleich zum Fachmann. Auf der WRI-Seite gibt es sogar mehrere Quellen. Im *Mathematica Learning Center* (direkt unter dem Stammverzeichnis) ist es einmal die Sektion *HowTo*, in der sehr spezifische Probleme behandelt werden. Und es gibt dort auch die *Demonstrations*, die Sie sich unbedingt ansehen sollten, nicht zuletzt auch wegen ihrer Aktualität.

4.3.1 Das Wolfram Demonstrations Project

Mit Demonstrations bezeichnet WRI *Manipulate*-basierte interaktive Anwendungen in einem bestimmten Format. Im *Wolfram Demonstrations Project* [8] kann jeder Nutzer Beispielprogramme ins Netz stellen. In der Zeit zwischen Januar und Dezember 2008 wurden über 4300 Beiträge aus folgenden Gebieten eingesandt:

- Mathematik
- Numerik
- Physikalische Wissenschaften
- Biologie und Medizin
- Soziologie
- Wirtschaft
- Systeme, Modelle & Methoden
- Diskrete Modelle und Netzwerke
- Ingenieurwissenschaften und Technik
- Schöne Künste (Architektur, Musik)
- Mathematica-Funktionalität

Diese Beispiele sind eine wahre Schatzkammer, wenn man Lösungen für ein bestimmtes Problem sucht, aber wegen der nur recht groben Kategorisierung braucht man Geduld beim Suchen,.

4.4 Performance-Optimierung

4.4.1 Drei Ansätze

Sobald eine Berechnung, die man häufig durchführt, eine spürbare Zeit in Anspruch nimmt, wünscht man, es ginge schneller. Meist ist das auch der Fall. Es gibt in der

Regel mehrere Ansatzpunkte, um dieses Ziel zu erreichen, die auch miteinander kombiniert werden können. Diese sind:

- Programmierparadigma variieren: Wie Sie im Kap. 3.2 *Viele Wege führen nach Rom* gesehen haben, kann man dieselbe Aufgabe oft auf mehrere Arten lösen, die i.A. verschieden schnell sind. Die erstbeste Methode ist meist nicht die schnellste, und oft ist auch nicht klar, warum eine schneller ist als die andere. Man muss es einfach ausprobieren.
- Kompilieren: Funktionen, die aus einer oder mehreren Eingaben eine Zahl berechnen, kann man in der Regel kompilieren, d. h. ausführbaren Code erzeugen, der sehr viel schneller ablaufen kann als der normale interpretierte Code.
- Parallelisieren: Lässt sich eine Berechnung in unabhängige Teile zerlegen, so kann sie parallelisiert werden, das bedeutet, die Teilaufgaben auf mehrere Prozessoren zu verteilen und parallel abzuarbeiten.

In diesem Kapitel wird gezeigt, wie man durch Kombination aller performancesteigernden Methoden eine Funktion optimiert. Ein Kandidat, der alle Hilfe gebrauchen konnte, war *berechneNewtonArray* aus Kap. 4.2.11.3 *Implementierung des Rechenprogramms* auf S. 215. Das Berechnen des Newton-Arrays für die Funktion x^2-2^x für nur 10^5 Gitterpunkte hatte mit der nicht optimierten Version über vier Minuten gedauert, die am Ende zu 23s zusammenschmolzen.

4.4.2 Programmierparadigma variieren

Eine meiner Baustellen war lange Zeit eine Funktion innerhalb des Rechenprogramms *berechneNewtonArray*, die die gefundenen Nullstellen zu einer Liste ohne Doubletten zusammenfasst und dann im *NewtonArray* die konkreten Zahlen durch Referenzen auf diese Liste ersetzt. Sie heißt *ersetzeNullstellenDurchIndices* und brauchte in ungünstigen Fällen länger als das eigentliche Rechenprogramm. Durch die weiter unten vorgestellten Maßnahmen wurde diese Funktion, je nach den Umständen[85], 10-30 mal schneller. Ich beginne mit der ursprünglichen Form.

Der erste Teil, das Zusammenfassen der Nullstellen ohne Doubletten, sah so aus:

```
ersetzeNullstellenDurchIndices[] :=
  Module[{i, j, val, index},
    For[i = 1, i <= dimy, i++,
      For[j = 1, j <= dimx, j++,
        val = newtonarray[[i, j, 1]];
        If[newtonarray[[i, j, 2]] == 0,
          (* nullstelle ist ungültiges ergebnis*)
          newtonarray[[i, j, 1]] = 0,
```

---

[85] Neben der Arraygröße ist entscheidend, wie viele Nullstellen insgesamt gefunden werden.

```
(* nullstelle ist gültiges ergebnis*)
index = wertIstInListe[val, nullstellen];
If[index == 0,
  (* nullstelle ist noch nicht in der Liste*)
  AppendTo[nullstellen, val]
 ]
];
]
];
```

Es funktionierte folgendermaßen: Mit einer doppelten For-Schleife wurde das New-ton-Array durchlaufen. Zur Erinnerung: Dessen Elemente sind Listen der Form {Nullstelle, Iterationszahl}, wobei die Iterationszahl 0 für ein Datenloch steht. Immer wenn eine (gültige) Nullstelle noch nicht in der Liste war, wurde sie an die Liste angehängt. Die ursprünglich leere Liste *nullstellen* wurde so gefüllt. Das Ent-scheidende dabei ist die Funktion *wertIstInListe*, die später noch ausführlich bespro-chen wird. Hier nur soviel: Sie schaut nicht einfach nach, ob genau dieser Wert in der Liste ist, sondern erlaubt eine gewisse Unschärfe. Das ist nötig, weil das New-ton-Verfahren keine exakten Lösungen liefert, sondern nur Näherungswerte.

So klar und einleuchtend dieses Vorgehen ist, so langsam ist es auch. Ich ersetze es daher durch eine Variante, die ein Vielfaches schneller ist, weil sie auf der einge-bauten Funktion *Union* beruht. Union sortiert eine Liste und wirft mehrfach vor-kommende Elemente weg. Das Schöne ist, dass man mit der Option *SameTest* fest-legen kann, wann Elemente als gleich anzusehen sind. Das sieht dann so aus:

```
nullstellen =
 Union[
  Transpose[
   Select[
    Flatten[newtonarray, 1],
    #[[2]] ≠ 0 &      (* nur die gültigen Werte*)
   ]
  ][[1]],
  (* Werte mit Abstand kleiner 10^-4 sind  gleich *)
  SameTest -> (Abs[#1 - #2] < 10^-4 &)
 ];
```

Erklärung von innen nach außen, also in der Reihenfolge des gedachten Ablaufs:

1. Mache aus dem zweidimensionalen Array eine einfache Liste (Flatten).
2. Nimm davon nur die gültigen Einträge (Select).
3. Nimm davon die erste Spalte (Transpose und [[1]]).
4. Sortiere und wirf doppelte Einträge weg (Union mit SameTest).

Man hätte es sicher auch übersichtlicher haben können, wenn man nicht alles in einem Befehl gemacht, sondern jeden Teilschritt in einem Symbol abgespeichert und dann weiter verarbeitet hätte. Immerhin, dieser Befehl dauert bei 10^5 Werten nur ca. 1.7 s.

Nun kommt der schwierigere Teil, das Ersetzen der Nullstelle durch Referenzen auf die eben erzeugte Liste. Ich zeige erst einmal den alten Zustand.

```
For[i = 1, i <= dimy, i++,
  For[j = 1, j <= dimx, j++,
    val = newtonarray[[i, j, 1]];
    If[newtonarray[[i, j, 2]] > 0,
      (* nullstelle ist gültiges ergebnis*)
      index = wertIstInListe[val, nullstellen];
      newtonarray[[i, j, 1]] = index
    ]
  ];
 ]
];
```

Also im Prinzip ganz einfach: mit einer doppelten For-Schleife durch das Array gehen und die Funktion *ersetzeNullstellenDurchIndices* auf die gültigen Nullstellen anwenden. Das dauert leider recht lange.

Hier kann man zwei Dinge tun: erstens, statt mit *For* durchs Array zu gehen, eine Funktion *ersetze[element]* schreiben, die man mit dem *Map*-Operator direkt auf das Array anwenden kann. Das ist in der Regel schneller als ein Schleifenkonstrukt.

```
ersetze[element_] := If[
  element[[2]] == 0,
  {0, 0},
  {wertIstInListe[element[[1]]], element[[2]]}
 ];
{Map[ersetze, newtonarray, {2}], nullstellen}
]
```

Und es ist auch kürzer und eleganter. Allerdings ist noch nicht viel gewonnen, denn die Funktion *wertIstInListe* verbraucht immer noch die meiste Zeit. Hier lohnt sich das Optimieren, denn die Funktion wird auf jedes Element des Arrays angewandt, also typischerweise 10^4-10^6 mal.

Optimieren der Funktion *wertIstInListe*: Ich probiere ein paar Varianten durch und messe den Zeitverbrauch bei einem Testdatensatz, der etwa so aussieht:

```
liste = N@Range[10]
```

```
{1., 2., 3., 4., 5., 6., 7., 8., 9., 10.}
```

```
val = 5.0000000000000001;
repetitions = 10^5;
```

Es ist nicht nötig, immer andere Werte zu nehmen, ein einziger reicht zum Testen der Performance, man muss nur einen in der Mitte nehmen, um eine realistische Abschätzung der Zeit zu bekommen.[86] Ich habe 7 Varianten der Funktion geschrieben, die so aussehen:

```
wertIstInListe1[x_, liste_] :=
 Module[{i, tol = 10^-4},
  For[i = 1, i <= Length[liste], i++,
   If[Abs[liste[[i]] - x] < tol, Return[i]]
  ];
  Return[0];
 ]
```

Das war die Ausgangsform. Durch die Liste iterieren, bei jedem Element prüfen, ob der Abstand zwischen x und dem Listenelement kleiner als *tol* ist, wenn ja, den aktuellen Index zurückgeben. Wenn x nicht in der Liste vorkommt, 0 zurückgeben. Ich schreibe zwei fast identische Versionen, eine mit *While,*

```
wertIstInListe2[c_, liste_] :=
 Module[{i = Length@liste, tol = 10^-4},
  While[i > 0 && Abs[liste[[i]] - c] > tol, i--];
  i
 ]
```

und eine mit Do. Man weiß ja nie. Wenn es auch so aussieht, als würden diese drei

```
wertIstInListe3[c_, liste_] :=
 Module[{retval = 0, tol = 10^-4},
  Do[
   If[Abs[liste[[i]] - c] < tol, retval = i; Break[]],
   {i, Length@liste}
  ];
  retval
 ]
```

Versionen dasselbe tun: Es ist wahrscheinlich nicht so. Erinnern Sie sich, dass die Funktion von Mathematica auf Ausdrücken, Mustern und Ersetzungen basiert, dann wird klar, dass diese imperativen Konstrukte irgendwie nachgebildet worden sind, und die feinen Unterschiede, ob z. B. die Zahl der Schleifendurchläufe vorher fest-

---

[86] Bei quasizufälligen, gleichverteilten Werten liegt der Erwartungswert, beim Durchgehen der Liste einen Wert zu treffen, bei der halben Listenlänge.

steht oder ob jedes Mal eine Abbruchbedingung geprüft werden muss, hat vielleicht Einfluss auf die Performance. Nun aber etwas Anderes.

```mathematica
wertIstInListe4[x_, liste_] := wertIstInListe4[x, liste, Length@liste];
wertIstInListe4[x_, liste_, i_] :=
 If[i == 0, 0,
  If[
   Abs[liste[[i]] - x] < 10^-4,
   i,
   wertIstInListe4[x, liste, i - 1],
   wertIstInListe4[x, liste, i - 1]
  ]
 ]
```

Variante 4 arbeitet rekursiv. Sie fängt am Listenende an. Wenn x dem Listenelement entspricht, wird i zurückgegeben, ansonsten ruft sie sich mit um 1 vermindertem Index auf, wobei bei i=0 der Wert 0 zurückgegeben wird. Die eigentliche Stärke von Mathematica sind aber die funktionalen Konstrukte. Variante 5:

```mathematica
wertIstInListe5[x_, liste_] :=
 Module[{match, tol = 10^-4},
  First@
   Flatten[
    Position[If[Abs[# - x] < tol, match, #, #] & /@ liste, match] /. {} -> {0
   ]
 ]
```

Sie funktioniert so, dass zunächst eine Liste erzeugt wird, die genau so aussieht wie die Nullstellenliste, nur dass Elemente, die die Bedingung „Abstand kleiner *tol*" erfüllen, durch das Symbol *match* ersetzt wurden. Anschließend wird noch der Index des Listenelements *match* mit Hilfe der Funktion *Position* ermittelt und zurückgegeben. Die Ersetzung {} → {0} sorgt dafür, dass wenn kein Treffer auftritt, die Zahl 0 zurückgegeben wird (Position liefert in diesem Fall eine leere Liste). Variante 6:

```mathematica
wertIstInListe6[x_, liste_] :=
 Module[{tol = 10^-4, result},
  result = Flatten@
    Select[
     Transpose@{liste, Range[Length@liste]},
     Abs[#[[1]] - x] < tol &,
     1
    ] /. {} -> {0};
  result[[2]]
 ]
```

In der Zeile *Transpose* ... wird ein Array hergestellt, dessen linke Spalte die Nullstellen und dessen rechte Spalte deren Indizes enthält. Mit *Select* wird das erste Element, für das die Funktion Abs ... True liefert, ausgewählt. Nun wird noch, wie vorher, eine eventuell leere Liste durch {0} ersetzt und der Index (das zweite Element von *result*) zurückgegeben. Nun noch eine letzte und ziemlich abstruse Variante. Sie werden erst im nächsten Kapitel verstehen, warum ich darauf verfallen bin.

```
wertIstInListe7[x_, liste_] :=
 Module[
  {tol = 10.^-4, f},
  f[z_, i_] := If[Abs[liste[[i]] - z] < tol, i, 0];
  Plus @@ Table[f[x, i], {i, Length@liste}]
 ]
```

Zunächst fällt angenehm auf, dass der Code kurz ist. Es funktioniert so: Innerhalb des Moduls wird eine Funktion definiert, die einen Wert z und einen Index i bekommt. Im Falle, dass z nahe genug an der i-ten Nullstelle ist, wird i zurückgegeben, ansonsten Null. In der zweiten Zeile wird eine Liste der Funktionen mit dem Argument x hergestellt. Falls Sie es sich nicht genau vorstellen können: Für liste = {1.,2.,3.} sähe es im Prinzip so aus (tol hätte natürlich einen Wert):

```
{If[Abs[1.-x]<tol,1,0],If[Abs[2.-x]<tol,2,0],If[Abs[3.-x]<tol,3,0]}
```

Nun wird noch mit dem Apply-Operator (Kurzform @@) der Head *List* durch *Plus* ersetzt, und man bekommt die Summe

```
If[Abs[1.-x]<tol,1,0]+If[Abs[2.-x]<tol,2,0]+If[Abs[3.-x]<tol,3,0]
```

Offenbar bekommt man, wenn x nahe bei der ersten Nullstelle ist, die Summe 1, wenn x nahe bei der zweiten Nullstelle ist, die Summe 2 usw., und wenn x keiner Nullstelle nahe ist, Null. Es funktioniert wohl, wirkt aber irgendwie umständlich. Schlecht ist sicher, dass die Überprüfung der Bedingung „nahe bei" immer für alle Nullstellen erfolgt. Nun aber zur Performance. Ich habe zwei Durchläufe gemacht, einen für 10 Nullstellen und 10^5 Wiederholungen, und einen für 1000 Nullstellen und 10^3 Wiederholungen. Der Test mit den 1000 Nullstellen ist der wichtigere, weil es bei den hohen Nullstellenzahlen die Performanceeinbrüche gab.

Tabelle 4.2 Laufzeiten der verschiedenen Varianten der Funktion *wertIstInListe*

Variante	1	2	3	4	5	6	7
Parametersatz 1	3.92	3.97	3.5	4.84	5.99	4.64	7.89
Parametersatz 2	2.23	2.17	1.39	3.94	3.42	1.66	4.59

Das Ergebnis zeigt, dass bei langen Listen die Variante 3 mit der Do-Schleife am schnellsten ist, und zwar deutlich schneller als die scheinbar äquivalenten Varianten 1 und 2. Zweiter Sieger ist die Variante 6 mit Select, und die Variante 7 ist immer die langsamste. Allerdings sind das alles keine großen Einsparungen, nicht mal ein Faktor 2. Darum muss weiter optimiert werden, ich versuche es mit Kompilieren.

4.4.3 Kompilieren

Meine früheren Versuche mit dem Befehl *Compile* waren nicht besonders erfolgreich. Teilweise wurde das Programm sogar langsamer. Erst kürzlich erfuhr ich durch einen Beitrag in der Newsgroup [35] den Grund dafür und konnte daraufhin eine der besonders rechenzeitintensiven Funktionen mehr als zehnmal schneller machen, eine andere wurde etwa dreimal so schnell.

Der Befehl *Compile* geht laut Manual etwa so: `Compile[{{x, _Real}}, x^2]` liefert eine Funktion, die zu jeder Zahl x das Quadrat berechnet und bis zu zwanzig mal schneller ist als die unkompilierte Variante. Dafür kann sie nichts mit Symbolen anfangen, es geht nur mit Zahlen. Möglich sind neben den reellen auch ganze Zahlen, komplexe Zahlen und der Typ Boolean sowie n-dimensionale Arrays der genannten Typen. Herauskommen darf immer nur ein Wert.

Ich habe die verschiedenen Varianten aus dem letzten Kapitel kompiliert, und zwar nach dem Muster `Compile[{{x, _Real}}, wertIstInListe[x, liste]]`. Das bedeutet: Die Liste von Zahlen, die zur Kompilierzeit bekannt sein muss, wird Teil der kompilierten Funktion; diese erwartet nur eine (reelle) Zahl als Argument. Das Ergebnis war etwas enttäuschend, jede der kompilierten Varianten war etwa 15% schneller als ihr unkompiliertes Pendant. Und die kompilierten Funktionen hatten noch einen Nachteil: Sie gaben statt ganzer Zahlen Fließkommazahlen zurück, was eigentlich falsch ist.

In dem erwähnten Beitrag aus der Newsgroup stand sinngemäß:

> Eine kompilierte Funktion ist nur dann schnell, wenn sie keine externen Referenzen auf andere (benutzerdefinierte oder sonstige) Funktionen enthält. Sie sollte nur Prozessoranweisungen enthalten, so genannten *opcode*. Man kann das überprüfen, indem man sich Part 4 des kompilierten Ausdrucks anschaut.

Ganz klar, das war bei meinen Versuchen nicht so. Tatsächlich hätte ich die Zeichen schon deuten können, wenn ich die Ausgabe von Compile etwas aufmerksamer angeschaut hätte:

```
In[78]:= Clear@wertIstInListe1C;

         wertIstInListe1C =

         Compile[{{x, _Real}}, wertIstInListe1[x, liste]]
```

```
Out[79]= CompiledFunction[{x}, wertIstInListe1[x, liste], -CompiledCode-]
```

Das zweite Argument des Ausdrucks CompiledFunction[...] deutet ja schon an, dass hier nur die Funktion wertIstInListe aufgerufen wird. Sehen wir uns den opcode mal an:

```
wertIstInListe1C[[4]]
```

```
{{1, 7}, {54, Function[{x}, wertIstInListe1[x, liste]], 3, 0, 0, 3, 0, 2}, {2}}
```

Hier steht, wie befürchtet, eine externe Referenz auf die Funktion *wertIstInListe1*, es sollten aber ausschließlich ausführbare Befehle aus dem Befehlssatz des Prozessors sein, also z.B. Grundrechenoperationen. Ich versuche, mit Evaluate aus der

Funktion zur Kompilierzeit einen Ausdruck zu machen. Das funktioniert auch insofern, dass der kompilierte Code jetzt sehr schnell ist. Leider liefert er aber als Index immer 0 zurück, egal welches Argument man übergibt. Woran liegt das? Ich gehe der Sache nach.

```
Evaluate@wertIstInListe1[x, liste]
```

```
0
```

Wenn Sie etwa drei Seiten zur Definition der Funktion zurückblättern, sehen Sie, dass das korrekt ist. Da zur Kompilierzeit x ein Symbol ist, ist die Bedingung nie erfüllt, und als Folge wird Null zurückgegeben. Ich probiere jetzt alle anderen Funktionen durch. Keine von ihnen liefert brauchbare Ausdrücke, außer der Variante 7, dem Schlusslicht des Performancetests. Für die Liste {7., 2., -2.} sieht der ausgewertete Ausdruck folgendermßen aus:

```
Evaluate@wertIstInListe7[x, liste]
```

```
If[Abs[1. - x] < 0.0001, 1, 0] +
 If[Abs[2. - x] < 0.0001, 2, 0] + If[Abs[3. - x] < 0.0001, 3, 0]
```

Das sieht aus wie ausführbarer Code. Wir kompilieren mal.

```
wertIstInListe7CE =
 Compile[{{x, _Real}},
  Evaluate@wertIstInListe7[x, liste]
 ]
```

```
CompiledFunction[{x},
 If[Abs[-2. - x] < 0.0001, 3, 0] + If[Abs[5. - x] < 0.0001, 2, 0] +
  If[Abs[7. - x] < 0.0001, 1, 0], -CompiledCode-]
```

Das Suffix CE steht hier für Compile/Evaluate. Sehen wir uns den opcode an.

```
wertIstInListe7CE[[4]]
```

```
{{1, 7}, {8, -2., 1}, {24, 0, 2}, {18, 1, 2, 1}, {93, 38, 3, 0, 1, 3, 0, 2},
 {8, 0.0001, 1}, {37, 2, 1, 0}, {3, 0, 4}, {7, 3, 0}, {11, 0, 2},
 {4, 3}, {7, 0, 1}, {11, 1, 2}, {8, 5., 2}, {24, 0, 1}, {18, 2, 1, 2},
 {93, 38, 3, 0, 2, 3, 0, 1}, {8, 0.0001, 2}, {37, 1, 2, 0},
 {3, 0, 4}, {7, 2, 0}, {11, 0, 3}, {4, 3}, {7, 0, 1}, {11, 1, 3},
 {8, 7., 1}, {24, 0, 2}, {18, 1, 2, 1}, {93, 38, 3, 0, 1, 3, 0, 2},
 {8, 0.0001, 1}, {37, 2, 1, 0}, {3, 0, 4}, {7, 1, 0}, {11, 0, 4},
 {4, 3}, {7, 0, 1}, {11, 1, 4}, {17, 2, 3, 4, 2}, {2}}
```

Er sieht vielversprechend aus, denn es stehen nur Zahlen drin, keine Referenzen auf externen Code. Die Zahlen sind größtenteils Prozessoranweisungen, wir wissen natürlich nicht welche. Nun kommt der spannende Teil. Wie schnell wird diese Funktion sein? Wir wissen aus der Tabelle 4.2 auf S. 241, dass die schnellste unkompilierte Variante beim Parametersatz 2 (dem für uns wichtigeren) 1.39s gebraucht hat. Die kompilierte Version 7CE braucht 0.187s. Damit ist sie siebenmal schneller als die beste unkompilierte Variante, und 25-mal schneller als ihr unkompiliertes Pendant. Das Performanceproblem der Funktion *ersetzeNullstellenDurch-Indices* ist damit gelöst. Gegenüber der ursprünglichen Version ohne jede Optimierung ist bei einer Beispielfunktion, bei der 200 Nullstellen gefunden wurden und 10^5 Punkte zu berechnen waren, die Rechenzeit für *ersetzeNullstellenDurchIndices* von 171 s auf weniger als 7 s gesunken.

Nachdem mir nun klar geworden war, worauf es beim Kompilieren ankommt, habe ich auch noch die Funktion *fNewton* kompiliert, die in der innersten Schleife millionenmal aufgerufen wird, vergl. Kap. 4.2.11.3 *Implementierung des Rechenprogramms* auf S. 215. Das brachte eine Rechenzeitreduktion um etwa 65%.

Aber noch immer muss man auf das Ergebnis warten[87], es lohnt sich also, weitere Maßnahmen in Betracht zu ziehen, z.B. das im folgenden Abschnitt besprochene Parallelisieren.

4.4.4 Parallelisieren

Heute sind Rechner mit Dual Core oder gar Quad Core Prozessor Standard. Noch kein Standard dagegen sind Programme, die diese Parallelisierungsmöglichkeiten auch ausnützen. In der Regel schuftet auch bei rechenintensiven Anwendungen nur ein Core, der andere verharrt in Wartestellung. Das war auch bei Mathematica bis zur Version 6 so. Jetzt ist es anders.

Seit der Version 7 gibt es den Befehl *Parallelize*, mit dem Sie Mathematica-Befehle auf mehrere Prozessoren verteilen können. Das ist natürlich nicht immer sinnvoll, bei schnell ausgeführten Befehlen (und das sind immer noch die meisten) sogar kontraproduktiv. Auch kann man nicht alle Abläufe parallelisieren, nur solche, die in mehrere unabhängige Teile zu zerlegen sind. Dann wäre z.B. bei einem Dual Core Prozessor eine Halbierung der Rechenzeit zu erreichen (das stimmt nicht ganz, weil es beim Parallelisieren immer Verwaltungsaufwand, so genannten Overhead, gibt.

Tatsächlich hatte ich eine Anwendung, die eine Geschwindigkeitssteigerung gut gebrauchen konnte, und zwar mein *NewtonFraktal* (Kap. 4.2.11 auf S. 208). Je nach Anzahl der gewünschten Bildpunkte musste ich seinerzeit mehrere Minuten auf die Berechnung warten. Die Tatsache, dass es nun die Möglichkeit zur Parallelisierung zu geben schien, war für mich Grund genug, es mir noch einmal anzusehen. Die in dem erwähnten Programm vorliegende Aufgabe, ein Array unabhängiger Elemente zu berechnen, ist im Prinzip ideal für eine Parallelisierung geeignet.

Ich will es gleich sagen: *Parallelize* funktioniert recht gut, aber ganz so einfach wie es im Manual steht, war es nicht. Überhaupt ist das Manual hier nicht sehr ausführlich. Darum schreibe ich meine Erfahrungen nieder, in der Hoffnung, dass sie dem einen oder anderen Leser von Nutzen sind.

---

[87] bei 500000 Punkten etwa 90 s

4.4.4.1 Vorversuche

Öffnet man mit F1 das Hilfefenster und klickt *Core Language→New in 7* an, so findet man den Befehl *Parallelize*. In dessen Beschreibung gibt es ein Beispiel, wonach man eine rechenintensive Funktion einfach in Parallelize packt, und alles andere geschieht quasi von selbst:

```
Parallelize[Table[Length[FactorInteger[(10^n-1)]],{n,60,70}]]
```

Was diese Funktion berechnet, tut hier nichts zur Sache, es kommt nur darauf an, dass die Berechnung eine spürbare Zeit von mehreren Sekunden in Anspruch nimmt. Natürlich will man wissen, was das Parallelisieren gebracht hat. Dazu gab es bisher die Funktion Timing. Diese liefert als Ergebnis eine Liste, deren erstes Element die benötigte Zeit ist, das zweite Element ist der Ausgabewert der Funktion, deren Ausführungszeit gemessen werden soll. Die Überraschung:

```
In[1]:= Timing[
          Table[Length[FactorInteger[(10^n - 1)]], {n, 60, 70}]
        ]

Out[1]= {21.765, {20, 8, 6, 13, 16, 8, 14, 4, 11, 6, 13}}
```

```
In[2]:= Timing[
          Parallelize[
           Table[Length[FactorInteger[(10^n - 1)]], {n, 60, 70}]
          ]
        ]

Out[2]= {0.094, {20, 8, 6, 13, 16, 8, 14, 4, 11, 6, 13}}
```

Mir schien es zwar schon so, dass die parallelisierte Version etwas schneller gearbeitet hatte, aber keinesfalls war sie schon nach 0.1 s fertig. Die Erklärung ist, dass die herkömmliche Zeiterfassung mit Timing bei parallelisierten Prozessen nicht mehr funktioniert, und es dafür nun ein neues AbsoluteTiming gibt. Also dasselbe noch mal, jetzt wird aber nur das erste Listenelement, nämlich die benötigte Zeit ausgegeben, das Ergebnis der Rechnung kennen wir ja schon:

```
In[3]:= AbsoluteTiming[
          Table[Length[FactorInteger[(10^n - 1)]], {n, 60, 70}]
        ][[1]]

Out[3]= 18.1562500
```

```
In[4]:= AbsoluteTiming[
          Parallelize[
           Table[Length[FactorInteger[(10^n - 1)]], {n, 60, 70}]
          ]
        ][[1]]

Out[4]= 15.7343750
```

Enttäuschend! Statt erhoffter 50% Einsparung nur etwa 15%, das ist kein sehr schönes Beispiel. Allerdings auch kein Grund, sofort aufzugeben, bei größeren Vektoren (dieser hatte nur 11 Elemente) würde es vielleicht besser werden. Diese Hoffnung bewahrheitete sich letztendlich auch.

4.4.4.2 NewtonFraktale parallel berechnen

Um die Zeiteinsparung messen zu können, baue ich schnell ein paar Ausgaben zur Zeiterfassung nach obigem Muster ein und setze vor die Berechnung des Newton-Arrays den Befehl *Parallelize*. Die parallelisierte Variante von *berechneNewtonArray* hatte ich *berechneNewtonArrayP* genannt. Hier sind die entscheidenden Zeilen:

```
{cpuTime, newtonarray} = AbsoluteTiming@Parallelize@
    Table[findeFixpunkt[fNewton, z, tol], {b , dimy}, {a, dimx}];
Print["findeFixpunkt: time = ", cpuTime];
{cpuTime, dummy} = AbsoluteTiming@ersetzeNullstellenDurchIndices[];
Print["ersetzeNullstellenDurchIndices: time = ", cpuTime];
```

Sie erzeugen die Ausgabe:

```
In[45]:= f[x_] := (x^5 - 1)

In[46]:= g = berechneNewtonArrayP[f, {{-2, 2}, {-2, 2}}, 100 000];

(kernel 2)  Table::iterb : Iterator {a$517, dimx$517} does not have appropriate bounds.

(kernel 1)  Table::iterb : Iterator {a$517, dimx$517} does not have appropriate bounds.
```

Aha, es sind also bereits beide Kernel involviert. Aber irgendetwas ist noch falsch. Es sieht so aus als könnten die Kernel nichts mit dem Symbol *dimx* anfangen. Ich sehe nochmal in das Manual. Dort finde ich ein Beispiel, bei dem der Befehl *DistributeDefinitions* benutzt wird. Dieser soll die ihm übergebenen Symbole den parallelen Kernels bekannt machen. Ich übergebe alle Symbole, die im Wirkungsbereich von Parallelize vorkommen:

```
DistributeDefinitions[
  fNewton, z, findeFixpunkt, tol, dimx, dimy,
  ersetzeNullstellenDurchIndices
];
{cpuTime, newtonarray} = AbsoluteTiming@Parallelize@
    Table[findeFixpunkt[fNewton, z, tol], {b , dimy}, {a, dimx}];
```

Und das war's auch schon. Die Ausgabe

```
In[47]:= g = berechneNewtonArrayP[f, {{-2, 2}, {-2, 2}}, 100 000];

    findeFixpunkt: time = 6.5625000

    ersetzeNullstellenDurchIndices: time = 5.6718750
```

verrät, dass die parallelisierte Version nur 58% der Zeit für die Nullstellensuche braucht.

Ganz so einfach, wie hier geschildert, ging es nicht. Mir war anfangs nicht klar, welche Symbole man mit *DistributeDefinitions* an die Kernel verteilen muss und welche nicht. Die Iteratoren z.B. müssen nicht exportiert werden, wohl weil sie keine Information transportieren.

4.4.5 Und was hat es gebracht?

Ich vergleiche die vier Varianten 1 = nicht optimiert, 2 = parallelisiert, 3 = kompiliert und 4 = parallelisiert und kompiliert. Drei Einsatzfälle wurden getestet:

1. Der Normalfall, mit wenigen Nullstellen und keinen oder wenigen Datenlöchern, repräsentiert durch den Parametersatz $f(x)=x^5-1$, und 10^5 Gitterpunkten.
2. Ein Fall mit sehr vielen Datenlöchern, bei dem an der überwiegenden Zahl von Gitterpunkten keine Werte zustande kamen. Parameter: $f(x)=(x^5-1)/(x^5-10)$, 10^4 Gitterpunkte.
3. Ein Fall mit sehr vielen Nullstellen: $f(x) = x^2 - 2^x$, 10^5 Gitterpunkte.

Erfasst wurden die Zeiten für *findeFixpunkt* / *ersetzeNullstellenDurchIndices*.

Tabelle 4.3 Laufzeiten für verschiedene Optimierungsstufen der Funktion *berechneNewtonArray*

Variante	nicht optimiert	parallelisiert	kompiliert	parallelisiert u. kompiliert
Normalfall	11.31 / 13.59	6.09 / 1.37	8.05 / 1.48	4.39 / 1.49
viele Datenlöcher	8.41 / 0.50	4.86 / 0.05	13.22 / 0.06	7.02 / 0.06
viele Nullstellen	84.91 / 170.33	45.25 / 1.37	30.02 / 6.30	15.64 / 6.47

Zusammengefasst: Im Normalfall bringt die volle Optimierung, also Parallelisieren und Kompilieren, einen Faktor 5. Bei sehr vielen Nullstellen ist es sogar ein Faktor größer als 10. Nur wenn es viele Datenlöcher gibt, ist aufgrund der zeitaufwändigen Ausnahmebehandlung (es wird in solchen Fällen meist durch Null geteilt, also *floating point error*) die kompilierte Variante langsamer als die nicht optimierte.

4.5 Wie kann ich ...

Dies ist eine Sammlung von Codefragmenten, die bestimmte (kleinere) Probleme lösen. Ich habe versucht, mich an meine ersten Schritte in Mathematica zu erinnern und auch solche „Probleme" mit hineinzunehmen, deren Lösung mir heute trivial erscheint. Allerdings nur solche, die nicht schon in Mathematicas *HowTo* beantwortet sind. Sie sollten also bei einer konkreten Frage erst einmal im Help-Browser (Help→Documentation Center) unter *How To Topics* nachschauen.

Was kann ich tun, wenn ein Button nicht funktioniert?
Der Befehl *Button[label,action],* wobei label (zu Deutsch Etikett) nicht nur ein Text, sondern auch eine Graphik oder ein Tooltip sein darf, erzeugt einen Button, dessen Betätigung mit der Maus die Aktion *action* auslöst. Manchmal funktioniert es aber nicht. Woran liegt das? Beim Klicken des Buttons mit der Maus wird der Befehl im Hintergrund ausgeführt, also asynchron. Somit spürt der Benutzer keine Wartezeit. Damit bestünde allerdings die Gefahr, den Rechner unabsichtlich lahmzulegen. Wenn nämlich eine Berechnung etwas länger dauert, passiert erst mal nichts. Nun drückt der Benutzer den Knopf noch ein paarmal, um den Rechner zur Eile anzutreiben. Damit stehen plötzlich mehrere zeitintensive Aufträge in der Warteschlange, und nichts geht mehr. Damit das nicht passiert, hat Mathematica ein Zeitlimit von 5 s für die von Button ausgelösten asynchronen Prozesse vorgesehen. Was aber kann man tun, wenn man eine Aktion starten will, die länger dauert? In diesem Fall muss man mit der Option *Method→ Queued* auf synchronen Betrieb umschalten. Damit ist zwar das Notebook für die Dauer der Button-Aktion nicht ansprechbar, aber die Aktion wird auf jeden Fall bis zu Ende ausgeführt.

Wie kann ich das Ergebnis von Solve als Zahl ausgeben?
Die Antwort gilt genauso für NSolve, DSolve und verwandte Funktionen. Alle liefern ihre Lösungen als Liste von Ersetzungsvorschriften. Wenden Sie diese einfach mit *ReplaceAll*, die Kurzform ist „/. ", auf die Variable(n) an.

```
eq1 = 3 y (-1 + 2 x + y) == 0;
eq2 = 3 x (-1 + x + 2 y) == 0;
sol = Solve[{eq1, eq2}, {x, y}]
```

$$\left\{ \{x \to 0,\ y \to 0\},\ \{x \to 0,\ y \to 1\},\ \left\{x \to \frac{1}{3},\ y \to \frac{1}{3}\right\},\ \{x \to 1,\ y \to 0\} \right\}$$

```
{x, y} /. sol
```

$$\left\{ \{0,\ 0\},\ \{0,\ 1\},\ \left\{\frac{1}{3},\ \frac{1}{3}\right\},\ \{1,\ 0\} \right\}$$

Wie mache ich einen Koeffizientenvergleich?
Falls Sie ihn für eine Partialbruchzerlegung benötigen: Diese funktioniert auch direkt mit *Apart*. Ansonsten bringt der Befehl *Coefficient[expr,form, n]* den Koeffi-

zienten von *form^n* in *expr*. Ein Beispiel: Wir möchten a, b, c und d so bestimmen, dass links und rechts in der Gleichung dasselbe Polynom dritten Grades steht.

```
lhs = a (1 + x + x^2 + x^3) + (-1 + x) ((1 + x) (d + c x) + b (1 + x^2));
rhs = 4 + x + 6 x^2 + x^3;
lhs == rhs
```

$$a\left(1 + x + x^2 + x^3\right) + (-1 + x)\left((1 + x)(d + c\,x) + b\left(1 + x^2\right)\right) == 4 + x + 6\,x^2 + x^3$$

```
eqs = Table[Coefficient[lhs, x, i] == Coefficient[rhs, x, i], {i, 0, 3}]
```

$$\{a - b - d == 4,\ a + b - c == 1,\ a - b + d == 6,\ a + b + c == 1\}$$

```
sol = Solve[eqs, {a, b, c, d}][[1]]
```

$$\{a \to 3,\ b \to -2,\ c \to 0,\ d \to 1\}$$

Das Gleichungssystem *eqs* wird erzeugt, indem man die Koeffizienten der linken und der rechten Seite für alle Potenzen von x, hier von 0 bis 3, vergleicht. Die hier eindeutige Lösung ist *sol*.

Wie kann ich eine Spalte in einer Tabelle referenzieren?

Eine Tabelle ist eine Liste von gleich langen Listen. Ein Beispiel: Die folgende Liste hat 3 Zeilen und 5 Spalten.

```
list = Table[RandomInteger[], {3}, {5}]
```

$$\{\{1, 1, 0, 1, 0\},\ \{0, 1, 1, 0, 1\},\ \{0, 1, 0, 1, 1\}\}$$

```
Dimensions@list
```

$$\{3, 5\}$$

```
TableForm@list
```

```
1  1  0  1  0
0  1  1  0  1
0  1  0  1  1
```

Zum Beispiel wäre list[[1]] die erste Zeile. Will man eine bestimmte Spalte, so muss man mit Transpose zuerst Zeilen und Spalten tauschen. Seit der Version 6 gibt es auch den Operator *All*, der für die Gesamtheit aller Indizes steht. Mit ihm ist das Referenzieren einer Spalte einfacher und übersichtlicher. Man lässt sich einfach alle Zeilen und die gewünschte Spalte ausgeben.

```
Transpose[list][[4]]
```

$$\{1, 0, 1\}$$

```
list[[All, 4]]
```

$$\{1, 0, 1\}$$

Wie kann ich in Manipulate Steuerungselemente dynamisch machen?
Bevor Sie das machen, überlegen Sie genau, ob und warum es zwingend erforderlich ist. Es kann einiges an Performance kosten und ist aus gutem Grund kein Standard, siehe Kap. 3.6 *Graphische Benutzeroberflächen*. Manchmal kann es aber durchaus sinnvoll sein, Widgets mal zu zeigen und mal zu verbergen. Ein Beispiel dazu ist das in Abb. 3.3 auf S. 87 gezeigte Farbauswahlmenü. Der Code dazu ist dort wiedergegeben und erklärt.

Übrigens ist mit „dynamisch machen" nicht nur zeigen oder verbergen gemeint, man kann auch das Erscheinungsbild verändern oder Widgets mit *Enabled→False* inaktiv schalten, auch dazu braucht man *Dynamic*.

Wie verbessere ich die Performance von Manipulate?
Manchmal arbeitet eine mit Manipulate erzeugte interaktive Demo träge und reagiert mit merklicher Latenz auf die Benutzeraktionen. Das kann zwei Gründe haben: Entweder es dauert eben so lange, oder aber irgendeine Aktion wird unnötig oft ausgeführt. Grundsätzlich kann man mit der Optionen *TrackedSymbols* festlegen, von welchen Symbolen ein Update ausgelöst wird. Man sollte nur die Symbole auswählen, bei denen eine Änderung ihres Wertes ein Update des angezeigten Objekts erforderlich macht. Auch die Option *PerformanceGoal→Speed* kann helfen. Wenn mehrere Grafiken gezeigt werden, von denen nicht alle sich ändern, sollte man sein Programm so schreiben, dass nur die veränderten aktualisiert werden. Ein Beispiel dazu gibt es im Fraktal-Viewer, vergl. Kap. 4.2.11.4 auf S. 219. Wenn die Option „Fangrahmen" gewählt wurde, wird bei einer Änderung des Fangrahmens nur dieser neu dargestellt, das darunterliegende Fraktal *background* nicht.

```
zeigeBildmitFangrahmen[background_, Dynamic@fangrahmenPunkte_] :=
  LocatorPane[
   Dynamic@fangrahmenPunkte,
   Show[
    {background, Graphics[{Dynamic@createRectangle[fangrahmenPunkte]}]}
   ]
  ]
```

Wie kann ich Sound mit einem Tooltip verknüpfen?
Ein Tooltip ist eine Funktion, die dafür sorgt, dass beim Verharren des Mauszeigers über einem Objekt ein Hilfetext erscheint. Das Objekt kann ein Text oder eine Grafik sein, und statt des Hilfetextes kann man auch jedes andere Objekt verwenden. Zumindest fast jedes. Soundobjekte werden vom Notebook etwas anders behandelt als andere Objekte, vergl. Kap. 1.3.1 auf S. 7. Um einen Sound unmittelbar zu hören, gibt es die Funktion EmitSound[snd], die den Player verbirgt und ein einmaliges Abspielen veranlasst. Leider funktioniert sie zusammen mit Tooltip nicht auf die gewünschte Weise. Wenn man *Tooltip[einText, EmitSound@einSound]* eingibt, ertönt der Sound ein einziges Mal zur Aufrufzeit. Wenn später der Mauszeiger über dem Objekt *einText* ist, kommt als Tooltip-Ausgabe *Null*. Das liegt daran, dass EmitSound den Sound einmal abspielt und Null zurückgibt. Das wird in Tooltip

gespeichert und jedes Mal, wenn der Mauszeiger über dem Objekt ist, angezeigt. Es arbeitet also alles gewissermaßen korrekt, hier liegt kein Bug vor. Damit sieht es so aus, als würde ein Tooltip keinen Sound liefern können (jedenfalls nicht ohne Player).

Da Mathematica sehr transparent ist, geht es aber doch, wenn man eine Ebene tiefer programmiert. Dieses Beispiel bekam ich von John Fultz, WRI.

```
T = 0.7;
f[t_] := Sin[t Pi / T] Sin[2 Pi 75 t];
g = Plot[f[t], {t, 0, T}, ImageSize → 500, AspectRatio → 0.3, PlotPoints → 200];
s = Play[f[t], {t, 0, T}];

Mouseover[
  Dynamic[strobe = True; strobe; g],  (*no mouse*)
  Dynamic[strobe = False; strobe; EmitSound[s]; g] (*mouse*)
]
```

Jedes Mal, wenn man mit dem Mauszeiger über die Grafik geht, ertönt einmalig ein auf- und abschwellender 75 Hz-Ton.

Wie integriere ich eine Spline-Funktion?

Die mit Version 7 neu hinzugekommenen Spline-Funktionen *BezierFunction* können differenziert und auch (numerisch) integriert werden. Leider stört beim Integrieren ein Bug. Wie man diesen umgehen kann, ist im Kap. 4.2.8.4 auf S. 188 gezeigt. Ich gehe davon aus, dass er in einer der nächsten Mathematica-Versionen beseitigt ist.

Wie kann ich mehrere Funktionen in einer Grafik mit Labeln versehen?

Will man eine von einem Parameter abhängige Kurvenschar plotten, so ist es üblich, jede Kurve mit dem dazugehörigen Parameterwert zu bezeichnen. Hier sehen Sie, wie man das quasi automatisch machen kann. Ein Beispiel, nämlich die Kettenlinien gemäß Gleichung (4.14) für verschiedene Werte des Durchhangparameters α, können Sie im Kap. 4.2.5.1 auf S. 153 sehen.
Die Funktion *PlotWithLabel* ist ein Schnellschuss, speziell für die hier zu zeigenden Kettenlinien gemacht. Wenn Sie aber den Namen des Scharparameters und den

Plotbereich auch noch übergeben, ist sie schon recht allgemein einsetzbar. Zur Erklärung des Prinzips reicht es allemal. Hier der Code:

```
PlotWithLabel[f_, paramList_, xLabelVal_] :=
 Module[{functions, labels},
  {functions, labels} =
   Transpose@
    Table[
     {Function[x, Evaluate[f[x, p]]], "α = " <> ToString[p]},
     {p, paramList}
    ];
  Plot[
   Evaluate@Through[functions[x], List],
   {x, -1, 1},
   PlotRange → All, AspectRatio → Automatic,
   Epilog → MapThread[Text[#2, {xLabelVal, #1[xLabelVal]}, {-1, 0}] &,
    {functions, labels}]
  ]
 ]
```

Eingabewerte sind eine Funktion f[x,p] (p ist der Scharparameter), eine Liste der Werte von p und der x-Wert, an dem die Label (Etiketten) angebracht werden sollen. Hier muss man natürlich einen Wert wählen, an dem die Kurven möglichst weit voneinander entfernt sind, -1 und 1 wären also in unserem Beispiel ungeeignet.

Zunächst wird die Zweierliste {functions,labels} erstellt. Dies geschieht, indem man zunächst eine Liste von Paaren {function,label} für alle Parameterwerte erstellt, die am Ende transponiert wird, leider mit fest eincodiertem Parameternamen α.

Dann werden die Funktionen geplottet. Die erste Zeile in Plot macht mit *Through* aus {f1,f2,f3}[x] die von Plot benötigte Form {f1[x],f2[x],f3[x]}. Das *Evaluate* ist nötig wegen der speziellen Auswertung bei Plot. Der Plotbereich in der nächsten Zeile ist hier leider fest eincodiert, aber das können Sie ja schnell ändern.

Die Label werden mit der Option *Epilog* an die Funktionen geheftet. Epilog erwartet eine Liste mit Graphik-Primitiven, die am Schluss gerendert werden. Unsere Etiketten werden hier erstellt, indem man mit MapThread die *Pure Function* `Text[#2,{xLabelVal,#1[xLabelVal]},{-1,0}]&` auf die Liste `{functions,labels}` anwendet. *Text[s,{x,y},offset]* macht aus einem String s ein Grafikelement, das an der Stelle {x, y} positioniert wird. Der hier verwendete offset {-1,0} bedeutet, der linke Rand des Textes ist bei den angegebenen Koordinaten.

Wie finde ich eine Funktion für eine bestimmte Aufgabe?
Das ist in Kap. 1.5.2.2 *Eine unbekannte Funktion finden* auf S. 19 gezeigt.

Wie schreibe ich eine Präsentation mit Slides?

Mit *File→New→Slideshow* können Sie eine leere Schablone (Template) für Ihre Slideshow aufrufen. Alternativ gibt es im selben Menü die Möglichkeit, ein geöffnetes normales Notebook zur Slideshow zu konvertieren. Ich empfehle eher die erste Variante. Ebenfalls in diesem Menü, das als nichtmodales Menü stets im Vordergrund bleibt, können Sie zwischen View Environment *Normal* und *Slideshow* hin und her schalten. Die normale Umgebung dient der Entwicklung, die andere der Präsentation als Slideshow. In diesem Modus ist die Schrift größer, und die Zellklammern erscheinen nur, wenn man mit der Maus darübergeht. Sie können diese Einstellungen auch über das Menü *Format→Screen Environment→*(Working/*Slideshow)* vornehmen. Ein Beispiel einer Slideshow zeigt Abb. 1.8 auf S. 11.

Wie schreibe und veröffentliche ich eine Demonstration?

Siehe Kap. 4.1.3.2 *Die Demonstration Virtual Oscilloscope* auf S. 130.

Wie finde ich die Beschreibung einer Funktion, deren Namen ich kenne?

Holen Sie mit F1 das Hilfefenster und tippen Sie den Namen in das Suchfeld. Groß- und Kleinschreibung werden hier nicht unterschieden, auch ein Teil des Namens genügt (z.B. liefert die Suche nach „hold" neben dem Befehl *Hold* u.a. auch *ReleaseHold)*. Wenn die gesuchte Funktion bereits in ihrem Notebook ist, genügt es, mit dem Cursor daraufzugehen und F1 zu drücken. Sie gelangen so direkt zur Manualseite.

Wie kann ich festlegen, dass ein Symbol für eine reelle Zahl steht?

Mathematica geht von dem allgemeineren Fall aus, dass Symbole für komplexe Zahlen stehen, zur Begründung siehe Kap. 1.2.0.1 auf S. 4. Für reelle Zahlen x ist $\sqrt{x^2} = |x|$, und wenn x>0, ist sogar $\sqrt{x^2} = x$. Wie übermittelt man Mathematica derartiges Vorwissen?

Hierfür gibt es mehrere Wege. Der erste sind die *Assumptions* (Annahmen). Die Option *Assumptions*, die bei *Simplify*, *Refine* und *Integrate* möglich ist, sorgt dafür, dass Mathematica von den angegebenen Annahmen ausgeht und sie, wenn möglich, zu weiteren Vereinfachungen benutzt. Mögliche Werte sind z.B. $x \in \text{Reals}$, $x \in \text{Integers}$, $x > 0$. Übrigens impliziert die Angabe x>0 bereits die Zugehörigkeit zu den reellen Zahlen, da eine Relation „größer als" nur für reelle Zahlen existiert.

Eine andere Möglichkeit ist *ComplexExpand*. Wie man diesen Befehl benutzt, ist in Kap. 4.2.4 *Elektrotechnik: Komplexe Impedanz* auf S. 142 ausgeführt.

Wie kann ich in Manipulate beliebige Steuerelemente einsetzen?

Ganz beliebig ist dies natürlich nicht. Es dürfte zwar nicht unmöglich, aber schwierig und auf alle Fälle unzweckmäßig sein, etwa einen ColorSetter zur Einstellung einer Zahl zwischen -10 und 10 zu benutzen. Dafür ist ein Schieberegler einfach besser geeignet. Aber es könnte z.B. sein, dass wir gewisse Zahlen aus einer Liste auszuwählen haben und dafür gern einen Slider benutzen würden.

Standardmäßig erzeugt Manipulate in solchen Fällen entweder eine SetterBar oder ein PopupMenu, je nach Länge der Liste. So bekommt man einen Slider.

```
möglicheWerte = {1, 2, 5, 10, 20, 50, 100};
Manipulate[
  x,
  {{x, 1}, möglicheWerte, ControlType → Slider}
]
```

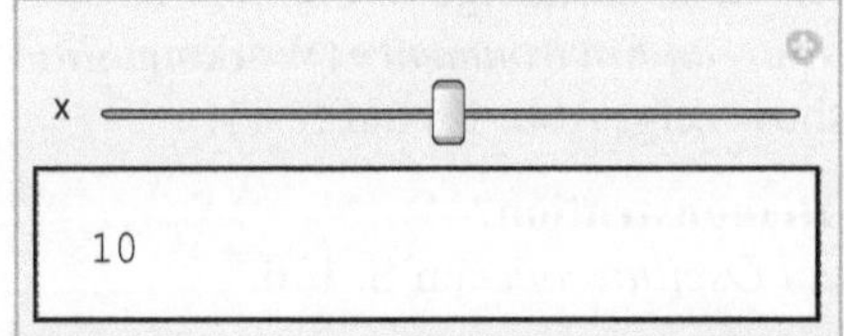

Sie erkennen, dass die Position nicht vom Zahlenwert, sondern von der Position der Zahl in der Liste bestimmt wird. Wenn die Zahlen logarithmisch gestaffelt sind (wie es hier näherungsweise der Fall ist), hat man gleich einen logarithmischen Slider. Der Benutzer erhält auch eine Art Rückmeldung darüber, dass nur die im Code festgelegten Werte möglich sind, dadurch, dass der Slider nur diese Positionen annimmt.

Übrigens kann man auch VerticalSlider, SetterBar oder PopupMenu angeben, sogar Checkbox funktioniert. Allerdings ist die Funktionsweise nicht schlüssig, das Häkchen kommt und geht, während der Wert zyklisch durch die Liste wandert. Bei Slider2D und ColorSlider kommen Fehlermeldungen, wer so etwas, aus welchem Grund auch immer will, muss etwas mehr Programmierarbeit hineinstecken.

Wie kann ich eine Grafik kontrolliert per Trigger updaten?
Und warum sollte man das wollen? Ein Beispiel sehen Sie in Abb. 4.24 auf S. 203. Dort sind in einer Grafik die letzten 10000 Spiele eines längeren Spielverlaufs zu sehen. Da die Grafik aus nur 100 Werten besteht, ist es nicht sinnvoll, sie bei jedem Spiel zu aktualisieren. Tatsächlich würde das den Spielverlauf gewaltig bremsen, der Rechner würde mehr plotten als spielen.

Wie es gemacht wurde, steht am Anfang von Kap. 4.2.10.4 auf S. 204. Die Funktion zum Plotten steht innerhalb eines Dynamic-Befehls. Dynamic ruft *HistoryPlot* automatisch immer dann auf, wenn sich die Liste *kassenstandAHistory*, die dort geplottet wird, geändert hat. Das Programm ist so geschrieben, dass das bei einer History-Länge von 10000 bei jedem hundertsten Spiel der Fall ist.

Wann und wie sollte man Code aus Manipulate auslagern?
Eigentlich schon dann, wenn der Code innerhalb von Manipulate länger als eine Bildschirmseite ist, aber man muss auch abwägen, ob der Gewinn an Übersichtlichkeit größer ist als der Verlust durch die Fragmentierung. Das hängt entscheidend von gut gewählten Namen ab.

Das Auslagern kann auf verschiedene Arten geschehen. Die einfachste ist sicher das Bereitstellen von statischem Code. Beim virtuellen Oszilloskop, siehe Abb. 4.3

auf S. 125, sind z.B. die Knopfreihen zum Umschalten zwischen den Schwingungsformen mit jeweils einer einzigen Zeile Code erzeugt worden. Und das, obwohl sie
sogar Tooltips beinhalten: Geht man mit der Maus über einen Knopf, erscheint der
Name der Schwingungsform. Das war möglich, weil die relativ kompliziert zu
erzeugende Liste *functionsWithTooltips*, die die Funktionen und die Tooltips enthält, vorher bereit gestellt wurde. Einzelheiten finden Sie im Kap. 4.1.3.1 *Das Projekt Virtual Oscilloscope* auf S. 124 unter *Implementierung*.

Wie kann ich dynamischen Code aus Manipulate auslagern?
Manchmal reicht es nicht, statischen Code auszulagern. Der Viewer für die Fraktale
in Kap. 4.2.11 auf S. 208 kann per *TabView* zwischen mehreren Visualisierungsmöglichkeiten umgeschaltet werden. Auf jedem Tab befinden sich die passenden
Einstellmöglichkeiten für die betreffende Visualisierungsmethode, siehe Abb. 4.28
auf S. 223. Das Objekt, das die Visualisierungsmethode verkörpert, ist die *Color-
Function* und muss natürlich dynamisch sein.

Das Problem wurde so gelöst, dass für jede der Visualisierungsmethoden eine
Funktion zur Erzeugung einer *Pane* (das ist eine Seite des TabViews) geschrieben
wurde, die Dynamic@colorfunc in ihrer Argumentsliste hatte.

```
panel[Dynamic@colorfunc_, anzahlFarben_] :=
  Module[
    {colorscheme, reversed, colorshift, zeigeFehler, fehlerFarbe,
     myColorFunc, reset},
```

Das übergebene Symbol *Dynamic@colorfunc* muss allerdings vor deren Aufruf
außerhalb der Funktion *panel* angelegt worden sein.

Wie kann ich feststellen, ob Steuerelemente gerade aktiv sind?
Das leistet die Funktion *ControlActive*. Sie ist dazu da, das Antwortverhalten interaktiver Programme dadurch zu verbessern, dass während der Einstellungen an
Schiebereglern das zu manipulierende Objekt durch eine einfachere Version ausge-
tauscht wird, die schneller zu berechnen ist.

Leider ist die Beschreibung im Manual fehlerhaft. Wie es tatsächlich geht, können Sie sich im Kap. 4.2.11.4 *Entwicklung des Viewers* auf S. 219 unter dem Punkt
Auslagern der Funktionalität ansehen.

Wie bekomme ich einen logarithmischen Slider?
Es gibt zwei Möglichkeiten. Erstens: Sie übergeben dem Slider die möglichen
Werte einfach als logarithmisch gestaffelte Liste. Das hat den Vorteil, dass der Wert
direkt am Slider angezeigt werden kann, und den Nachteil, dass dieser Slider nicht
wirklich logarithmisch ist. Zweitens: Sie benutzen statt x die Variable logX (das Sli-
der-Intervall ist dann {Log[xMin], Log[xMax]}) und ersetzen x durch Exp@x. Die
zweite Variante hat den Vorteil, dass Sie quasikontinuierliche Werte bekommen,
ohne sich um deren Anzahl kümmern zu müssen, und den Nachteil, dass Sie den x-
Wert nicht direkt am Slider anzeigen lassen können.

Wie kann ich den aktuellen Wert eines Sliders als Zahl anzeigen?
Grundsätzlich können Sie Dynamic@x an jeder Stelle in Notebook beliebig formatiert ausgeben. Wenn Sie die Zahl direkt beim Slider haben wollen, tut das die Option Appearance→"Labeled".

Wie kann ich eine Funktion zwecks Geschwindigkeitssteigerung kompilieren?
Jede Funktion, die aus einer oder mehreren Eingabezahlen eine reelle oder komplexe Zahl berechnet, kann kompiliert werden. Wie das geht und was dabei zu beachten ist, um wirklich eine Geschwindigkeitssteigerung zu erzielen, steht im Kap. 4.4.3 auf S. 242

Glossar

Array zu Deutsch Feld, eine ein- oder mehrdimensionale Datenstruktur. In Mathematica ist z.B. ein zweidimensionales Array eine Liste aus gleich langen Listen. Anders als etwa in C, können die Elemente eines Arrays in Mathematica beliebige Ausdrücke sein.

Attraktor zu Deutsch Anziehungspunkt, ein Punkt im Zustandsraum eines dynamischen (=zeitabhängigen) Systems, zu dem sich alle Zustände in der Nähe (man spricht vom Einzugsgebiet des Attraktors) letztendlich hinbewegen. Stellen Sie sich eine wie ein Wok geformte runde Schale vor, in der eine Kugel rollt. Der Endzustand (die Kugel ruht im tiefsten Punkt) ist ein Attraktor.

Banachscher Fixpunktsatz garantiert unter relativ schwachen Voraussetzungen die Existenz genau eines → Fixpunktes $x \in X$ eines linearen Operators T über einem vollständigen metrischen Raum X.

Bug eigentlich Wanze, im Computerjargon Softwarefehler

Computersimulation → Simulation

DGL → Differentialgleichung

Differentialgleichung eine Gleichung, die neben einer gesuchten Funktion noch deren Ableitungen enthält. Viele Naturgesetze haben die Form von Differentialgleichungen, z.B. das Newtonsche Gesetz der Mechanik oder die Maxwellschen Gleichungen des Elektromagnetismus.

Event zu Deutsch Ereignis, ein Begriff aus der Softwareentwicklung, der insbesondere bei grafischen Benutzeroberflächen verwendet wird. In einer Schleife (event loop) werden ständig alle möglichen Benutzeraktionen wie Tastendrücke (keystroke events) oder Mausposition, Mausklicks etc. abgefragt. Das Auftreten solcher Events löst wiederum vorprogrammierte Aktionen im Programm aus. Beispiel: Ein Mouseover-Event lässt einen Tooltip erscheinen.

Fermatsches Prinzip ein Extremalprinzip, aus dem das Snelliussche Brechungsgesetz hergeleitet werden kann. Es besagt, dass das Licht beim Durchqueren von Medien verschiedener Brechzahlen von allen möglichen Wegen den schnellsten Weg nimmt. Dabei wird der Zusammenhang $n = \dfrac{c_o}{c}$ zwischen der Brechzahl n, der Phasengeschwindigkeit c des Lichts und der Vakuumlichtgeschwindigkeit c_o benutzt.

Fixpunkt eines Operators T: X → X ist ein Punkt x ∈ X für den Tx = x gilt, vergl. Kap. 4.2.11.1 auf S. 209.

Graph einer Funktion y(x): die Menge aller Punkte $\begin{pmatrix} x \\ y \end{pmatrix}$

Histogramm graphische Darstellung der Häufigkeitsverteilung von Werten. Der Wertebereich wird in Teilintervalle (engl. bins) aufgeteilt, und im Histogramm gibt die Höhe des Balkens über jedem Teilintervall an, wie viele Werte darin liegen. Beispiel: Das Live-Histogramm vieler Digitalkameras hilft, die richtige Belichtung zu finden.

Iteration = schrittweise Approximation (Annäherung) an eine Lösung. Begriff aus der numerischen Mathematik.

Katenoid Minimalfläche, die durch Rotation des Graphen der Funktion Cosinus Hyperbolikus um die x-Achse entsteht, Abb. 1.7 auf S. 11

Kathodenstrahloszilloskop → Oszilloskop, dessen Anzeigeelement eine Braunsche Röhre oder Kathodenstrahlröhre ist.

Kryptografie Wissenschaft, die sich mit der Verschlüsselung von Daten befasst. Sie erhielt durch Shannons Arbeiten zur Theorie der Information 1949 eine mathematische Basis. Die moderne K. beruht fast ausschliesslich auf computerbasierten Verfahren.

Lissajousfiguren spezielle → Parameterkurven, deren Komponenten harmonische Schwingungen sind.

Oszilloskop Gerät zur grafischen Anzeige des Zeitverlaufs eines periodischen elektrischen Signals, siehe Kasten auf S. 124.

Parameterkurven Abbildungen von $\mathbb{R} \to \mathbb{R}^2$ oder $\mathbb{R} \to \mathbb{R}^3$. Jedem Wert t des Parameterbereichs wird ein Ortsvektor, bei ebenen Kurven aus dem $\mathbb{R}^2$, bei Raumkurven aus dem $\mathbb{R}^3$, zugewiesen. Im Vergleich mit Graphen von Funktionen y(x), bei denen die Kurven immer nur „von links nach rechts" verlaufen, oder mit Nullstellenmengen von Funktionen F(x, y), die in sich geschlossene Linien bilden, können P. sich selbst durchdringen, es sind die allgemeinsten Kurven.

Polyeder „Vielflächner", Körper, der von ebenen Flächen begrenzt ist

Simulation Verfahren zur Nachbildung eines Systems mit seinen dynamischen Prozessen in einem experimentierbaren Modell, um zu Erkenntnissen zu gelangen, die auf die Wirklichkeit übertragbar sind (VDI-Richtlinie 3633).

Snelliussches Brechungsgesetz die geometrische Optik beschreibt Licht in Form von Strahlen. Das S.B. gibt an, wie stark ein Lichtstrahl beim Übergang von einem Medium ins andere gebrochen wird. Seien n_1, n_2 die Brechzahlen und α_1, α_1 die Winkel der Lichtstrahlen mit dem Einfallslot, dann gilt $n_1 \sin\alpha_1 = n_2 \sin\alpha_2$.

Stochastik Teilgebiet der Mathematik, das sich mit Wahrscheinlichkeiten und Statistik befasst.

Sweep zu Deutsch fegen, in der Schwingungslehre eine harmonische Schwingung mit konstanter Amplitude und zeitveränderlicher Frequenz, die einen bestimmten Frequenzbereich durchläuft und z.B. zur Frequenzgangmessung verwendet werden kann.

Tab View Registerkartenansicht in einer grafischen Benutzeroberfläche

Thumbnail (eigentlich Daumennagel) im Netzjargon Synonym für ein kleines Vorschaubild.

Taylorreihe lokale Approximation einer im Punkt x_0 differenzierbaren Funktion durch eine Potenzreihe. Benannt nach seinem Erfinder Brook Taylor (1685-1731).

Topologie Teilgebiet der Mathematik, das sich mit denjenigen Eigenschaften geometrischer Objekte befasst, die sich bei stetigen Verformungen wie Verbiegen, Strecken oder Stauchen nicht ändern. Sie wird darum manchmal scherzhaft als Gummimathematik bezeichnet.

Widget Interaktionselement in graphischen Benutzeroberflächen, siehe Tabelle 3.3 auf S. 89

Workaround Umgehungslösung (bei einem Bug)

plotten eingedeutschte Form des englischen to plot (zeichnen). Ein Plotter, zu Deutsch Kurvenschreiber, erstellt Grafiken, die aus Linien bestehen.

rendern in der Computergrafik: Berechnen eines Bildes, was in 2D Rasterung bedeutet, in 3D Beleuchtung und Schattierung mit teilweise sehr aufwändigen Verfahren.

Referenzen

[1] Michael Trott, The Mathematica Guidebook for Programming, Springer, Berlin (2004)

[2] http://de.wikipedia.org/wiki/Ungarische_Notation

[3] http://en.wikibooks.org/wiki/Mathematica/ListOfFunctions

[4] http://de.wikipedia.org/wiki/4GL

[5] http://de.wikipedia.org/wiki/Rapid_Application_Development

[6] http://www.wolfram.com/services/education/seminars/

[7] http://mathgis.blogspot.com/2008/01/tip-programming-style.html

[8] http://demonstrations.wolfram.com/

[9] http://de.wikipedia.org/wiki/ISO_9241

[10] http://www.fachgruppe-computeralgebra.de/cms/tiki-index.php?page=Systeme

[11] http://library.wolfram.com/webMathematica/Graphics/DIP.jsp

[12] Beliakov, Gleb 2004-04, Cutting angle method - a tool for constrained global optimization, Optimization methods and software, vol. 19, no. 2, pp. 137-151

[13] Neumaier A., Global optimization and constraint satisfaction., In: Bomze I., Emiris I., Neumaier A., Wolsey L. (eds.), Proceedings of GICOLAG workshop (of the research project Global Optimization, Integrating Convexity, Optimization, Logic Programming and Computational Algebraic Geometry), 2006.

[14] http://de.wikipedia.org/wiki/K%C3%B6nigsberger_Br%C3%BCckenproblem

[15] Graham P. Collins, Quantenknoten in der Raumzeit, Spektrum der Wissenschaft, Juli 2006, pp. 34

[16] Lenstra, A. K.; Lenstra, H. W., Jr.; Lovász, L. (1982). "Factoring polynomials with rational coefficients". Mathematische Annalen 261 (4): 515–534

[17] http://de.wikipedia.org/wiki/Fullerene

[18] http://groups.google.com/group/comp.soft-sys.math.mathematica/topics

[19] http://demonstrations.wolfram.com/RankPlotsForCountries/

[20] http://www.rcsb.org/pdb/home/home.do

[21] http://de.wikipedia.org/wiki/Needleman-Wunsch-Algorithmus

[22] http://de.wikipedia.org/wiki/Smith-Waterman-Algorithmus

[23] http://de.wikipedia.org/wiki/Regul%C3%A4rer_Ausdruck

[24] http://de.wikipedia.org/wiki/Namensraum

[25] http://store.wolfram.com/catalog/apps/

[26] http://de.wikipedia.org/wiki/Programmierschnittstelle

[27] http://www.math.washington.edu/~lee/Ricci/

[28] http://www.kfunigraz.ac.at/imawww/vqm/pages/dl_vqm_packages.html

[29] http://de.wikipedia.org/wiki/Rotationsk%C3%B6rper

[30] http://www.blien.de/ralf/cad/db/graph_of.htm

[31] http://de.wikipedia.org/wiki/Newton-Fraktal
[32] J. H. Hubbard, D. Schleicher, S. Sutherland: How to Find All Roots of Complex Polynomials by Newton's Method, Inventiones Mathematicae vol. 146 (2001)
[33] http://www.ja-direkt.de/catalog/index.php?cPath=301
[34] http://de.wikipedia.org/wiki/Fraktal
[35] http://groups.google.com/group/comp.soft-sys.math.mathematica/browse_thread/thread/f902c656e408767b/df0a241e4b2b141b?lnk=gst&q=compile+speed#df0a241e4b2b141b
[36] http://et7server-1.et.unibw-muenchen.de/NETZE/technik/page1071.htm
[37] http://wapedia.mobi/de/Freileitung
[38] http://www.iee.uni-hannover.de/lehrange/Skripte/EE1/Freileitung.pdf
[39] http://de.wikipedia.org/wiki/Geburtstagsparadoxon
[40] http://demonstrations.wolfram.com/VirtualOscilloscope/
[41] mündliche Mitteilung von Jörg Scheffler, Hochschule Merseburg
[42] http://www.inw.hs-merseburg.de/index.php?id=647&L=0
[43] http://www.eco-marathon.de/de
[44] http://www.iks.hs-merseburg.de/~kilian/ak_Dateien/ak_galerie_Dateien/mathematischeVisualisierungen/Brachistochronen/Brachi_Vortrag_MR.nb
[45] Johann Bernoulli und das Brachistochronenproblem, Zulassungsarbeit für das Lehramt an Realschulen, vorgelegt an der Universität Bayreuth, Fakultät für Mathematik und Physik von Stefan Hübbers am 05. Oktober 1998
[46] James D. Foley, Steven K. Feiner, and John F. Hughes, Introduction to Computer Graphics, Addison-Wesley Longman, Amsterdam (1993)
[47] http://www.uni-hohenheim.de/RePEc/hoh/papers/252.pdf
[48] Kaushik Basu, Spektrum der Wissenschaft 08/2007, S. 82ff.
[49] http://extras.springer.com

Sachverzeichnis

A

Abs 5, 241
AbsoluteTiming 245
ActionMenu 91, 92, 93, 94
Alignment 224
Animator 91, 92
Appearance 34, 100, 106, 256
Append 18, 73
AppendTo 70
Apply 47, 71, 121, 147, 208, 241
Array 66
AspectRatio 82, 101
Assumptions 5, 253
asynchron 205, 248
Attraktor 209, 257
AxesLabel 24

B

Bernoulli 182, 183, 262
BezierFunction 191, 251
Binominalverteilung 139
Brachistochrone 181

C

Clear 39, 198
ClickPane 90, 91
Coefficient 248
ColorData 54, 121, 122, 227, 228
ColorFunction 54, 122, 220, 222, 224, 225, 226, 227, 228, 230, 255
ColorSetter 91, 92, 223, 253

ColorSlider 91, 92, 254
Column 107, 223
Compile 242, 243
ComplexExpand 146, 253
Control 92, 102
ControlActive 91, 93, 229, 255
ControlPlacement 106, 130
ControlType 107, 129, 223

D

DeleteDuplicates 20
Delimiter 129, 176
Demonstration 16, 61, 123, 130, 131, 132, 253
Demonstrations 102, 130, 131, 235
DGL 165, 166, 257
DSolve 11, 248
Dynamic 35, 86, 94, 95, 96, 97, 98, 99, 100, 107, 129, 178, 180, 196, 198, 205, 219, 224, 228, 250, 254, 255, 256
DynamicModule 97, 107, 222, 225, 226

E

EmitSound 129, 250
Evaluate 75, 121, 172, 218, 225, 242, 243, 252
Event 90, 257
Extremalprinzip 182, 258

F

FindRoot 187

Flatten 71, 149, 178, 237
Fraktal 209, 213, 214, 220, 221, 223, 231, 232, 233, 234, 250
Function 49, 50, 51, 104, 172, 208, 210, 212, 252
Funktionen 4, 10, 13, 22, 40, 41, 43, 49, 61, 67, 68, 82, 83, 134, 178, 188, 209, 211, 236, 242, 251

G

Grid 88, 107, 178, 197, 204, 223, 224, 226

H

Hauptwert 43
Head 36, 40, 46, 47, 49, 97, 104, 107, 113, 118, 121, 147, 241
Histogramm 62, 258

I

Integrate 40, 110, 111, 113, 253
Interface 10
Iterator 70, 71, 72, 213

K

Katenoid 10, 11, 258
Kernel 6, 9, 23, 31, 32, 35, 36, 43, 51, 53, 68, 97, 197, 247

L

LeafCount 150
Lissajous 82, 123, 124
Locator 91, 99, 100
LocatorPane 91, 100, 104

M

Map 25, 37, 43, 50, 67, 71, 88, 119, 128, 149, 171, 178, 238
Mesh 26, 27, 121
MeshFunctions 27

N

NIntegrate 111, 113, 184

P

Package 3, 7, 9, 36, 51, 52, 53, 54, 55, 56, 109, 111, 113, 114, 115, 116, 121, 176, 177, 194, 196, 197, 199
Pane 131, 176, 226, 255
Parameterkurve 82, 123, 173, 174, 258
Player 6, 7, 129, 250, 251
Polyeder 58, 259
Precision 39

R

Row 86, 107, 223
Rule 22, 37, 46, 47, 119, 128

S

Select 147, 171, 237, 241
Sequence 121
Simplify 5, 150, 225, 253
Slideshow 12, 253
Spline 134, 188, 189, 191, 251
String 38, 88, 105, 127, 136, 137, 138, 218, 252
Sweep 7, 259

T

Table 42, 71, 73, 218, 245
TabView 223, 225, 255
Tautochrone 181
Taylorreihe 155, 185, 259
Template 130, 132
Thumbnail 131, 133, 259
Tooltip 29, 127, 248, 250, 251, 257
TrackedSymbols 98, 225, 250

U

Ungarische Notation 74, 77
Usage 20, 68

W

Widget 90, 91, 92, 93, 95, 98, 103, 107, 223, 225, 259